Louise K. Blight

DIE PINGUIN FORSCHERIN

Louise K. Blight

DIE PINGUIN FORSCHERIN

Mein Alltag am Ende der Welt

Aus dem Englischen von Petra Kurek

KNESEBECK

Den Vögeln gewidmet

Vorwort

Zu Beginn des Jahres 2024 – nach der zweiten Saison in Folge, in der das antarktische Meereis einen historischen Tiefststand erreicht hatte – häuften sich die Berichte über massenhafte Brutausfälle in den Kolonien der Kaiserpinguine. Ursache war das frühzeitige Wegbrechen des Festeises im Dezember und Januar, als betroffen galten etwa 20 Prozent des weltweiten Bestandes. Die Kaiserpinguine brauchen Festeis – also Eis, das mit der Küstenlinie verbunden ist – um dort ihre Nester zu bauen und ihre Küken großzuziehen. Kommt es vor der Zeit zu Abbrüchen, bedeutet das für alle Küken, die das isolierende Federkleid der Erwachsenen noch nicht voll ausbilden konnten, den sicheren Tod: In die eiskalte See gezwungen, ertrinken oder erfrieren sie.

Dennoch kam es 2023 offenbar zu weniger Brutausfällen als im Jahr zuvor. Einige Kaiserpinguin-Kolonien hatten sich nach erlittenen Misserfolgen auf stabileren Eisflächen oder auf großen Tafeleisbergen gesammelt, um an den neuen Standorten in der folgenden Saison ihr Glück zu versuchen. Geben solche Beobachtungen Anlass zur Hoffnung? Werden die Pinguine sich an die Veränderungen ihrer Umwelt anpassen und so ihr Überleben wenigstens kurzfristig sichern können?

Als ich als junge Naturwissenschaftlerin zum ersten Mal in die Antarktis aufbrach, lag mir diese Region der Erde mental in etwa so fern wie der Mond. Die schiere Existenz der Antarktis erschien den meisten Menschen damals geradezu surreal, vor allem den Bewohnern der nördlichen Hemisphäre. »Oh, du fährst also zum Südpol«, schallte es mir entgegen, als könnte man den kompletten Kontinent auf einen einzelnen Punkt auf der Landkarte reduzieren. Ich hörte diesen Satz damals wirklich oft, sowohl von den weltläufigen Angestellten der Fluglinien, die mich am Check-in abfertigten, als auch von Familienmitgliedern oder Freunden. Doch seit Beginn des neuen Jahrhunderts ist die Antarktis uns spürbar näher gerückt. Die dramatischen Bilder von kalbenden Gletschern und abschmelzenden Eisschilden und die immer neuen Wärmerekorde sind zu Symbolen der rasanten Veränderungen auf unserem Planeten geworden. Der Mensch greift zwar schon in die Wildnis der Antarktis ein, seit die ersten Robben- und Walfänger in die eisigen Gewässer vordrangen, doch was sich geändert hat, sind Umfang und Konsequenzen dieser Eingriffe. Dies ist auch eine Geschichte über die tiefgreifenden und unwiderruflichen Transformationen, die sich in der Antarktis vollziehen.

Im Sommer 2003 bot sich mir die Gelegenheit, mehrere Monate als Assistentin an der Seite eines der renommiertesten Pinguinforscher der Welt an einer Feldstudie in der Antarktis teilzunehmen. Zu diesem Zeitpunkt war ich als Tour-Guide bereits viele Male im ewigen Eis des Südens unterwegs gewesen. Für diesen Einsatz sollte ich eine komplette Saison auf der Ross-Insel verbringen, wohl einem der entlegensten Forschungsstandorte der Welt. Von dort aus war auch der legendäre britische Abenteurer Robert Falcon Scott zu seinem Wettlauf an den Südpol aufgebrochen. Meine bisherigen Reisen in die Antarktis waren Arbeitseinsätze an Bord von zivilen Kreuzfahrtschiffen gewesen, wo ich, je nach Bedarf, als Naturführerin, Kapitänin eines Zodiac-Schlauchbootes und hin und wieder auch als Gastwissenschaftlerin in Aktion getreten war. Und obwohl wir uns so fern der Zivilisation befanden, wie man es auf dieser Erde nur sein konnte, trennten die Gäste stets nur wenige Schritte von einer warmen, gemütlichen Lounge, wo ein kühles Glas Champagner auf sie wartete. Komfort und Sicherheit der Touristen genossen während dieser Trips selbstverständlich höchste Priorität, wissenschaftliche Interessen mussten im Zweifelsfall zurückstehen.

Der Einsatz auf der Ross-Insel war etwas ganz anderes. Ich würde mit nur einer einzigen weiteren Person in einem spartanischen Rac-Tent-Zelt hausen und selbst auf die einfachsten Annehmlichkeiten verzichten müssen, wie sie etwa noch die nächstgelegene Forschungsstation bot. Wir würden den ganzen Tag nichts anderes tun, als Pinguine zu studieren und den Widrigkeiten einer lebensfeindlichen Umgebung zu trotzen. Es gab keinerlei Komfort, als Kompensation lockte einzig die Zeit, die wir mit den wild lebenden Vögeln verbringen durften. Wir würden eintauchen in ihre Lebenswelt, stets an ihrer Seite, während sie ihrer Natur folgten und versuchten, die Herausforderungen ihres Daseins zu meistern. Zu diesem Zeitpunkt klang das für mich, als würde ein Traum wahr, und so war es auch, obwohl ich damals noch nicht ahnte, wie tief beeindruckt ich tatsächlich sein würde und wie lange diese Erfahrung noch in mir nachhallen, ja, mich bis zum heutigen Tag prägen sollte: Die karge Schönheit der Antarktis, ihre hypnotischen Landschaften aus Felsen und Eis, die anrührende Arglosigkeit der dort lebenden Tiere, die nie gelernt hatten, dass man sich vor den Menschen besser in Acht nimmt, all diese Eindrücke brannten sich tief in meine Seele ein. Ich erlebte eine Art persönlicher Transformation. An diesem ganz besonderen Ort spürte ich eindrücklicher als bei jedem anderen Feldeinsatz, den ich zuvor absolviert hatte, wie lohnend es ist, der Stimme der Natur zu lauschen.

Und doch war es kein Erweckungserlebnis im eigentlichen Sinn. Meine Erfahrung glich mehr einer Heimkehr, einer radikalen Rückbesinnung auf das Wesentliche, im Geiste unserer archaischen Sehnsucht danach, wieder eins mit der Natur zu sein. Der Brite John Berger schrieb in seinem berühmten Essay »Why look at Animals«, dass die Menschen des Westens bis zum »Bruch«[1], der sie vom Rest der natürlichen Welt trennte, fortwährend von nicht menschlichen

Tieren umgeben waren, die praktisch im Zentrum unseres Daseins standen. Die Begegnung mit wild lebenden Tieren verliert für uns daher nie den Reiz der Ursprünglichkeit, denn sie bringt tief in unserer Seele eine alte Saite zum Klingen. Es liegt etwas ungemein Sanftes darin, sein Herz der Schönheit der Natur zu öffnen: Wir fühlen es, wenn wir an einem ruhigen Strand sitzen, wenn wir beobachten, wie ein Schwarm Vögel auf der spiegelglatten Oberfläche eines von der Abendsonne beschienenen Sees landet oder während wir zusehen, wie die Sonne langsam hinter dem Gipfel eines fernen Berges aufgeht. Doch die Momente, in denen wir uns tief verbunden mit unserer Umwelt fühlen, werden auf unserem zunehmend übervölkerten Planeten immer seltener. Der Verlust der fundamentalen Beziehung zu unseren Ursprüngen ist ein Schmerz, der in unseren modernen Gesellschaften allgegenwärtig ist, ohne, dass sich die Menschen dessen wirklich bewusst wären. Wir entbehren etwas, das die meisten von uns nie wirklich kennengelernt haben.

Der kanadische Maler E. J. Hughes sagte über sich, die Kunst sei für ihn eine Art spiritueller Praxis, denn diese Welt sei ein Ort der Wunder. In diesem Geiste schrieb ich dieses Buch: Ich wollte Zeugnis ablegen von der Schönheit dieser Welt und vom drohenden Verlust dieser Schönheit. Dies ist die Geschichte einer Liebe, der Liebe zu einem ganz besonderen Ort. Was können wir lernen von den Pinguinen und anderen wilden Kreaturen, in der kältesten und entlegensten Region der Erde? Vielleicht, dass wir als Menschen nicht im Zentrum des Lebens stehen? Dass wir wichtig sind, ja, aber nicht bedeutender als unsere Mitgeschöpfe. Vielleicht auch, dass die Natur dem Leid der Menschen zwar gleichmütig gegenübersteht, paradoxerweise aber zugleich den Schlüssel zur Heilung des Leids in sich birgt.

* Ein Glossar mit weiterführenden Erklärungen findet sich im Anhang.

Prolog

In einer weißen Welt hat das Weiß viele Namen: Festeis, Treibeis, Nilas, Bergy Bits, Growlers, Packeis, Bodenblizzard, Pfannkucheneis, Eisschlamm, Sastrugi, Graupel …

Der antarktische Wind zerrt heulend an meinem Zelt. Obgleich Tausende Kilometer vom Lärm der Zivilisation entfernt, trage ich, wie in jeder Nacht, seit ich hier angekommen bin, Ohrstöpsel, denn selbst an einem friedlichen Abend ist es im Zelt unfassbar laut. Die eisigen Winde, die ununterbrochen vom Polarplateau herabwehen, bringen die Nylonbahnen zum Flattern wie Segel, die sich vor einer steifen Brise blähen.

Mittlerweile kann ich durchaus nachvollziehen, warum die tapferen Männer des Goldenen Zeitalters der Antarktisforschung in ihren Aufzeichnungen von Stimmen berichteten, die sie nachts im Wind gehört haben wollten. Denn auch ich habe hier schon einiges gehört: Rufe, Schritte, Geräusche von Tieren. In Nächten, in denen meine Fantasie mit mir durchgeht, frage ich mich, ob vielleicht die Geister der Männer zu mir sprechen, die vor vielen Jahren hier umgekommen sind. Dabei weiß ich, dass die einzigen lebenden Menschen in etlichen Kilometern Umkreis mein Partner David und ich sind. Und in der Antarktis gibt es weder Füchse noch Bären.

Vor ein paar Stunden ist von Süden ein Sturm aufgezogen, der unermüdlich Schneewehen vor sich hertreibt. Nachdem ich in meinen Schlafsack geschlüpft bin, liege ich noch lange wach und finde keine Ruhe. Ich suche nach einer griffigen Metapher für meine missliche Lage. Schließlich gleite ich in einen unruhigen Halbschlaf. Ich denke noch, dass es sich anfühlt, als würde ich in einem

Zelt schlafen, das auf der offenen Ladefläche eines Trucks steht, der mitten in einem Hagelsturm mit überhöhter Geschwindigkeit über den Freeway rast.

In den frühen Morgenstunden hat der Sturm Orkanstärke erreicht und in meinem quälenden Dämmerzustand klingt es, als wäre dort draußen ein gewaltiger Blasebalg am Werk. Die Böen drücken die Zeltwand nach innen, bis sie mein Gesicht berührt, um sie sogleich gewaltsam wieder nach außen zu reißen. Ich sehe mich bereits inmitten eines Chaos aus gebrochenen Zeltstangen und zerrissenen Stoffbahnen, doch die Konstruktion hält stand. Das enervierende Schauspiel wiederholt sich ein ums andere Mal, bis ich schließlich kapituliere. In dieser Nacht werde ich keinen Schlaf mehr finden. Ich ziehe über die zwei Schichten Kleidung aus Wolle und Fleece, die ich selbst im Schlafsack noch trage, weitere warme Sachen und wanke in die Hütte, um dort mein Tagwerk zu beginnen. Die Sonne scheint, wie immer. Sie ist seit Wochen nicht mehr hinter dem Horizont verschwunden. An stillen Tagen dringen die Rufe der nahen Pinguinkolonie bis zu uns hinauf, doch an diesem Morgen hört man nichts außer dem Knattern des Zelts und dem Kreischen des eisigen Windes.

Kapitel 1

Auf dem Flug von Christchurch, Neuseeland, in Richtung McMurdo-Station in der Antarktis erreicht man irgendwann einen Punkt, von dem aus es faktisch kein Zurück mehr gibt. Den Piloten der Luftwaffe, die im Cockpit die Daten der Wettersatelliten genau im Auge behalten, ist das nur zu bewusst. Wir befinden uns an Bord einer C-141, einem karg ausgestatteten Militärtransporter, in etwa so groß wie eine Boeing 747. Der heikle Moment ist gekommen, wenn das Flugzeug nicht mehr genügend Treibstoff für den Rückflug hat, sollte das Wetter plötzlich umschlagen. Ich stelle mir allerdings lieber vor, wir würden auf eine Art magische Grenze oder Schwelle zusteuern, wie in einem fantastischen Roman, in dem sich den Charakteren plötzlich der Zugang zu einer parallelen Realität auftut. Überfliegt man besagte Grenze, gelangt man in die Antarktis. Macht man einen Rückzieher, wird man zurückgeworfen in die schnöde Realität, erfüllt von tiefem Bedauern angesichts einer verpassten Chance.

Ich bin auf dem Weg in die Antarktis, wo ich drei Monate verbringen werde. Ich verlasse Kanada Anfang November, dort liegt der bevorstehende Winter in der Luft. Auf der Südhalbkugel kündigt sich hingegen gerade der Frühling an. Als Naturwissenschaftlerin hatte ich das Privileg, die Antarktis schon viele Male besuchen zu dürfen, doch diese Reisen machte ich immer auf Expeditions-Kreuzfahrtschiffen. An Bord hatte ich als Naturführerin oder Gastwissenschaftlerin gearbeitet, ich hielt Vorträge über Wale, Pinguine und den Klimawandel, während ich beständig gegen die Seekrankheit ankämpfte. Entlang der Küsten der schmalen lang gezogenen Antarktischen Halbinsel, die sich vom Antarktischen Kontinent fast bis an die Südspitze Südamerikas erstreckt, zählte ich an den Orten, an denen wir Landgänge unternahmen, Robben und Seevögel. Mit diesen Jobs finanzierte ich mir mein Studium, machte einen Bachelorabschluss und im Anschluss meinen Master im Fach Meeresvogel-Ökologie. Die Arbeit machte mir Freude und war durchaus befriedigend, die meiste Zeit ging allerdings dafür drauf, mich mit den Passagieren zu beschäftigen und ihre Fragen zu beantworten: Wie alt werden Pinguine? Wie tief können sie tauchen? Beerdigen sie ihre Toten?

Als ich begriff, dass ich tatsächlich für eine Langzeit-Feldstudie in die Antarktis reisen durfte, fühlte sich das an, als würde ich demnächst in die Weiten des Weltraums aufbrechen. Tagelang lief ich umher wie eine Schlafwandlerin. Ich hatte schon als Kind davon geträumt, eines Tages als Biologin Tiere in fernen Ländern zu erforschen. Ich war in einer Kleinstadt aufgewachsen, wo ich mir im Sommer eifrig Notizen über die hiesigen Singvögel machte und fasziniert beobachtete, wie die Meerenten sich im Winter zu großen Schwärmen versammelten. Ich rettete und pflegte etliche Tiere gesund, die ich krank oder verletzt gefunden hatte, darunter Eidechsen, Schlangen, Wespen und Krähen, und ich malte mir gern aus, wie ich an unwirtlichen Orten fernab der Zivilisation als Biologin versuchen würde, ein tieferes Verständnis all jener Kreaturen zu erlangen, mit denen wir uns diese Erde teilen. Nach meinem Bachelorabschluss nahm ich schließlich an der Westküste Kanadas an mehreren Feldstudien über die dort lebenden Seevögel teil. Eine Zeitlang lebte ich sogar in Belize und arbeitete inmitten feuchter und moskitoverseuchter Urwälder als wissenschaftliche Assistentin für ein Brüllaffen-Projekt. Die Schönheit der Natur war überwältigend, die Bedingungen, unter denen wir unseren Alltag meistern mussten, oft genug abenteuerlich, dennoch war es nicht das, was ich mir als Kind vorgestellt hatte. Die Einsatzorte waren entlegen, aber eben nicht entlegen genug. Die Studien waren interessant, doch schenkten sie mir keine grundlegend neuen Einsichten. Darüber hinaus wurde ich mit zunehmender Erfahrung auch immer häufiger mit logistischen Aufgaben betraut und hatte oft mehr mit Menschen und Papierkram zu tun als mit Tieren und Datenerhebung.

Aber dieser Einsatz würde anders sein. Diesmal würde ich, drei Jahre nach meinem letzten Job auf einem Kreuzfahrtschiff, auf der Ross-Insel drei Monate lang die südlichste Pinguin-Brutkolonie der Welt studieren. Und die Ross-Insel war selbst nach antarktischen Maßstäben ein entlegener und menschenleerer Ort. Ich würde mich ausschließlich wissenschaftlichen Fragestellungen widmen – *Welche Faktoren beeinflussen die demografische Entwicklung von Adéliepinguin-Kolonien?* –, statt Fragen von Touristen zu beantworten, wie: *Reicht diese Insel bis auf den Grund des Meeres?*

Die Antarktis ist ein Gebiet der Extreme. Sie ist die höchste, trockenste, windigste und kälteste Region der Erde, und nicht zuletzt die am schwersten zugängliche. Bis zur Ross-Insel sind es mit dem Militärtransporter von Neuseeland aus neun Stunden Flug. Forschungsteams steuern stets zuerst die US-Basis McMurdo an, die an der Südküste der Ross-Insel liegt. Von dort brechen die Expeditionen ins Landesinnere auf. Ich werde die drei Sommermonate der Südhalbkugel in einem Camp in der Nähe der Adéliepinguin-Kolonie am Kap Royds verbringen, ungefähr 35 Kilometer entfernt von der McMurdo-Station, also etwa 20 Minuten mit dem Helikopter oder eine halbe Tagesfahrt mit dem Schneemobil über das Festeis, das den Ozean bedeckt. Kap Royds liegt am westlichsten Zipfel der Ross-Insel. Ernest Shackleton errichtete hier das Basislager für seine Nimrod-Expedition zwischen 1907 und 1909. Sein Ziel, den Südpol als erster Mensch zu erreichen, verfehlte er jedoch. Das

Kap Royds wird überragt vom Mount Erebus, dem höchsten Gipfel der Ross-Insel und südlichsten aktiven Vulkan der Erde. Die Insel liegt komplett eingebettet im Ross-Schelfeis, einer enormen, bis zu 600 Meter dicken Eisstruktur, die die Insel dauerhaft mit dem Festland verbindet und nahezu die Hälfte des Rossmeeres bedeckt.

Die am südlichsten lebenden Pinguine wie auch die am südlichsten lebenden Menschen sind auf der Ross-Insel anzutreffen. Im Hochsommer beherbergt die McMurdo-Station regelmäßig über tausend Personen: Wissenschaftler und Ingenieure, die an Forschungsprojekten wie Meereisstudien oder an NASA-Missionen arbeiten, aber auch viele Nicht-Wissenschaftler wie Feuerwehrleute, medizinisches Fachpersonal, Küchenkräfte, Maschinenführer, Sicherheitstrainer, Verwaltungsfachleute und Angehörige etlicher anderer Berufsgruppen, die unverzichtbar sind, um eine derart isolierte Forschungsbasis am Laufen zu halten. McMurdo versorgt zudem die umliegenden Forschungscamps mit allem Nötigen und ist Durchgangsstation für Reisende und Versorgungsgüter auf dem Weg zur Amundsen-Scott-Südpolstation. In der Scott Base, der kleineren neuseeländischen Station, drei Kilometer westlich von McMurdo, leben etwas mehr als achtzig Personen – im Winter sind es nur noch zehn. Die Organisationsstruktur unterscheidet sich dennoch nicht von der in McMurdo. Obwohl ich in die Antarktis gekommen war, um Pinguine zu studieren, stellte ich bald fest, dass mich die exzentrischen und schrulligen Typen, denen ich hier begegnete, nicht minder faszinierten. McMurdo demonstrierte mir eindrucksvoll, wie Isolation, extreme Wetterverhältnisse und ein karges Salär die Ausbildung einer einzigartigen Subkultur begünstigen können, in der sich Alltägliches und Bizarres auf das Schönste verbinden – eine Art Mischung aus US-militärischer Infrastruktur und dem Burning Man Festival.

»Männer fühlen sich aus den unterschiedlichsten Gründen angezogen vom Unbekannten«, schrieb Ernest Shackleton 1911 im

Vorwort seiner monumentalen Biografie *The Heart of the Antarctic*. »Manch einen treibt schlicht die Abenteuerlust, andere dürstet es nach Wissen, wiederum andere lassen sich locken von der mysteriösen Faszination des Fremd- und Neuartigen, das jenseits der ausgetretenen Pfade auf uns warten mag.«[2] Seit die Menschen sich der Existenz des eisigen Kontinents im fernen Süden gewahr wurden, ist die Antarktis Anziehungspunkt für Abenteurer, Freigeister, schräge Vögel und alle, die der Zivilisation den Rücken kehren wollen. Daran hat sich bis heute nichts geändert.

Die moderne Pinguinforschung in der Antarktis kann mittlerweile auf eine fünfzig Jahre währende Tradition zurückblicken; das Projekt, an dem ich in den kommenden Monaten mitarbeiten werde, fußt auf den Leistungen unserer Vorgänger und schließt an ihre Fragestellungen an. Unser leitender Wissenschaftler ist David Ainley. Er forscht seit den späten 1960er Jahren über Adéliepinguine, sie waren bereits Thema seiner Doktorarbeit. David startete seine Karriere an der Seite des Naturforschers Bill Sladen, der wiederum durch seine Zusammenarbeit mit dem Erfinder Bill Lishman berühmt wurde. Gemeinsam trainierten sie verwaiste Kanadagänse darauf, einem speziell dafür entwickelten Ultraleichtflugzeug bis in ihr Winterquartier zu folgen. Hollywood setzte ihnen mit dem Kinofilm *Amy und die Wildgänse* 1996 ein Denkmal. Sladen leistete auf dem Gebiet der Pinguinforschung Pionierarbeit, seine Forschungsgruppe gehörte zu den Ersten, die auf der Ross-Insel Feldstudien zu diesem Thema durchführte.

»William J. L. Sladen, intimer Kenner des Liebeslebens der Pinguine, stirbt im Alter von 96 Jahren«, betitelte die *New York Times* 2017 seinen Nachruf.[3] Sladen reiste bereits 1948 zum ersten Mal in die Antarktis, als Sanitätsoffizier und Biologe eines Expeditionsteams, das vom britischen Forscher Vivian Fuchs angeführt wurde (später »Sir« Vivian Fuchs; ihm gelang 1957/58 an der Seite von Sir Edmund Hillary die erste Durchquerung des antarktischen Kontinents). Kurz nachdem ihr Schiff sie abgesetzt hatte, zerstörte ein Feuer ihr Lager und vernichtete ihre Vorräte, zwei ihrer Mitstreiter starben. Die anderen Mitglieder der Mannschaft waren mit ihren Hundeschlitten in der Wildnis unterwegs, Sladen blieb auf sich allein gestellt zurück. Er überlebte zwei Wochen in seinem Tarnzelt in der Nähe der Pinguinkolonie und ernährte sich in dieser Zeit von seinen Studienobjekten. Seine medizinische Ausbildung machte es ihm möglich, während dieser Zeit viele Informationen über die Physiologie von Pinguinen zu gewinnen, über ihr Geschlecht, ihr Alter, ihren Entwicklungsstand und vieles mehr. Dieses einschneidende Erlebnis bewog ihn, das Fach zu wechseln, und so wurde er Ornithologe und Verhaltensforscher. Er war der erste Wissenschaftler, der einzelne Pinguine mit Metallbändern markierte und so Daten über einzelne Individuen erheben konnte. Ihm verdankt die Nachwelt nicht zuletzt eine moderne, wissenschaftlich-objektive Sichtweise auf diese Vögel, im Gegensatz zu der stark vermenschlichenden Beschreibung von Tieren, wie sie während des Goldenen Zeitalters der Antarktisforschung noch üblich war. Für die Pioniere waren die Pinguine die »drolligen kleinen Leute des Südpols«, die im Frack umherwatschelten und für Heiterkeit sorgten.

Dennoch war es eben jenes nur etwa 25 Jahre währende Goldene Zeitalter, das die Basis für die moderne Erkundung der Antarktis legte. Es begann 1897 mit der belgischen Antarktisexpedition, während derer zum ersten Mal eine Mannschaft südlich des Polarkreises überwinterte. Den Schlusspunkt bildete die Quest-Expedition im Jahr 1922, die man nach Shackletons Tod vorzeitig abbrach. Er war auf der Insel Südgeorgien einem Herzinfarkt erlegen, fünfzehn Jahre nach der Nimrod-Expedition, für die er am Kap Royds sein Basislager errichtet hatte.

Mit Wissenschaftlern wie David Ainley brach in der Pinguinforschung schließlich das Zeitalter der Satellitensender an, mittlerweile kommen auch Drohnen und Unterwassergleiter zum Einsatz. In diesem vier Jahre währenden Abschnitt des Projekts sollte geklärt werden, wie die demografische Entwicklung der Adéliepinguin-Kolonien in der Region vom größten Eisberg der Welt beeinflusst wird. Der Koloss trug den Namen B-15 und war zum Zeitpunkt des Abbruchs im Jahr 2000 etwa so groß wie Jamaika. In den vergangenen Jahren war ein Teil von ihm – genannt B-15A – gegen die Ross-Insel getrieben und hatte den McMurdo-Sund blockiert, mit dramatischen Konsequenzen für die Zehntausenden dort lebenden Adéliepinguine. Die Brutsaison in der Antarktis ist kurz, eingegrenzt auf wenige Wochen im Sommer, in denen die Sonne nicht mehr versinkt und das Meereis sich zurückzieht. Die riesige Eisberg-Struktur verzögerte jedoch den Rückgang des Eises, der Weg zum Wasser, den die Pinguine für die Nahrungsbeschaffung zurücklegen mussten, wurde damit immer weiter. Die Eiablage und das Ausbrüten der Eier mussten nichtsdestotrotz im November und Dezember stattfinden, die Aufzucht der Küken und deren Mauser sich zwischen Mitte Dezember und Februar vollziehen. In diesem Zeitraum würden wir die Vögel beobachten, mit der Mitternachtssonne als unserem ständigen Begleiter.

Auf dem Weg nach Neuseeland treffe ich am Flughafen von Los Angeles zufällig auf David Ainley und zwei weitere Teamkollegen. Als ich sie in der Schlange vor dem Sicherheits-Check-in entdecke, ahne ich gleich, wen ich vor mir habe, denn alle tragen Outdoor-Bekleidung, sehen ein bisschen zerzaust aus und schleppen jede Menge Ausrüstung mit sich herum. Innerhalb des Forschungsteams ist David unser Principal Investigator oder kurz PI. Wie Bill Sladen gilt mittlerweile auch er als Legende der Pinguinforschung, von der Fachwelt bewundert für seinen nie abreißenden Strom an Publikationen und die zahllosen neuen Erkenntnisse, die er im Laufe seiner langen Karriere beigesteuert hat. Auf seinem Fachgebiet ist David zweifellos die größte Koryphäe der vergangenen fünfzig Jahre.

Und er sieht auch ein bisschen so aus, wie man sich einen genialen Wissenschaftler vorstellt: groß, hager, mit buschigen Augenbrauen und einem dicken grauen Haarschopf. Erwähnenswert mag sein, dass er Gastauftritte sowohl in Lloyd Fales Film *Return to Penguin City* als auch in Werner Herzogs Oscar-nominierter Dokumentation *Begegnungen am Ende der Welt* hatte, dank derer er jenseits der wissenschaftlichen Community auch einem breiteren Publikum bekannt wurde. Unter seinen Kollegen gilt er als wortkarger Zeitgenosse, ein Gerücht, das mir einige Sorgen macht, seit man mir kurz vor dem Aufbruch mitgeteilt hat, dass wir im Camp am Kap Royds nur zu zweit sein werden. Meine Erfahrung mit Einsätzen in großer Isolation hat mich gelehrt, dass mangelhafte Kommunikation schnell in eine zwischenmenschliche Abwärtsspirale führen kann, wodurch irgendwann jede gemeinsame Minute zur Qual wird. Die Arbeit an Projekten dieser Art ist die ultimative Belastungsprobe für jede Beziehung, und letztlich gibt es am Ende nur zwei denkbare Szenarien: Entweder hat man einen neuen Freund fürs Leben gefunden, nachdem man durch eine Art zwischenmenschliches Fegefeuer gegangen ist, oder man verachtet und hasst einander mit einer solchen Intensität, wie sie nur unter so speziellen Umständen wachsen kann. Die Isolation ist sicher eine der Ursachen für solche Fehlschläge, aber nicht die einzige. Es hat wohl eher damit zu tun, dass wir einer anderen Person unser Leben anvertrauen.

Aber David macht einen angenehmen Eindruck auf mich, als ich ihn anspreche und wir uns vorstellen, zurückhaltend und ernst, ja, aber ohne jede Spur der bissigen Arroganz, wie sie viele etablierte Akademiker an den Tag legen. Ich erkenne in ihm sofort den seelenverwandten Nerd, obgleich er seiner Leidenschaft vielleicht noch ein wenig obsessiver frönt als ich. Er spricht etwas zögerlich, und seine Stimme klingt rau, so als würde er sie nicht oft benutzen. »Ich bin keine große Plaudertasche«, sollte er mir später einmal in seiner unverwechselbaren lakonischen Art mitteilen.

Grant Ballard, langjähriger Mitarbeiter von Davids Forschungsprogramm und in der Hierarchie des Teams die Nummer zwei, ist ein hoch gewachsener, schlanker, dunkelhaariger Mensch mit warmherzigem Lächeln. Viola Tonniolo, Grants Partnerin, verdankt ihren italienischen Wurzeln dunkle ausdrucksvolle Augen, den Olivton ihrer Haut und die zierliche Figur. Später erzählt sie mir, dass sie als Teenager mit ihren Eltern von Mailand nach New York gezogen ist. Wir werden auf der Ross-Insel an drei verschiedenen Standorten arbeiten: Den Pinguinkolonien von Kap Royds, Kap Bird und Kap Crozier. Grant und Viola übernehmen die Kolonie am Kap Crozier, die am weitesten von McMurdo entfernt liegt. Die extremen Wetterbedingungen vor Ort machen es oft tagelang unmöglich, dass dort Helikopter landen können. Als ich die beiden zum ersten Mal treffe, machen sie sich gerade an einem der kleinen Behälter zu schaffen, in dem die furchterregenden Spritzen verwahrt werden, mit denen man den Pinguinen ID-Marker direkt unter die Haut injiziert. Die großen Hohlnadeln sind mehrere Zentimeter lang, drei oder vier Millimeter im Durchmesser, die Spitze stark abgeschrägt und rasiermesserscharf geschliffen.

»Und so was darf man tatsächlich im Handgepäck mitnehmen?«, frage ich. »Die sehen ja richtig gefährlich aus.«

»Das klappt schon«, erwidert Grant grinsend. »Wir haben ihnen beim letzten Mal erklärt, dass sie Teil unserer Forschungsausrüstung sind, und es gab keine Probleme.«

Katie Dugger, Davids Co-PI von der Oregon State University, sollte eigentlich hier zu uns stoßen, aber wir können sie nirgends entdecken. Schließlich geben wir auf. Entweder hat sie ihren Anschluss verpasst, oder sie ist schon einen Tag früher geflogen. Eine weitere Assistentin, Rachael Orben, die aus Pennsylvania kommt, hat ihren Anschlussflug wegen schlechter Wetterbedingungen versäumt, wurde umgebucht und soll nun über Sydney anreisen. Mit diesen Menschen werde ich also die kommenden drei Monate verbringen. Erleichtert stelle ich fest, dass keiner von denen, die ich bis jetzt kennengelernt habe, verrückt zu sein scheint.

Antarktika ist der einzige Kontinent, der nie von Menschen besiedelt wurde, unsere Spezies betrat hier erst im 19. Jahrhundert die Bühne. Ganz anders als in der Arktis, wo bereits seit Tausenden von Jahren eine indigene Bevölkerung existiert. Die wahren Eingeborenen der Antarktis sind keine Menschen, sondern urtümliche Lebensformen wie Springschwänze, Moose und Flechten, die erstaunliche Strategien entwickelt haben, um die unbarmherzigen Winter zu überleben. So können einige ihre Körpertemperatur extrem herunterkühlen, sich austrocknen oder sogar einfrieren lassen. In den Antarktischen Trockentälern, einem ausgedehnten, teilweise eisfreien Gebiet, das an der Westküste des McMurdo-Sunds gegenüber der Ross-Insel liegt und das als eine der extremsten Wüsten der Welt gilt, fand man im Erdreich Nematoden, die komplett dehydrieren und anschließend jahrzehntelang als Scheintote in einem als Anhydrobiose bezeichneten Zustand verharren können. Und dann sind da natürlich noch die Meeresbewohner: Meeressäuger, Fische und Vögel. Diese retten sich durch die kälteste Zeit des Jahres, indem sie sich in die relativ gemäßigten Temperaturen des Ozeans zurückziehen, spezielle Proteine im Blut bewahren sie vor dem Erfrieren. Andere verlassen das Südpolarmeer im Winter und wandern in wärmere Gefilde ab. In den Küstengewässern wimmelt es nur so von diesen Tieren, und im Frühling kommen Millionen von Robben und Pinguinen an Land, um dort ihre Jungen großzuziehen. In dieser Weltgegend gibt die Natur noch den Rhythmus des Lebens vor.

Während ich als Mädchen davon träumte, Wildtierbiologin zu werden, wuchs in mir zugleich die Überzeugung, dass die Natur einen Fürsprecher braucht. Als Heranwachsende las ich zahllose Bücher über gefährdete oder bereits ausgestorbene Tierarten, deren Namen bald wie Beschwörungen für mich klangen: Wandertaube,

Tasmanischer Tiger, Blauwal, Eskimobrachvogel, Labradorente. Als Teenager verliebte ich mich in die karge Wildnis der Arktis, inspiriert von den Klassikern des Kanadiers Farley Mowat und nicht zuletzt von den Briefen, die mein Vater mir schrieb, und in denen er mir über die Tierwelt der Orte berichtete, an denen er als Ingenieur gerade im Einsatz war. Er stand im Dienst der Kanadischen Küstenwache, und seine Projekte führten ihn oft in den hohen Norden. Als ich begann, Biologie zu studieren, wandte ich mich jedoch bald den Mysterien der Antarktis zu. Sie wurde für mich zum Symbol für die Unberührtheit der Natur, der Erde, so, wie sie einst war, und wie sie eines Tages vielleicht wieder sein würde: Dort konnte ich die grundlegenden Gesetze der Ökologie studieren, mit den Pinguinen als sensiblem Indikator für drohendes Unheil. Der ganze Kontinent schien bis heute nahezu unbeeindruckt von der Zivilisation, wie ein Leuchtturm der Hoffnung für eine Menschheit, der es nicht gelingen will, Artenschwund und Klimawandel Einhalt zu gebieten.

Und es gab damals wohl noch einen anderen Grund für meine Faszination für die Antarktis, ohne, dass ich mir dessen bewusst war: Meine Schwester war vier Jahre zuvor mit nur 35 Jahren an einem Krebsleiden gestorben. Es war ein langsamer und schmerzhafter Abschied gewesen, ein so grausamer wie aussichtsloser Kampf, den sie schließlich verloren hatte. Zwei Jahre lang welkte sie vor den Augen ihrer Familie dahin, eine besonders leidvolle Zeit für ihre beiden kleinen Söhne. Sie war einmal eine schöne Frau, doch eingebrannt in mein Gedächtnis hatte sich das Bild ihres geschundenen, abgemagerten Körpers, nachdem ich sie einmal nackt in ihrem Schlafzimmer gesehen hatte. Ihr Anblick war eine Metapher des Grauens, die Krankheit hatte sie in kurzer Zeit in eine alte Frau verwandelt. Nur zehn Jahre zuvor war mein geliebter Vater mit nur Mitte fünfzig an Leukämie gestorben. Nach diesem frühen Verlust auch noch den Tod meiner Schwester verkraften zu müssen, überforderte mich emotional. Ich konnte den

Schmerz nicht in seinem vollen Umfang zulassen, da ich fürchtete, er würde mich überwältigen. Und so trauerte ich in Etappen um sie. Immer wieder brach ich plötzlich in Tränen aus, als Auslöser genügten ein paar freundliche Worte, die jemand an mich richtete oder eine berührende Geschichte. Aber die meiste Zeit über hielt ich meine Gefühle fest unter Verschluss. Nach vier Jahren des Kummers und des Aufbegehrens gegen das Schicksal sehnte ich mich nach einem Ort, dessen Gleichmut und Erhabenheit schon bessere Seelen als die meine geläutert hatten.

Und an das Umherreisen war ich schließlich von Kindesbeinen an gewöhnt. Im Alter von nur vier Jahren waren meine Eltern mit mir und meiner Schwester bereits dreimal innerhalb von Schottland und England umgezogen. Dann wanderten wir nach Kanada aus und ließen Großeltern, Cousins und Cousinen, Onkel und Tanten und den Rest unserer weitläufigen Verwandtschaft zurück. Der neue Job meines Vaters führte uns in eine kleine Gemeinde an der bewaldeten Küste von West-Montreal, später nach Kalifornien in ein neues Haus in einem Vorort von Los Angeles und schließlich wieder zurück nach Kanada. Als ich elf wurde, hatten wir in acht Städten in vier verschiedenen Ländern gelebt. Immer wieder zu neuen Ufern aufzubrechen, lag mir also im Blut.

Ich sitze auf meinem Platz in der C-141, als die Durchsage kommt, dass wir nicht umkehren werden. Im Passagierraum macht sich spürbar Erleichterung breit. Ein Mitglied der Mannschaft lädt mich ins Cockpit ein, damit ich mir ansehen kann, wie der Kontinent beginnt, sich am Horizont abzuzeichnen. Vor uns liegt Victoria Land, die Region der Antarktis, in der Captain James Clark Ross (den man später zum Ritter schlug) 1841 zum ersten Mal an Land ging. Vier Jahre lang sollte seine Forschungsreise währen, das Meer, das er erkundete, würde später seinen Namen tragen. Ins Cockpit gelangt man durch eine Luke auf dem über uns liegenden Deck, zu erreichen über eine Metallleiter, die an die Trennwand vor unserer Kabine geschraubt ist. Ich beobachte, wie sich die zerklüftete weiße Landschaft unter uns materialisiert. Schließlich kehre ich zu meinem Sitz zurück, um noch ein wenig zu dösen. Hinter dem Bereich, in dem die zwei bis drei Dutzend Passagiere sitzen, lagern fest am Boden verzurrt unter einer riesigen Abdeckplane verschiedenste Frachtgüter, darunter Post, Lebensmittel und Ausrüstungsgegenstände für die McMurdo-Station und die Scott Base. Endlich leitet der Pilot über der Ross-Insel die Landung ein und die Maschine setzt unsanft auf der bis zu 3 Meter dicken Eisschicht der McMurdo-Piste auf, einer temporären Start- und Landebahn, Flughafencode NZIR. Rumpelnd und holpernd kommt die C-141 zum Stehen, in der fensterlosen Passagierzone dreht sich uns allen kurz der Magen um. Wir packen unsere Habseligkeiten zusammen, sammeln uns im riesigen düsteren Rumpf der Maschine und warten geduldig darauf, von Bord gelassen zu werden. Die Türen öffnen sich knarrend, und gleißend helles Licht flutet ins Innere, zusammen mit einer Welle atemberaubend kalter Luft, die sofort beginnt, an den ungeschützten Stellen meines Gesichts zu nagen. Bisher kenne ich nur die Antarktische Halbinsel mit ihrem relativ milden Klima. Auf diesen Schock bin ich nicht vorbereitet. Aus dem Lautsprecher, der unterhalb des Cockpits an die Wand montiert ist, dringt eine wegen des statischen Knisterns und des ausgeprägten neuseeländischen Akzents des Sprechers kaum verständliche Ansage. Die Mannschaft in Uniformen der Luftwaffe dirigiert uns daraufhin die Stufen hinunter und nach draußen auf die Eispiste.

Auf der Militärbasis in Christchurch wurden wir bereits angewiesen, unsere obligatorische Bekleidung anzulegen, die man EWC nennt, was kurz für »Extreme Cold Weather Gear« steht. Die Monturen bestehen aus unförmigen, dick gefütterten blauen Stiefeln mit über 10 Zentimeter dicken Sohlen, die bis über die Knie reichen, dazu trägt man winddichte Overalls und übergroße rote Parkas mit dichtem Kunstpelzbesatz an der Kapuze. Auf der Brust ist mit Klettband jeweils ein weißes Etikett mit unserem Namen befestigt. In Neuseeland hatte man uns erklärt, die Namensschilder sollten uns helfen, uns gegenseitig im Feld trotz Vermummung und Gletscherbrille zu erkennen. Ich hatte allerdings den Verdacht, dass sie vor allem dazu dienten, unsere Leichen schneller identifizieren zu können – für den Fall, dass sich einer von uns im Whiteout verlief oder in eine Gletscherspalte stürzte, bevor wir das Sicherheitstraining absolviert hatten. Während des Fluges benutzten viele der Passagiere ihre zusammengerollten Parkas als Kissen und hatten den Reißverschluss ihrer Pullover aufgezogen. Während wir uns jetzt auf der Gangway des Flugzeuges zusammendrängen, sind wir plötzlich alle sehr dankbar für die exzessiv warme Bekleidung. Wir betreten das Meereis, unter unseren Füßen liegt der gefrorene McMurdo-Sund. Ich bin überwältigt und leicht desorientiert. Und mein erster Eindruck hat mich nicht getäuscht: Alles hier ist leuchtend weiß. Natürlich sind da die Mitarbeiter der McMurdo-Station, die genau wie wir rote Parkas tragen, außerdem noch einige Personen von der neuseeländischen Scott Base, gekleidet in gedecktere Töne. Sie sind gekommen, um eine Handvoll Passagiere aus Neuseeland abzuholen, die mit an Bord waren. Dann entdecke ich noch eine Reihe bizarrer orangefarbener Fahrzeuge mit dicken Reifen oder massiven Ketten, den extremen Wetterbedingungen vor Ort angemessen. Vom Flugfeld führt ein mit auffälligen bunten Wimpeln gekennzeichneter Weg bis zur McMurdo-Station, einer Ansammlung trister Zweckbauten an einem Hang mitten im Nirgendwo. Dicke schwarze Kabel, die der Stromversorgung des Flugbetriebs dienen, winden sich von dort zurück zum Meereis. Abgesehen von diesen wenigen Spuren menschlicher Präsenz finden wir uns in einer so überwältigenden wie kargen Welt aus Eis und Felsen wieder. Unter uns die glatte Fläche aus Meereis, darunter der gähnende Ozean, an der nahe liegenden Küstenlinie das klumpige Festeis. Der Boden rund um die Gebäude vom McMurdo ist bedeckt von einer dünnen Schicht Pulverschnee. Über uns ein leuchtender Himmel mit hoher Bewölkung, dahinter die Sonne, die hier um diese Jahreszeit 24 Stunden am Tag scheint. Und um uns herum gletscherbedeckte Berge und der kontinentale Eisschild, der sich bis zum Horizont erstreckt. Einen Moment lang stelle ich mir vor, wir hätten einen futuristischen Trip durch Raum und Zeit unternommen und fänden uns nun auf dem Mars wieder, gefangen auf der Oberfläche dieses lebensfeindlichen Planeten.

Man dirigiert uns in Richtung eines gewaltigen dreiachsigen Gefährts, auf dessen Seite in Höhe der Fahrerkabine in weißen Lettern »Ivan der Terra-Bus«[*1] steht. Die meisten von uns wirken etwas unsicher auf den Beinen, der rutschige Untergrund macht uns zu schaffen, die unförmigen Spezial-Stiefel mit ihren extradicken Sohlen tun ihr Übriges. Alle haben ihre Kapuzen aufgesetzt und festgezurrt, es weht ein bitterkalter Wind aus dem Süden, unsere Augen tränen, die Sicht ist schlecht, wir rempeln uns dauernd versehentlich an, während wir uns die Hälse verrenken und unsere neue Umgebung durch einen schmalen roten Sichtschlitz in Augenschein nehmen. Die formlose rote Gestalt vor mir fällt mir auf, sie trägt eine Lunchbox aus Plastik in Form eines Sandwiches in der behandschuhten Hand. Vielleicht hat die Person meinen neugierigen Blick gespürt, denn sie dreht sich plötzlich zu mir um.

»Hi, ich heiße Sandwich«, dringt eine Mädchenstimme aus den Tiefen der Kapuze.

»Hi«, erwidere ich. »Ich hab deine Lunchbox wiedererkannt. Ich habe dich in der Abflughalle in L. A. gesehen. Was wirst du hier tun?«

»Ich arbeite in der Küche«, antwortet sie. »Und du?«

---

*1 Nach der Sommersaison 2024/25 wurde Ivan nach dreißig Jahren Dienstzeit ausgemustert und nach Neuseeland verschifft. Man setzt sich nun dafür ein, dass er als Museumsstück erhalten bleibt und nicht, wie geplant, verschrottet wird.

»Ich bin wegen des Pinguinprojekts am Kap Royds hier«, sage ich.

»Oh, großartig!«, erwidert sie. »Ich kenne Grant und Viola. Ist nicht mein erstes Jahr hier.«

Ich muss an ein Sprichwort über die Antarktis denken: Im ersten Jahr kommt man wegen des Abenteuers, im zweiten wegen des Geldes und im dritten, weil man sich im Rest der Welt nicht mehr zurechtfindet.

Im Terra-Bus läuft die Heizung auf Hochtouren, durch die Scheiben kann man nicht nach draußen sehen, alles ist von einer gefrorenen Schicht aus Kondenswasser überzogen. Einige von uns steigen wieder aus, um sich staunend umzuschauen. Schließlich ruft man uns zu, wir sollten zurück in den Bus kommen, es würde gleich losgehen. Es ist keine allzu lange Fahrt bis zur etwa 15 Kilometer entfernten Station. Ich hauche gegen die Scheibe und rubble mir ein kleines Sichtfenster frei. Vergeblich halte ich auf der gefrorenen See Ausschau nach Pinguinen oder Robben. Zu dieser Jahreszeit liegt die Meereiskante mindestens 30 Kilometer entfernt nördlich von hier, meine ersten Pinguine bekomme ich also wahrscheinlich erst am Kap Royds zu Gesicht. Hier, am wichtigsten logistischen Knotenpunkt der Antarktis, befinden wir uns selbst für diese zähen Lebewesen noch zu weit im Süden. Obwohl praktisch jeder Mensch auf der Welt die Antarktis mit Pinguinen assoziiert, haben selbst die Mitarbeiter der McMurdo-Station kaum je einen von ihnen zu Gesicht bekommen, denn sie verlassen die Station nur selten, für vergnügliche Ausflüge ohne ersichtlichen Zweck, die man hier Boondoogles nennt, hat man hier keine Zeit.

Tatsächlich dämmert mir nun, was für ein Privileg es für mich und meine Kollegen bedeutet, hinaus in die Wildnis zu gehen und diese Vögel aus nächster Nähe studieren zu dürfen. Später erfahre ich, dass, wenn hin und wieder doch ein Adéliepinguin auf der

Piste auftaucht, die Menschen von McMurdo euphorisiert praktisch alles liegen und stehen lassen, um loszueilen und sich einen Schnappschuss von diesem Symbol der »wahren« Antarktis zu sichern. Wenig Neid hingegen erregen wir mit unserem Vorhaben bei all jenen Nerds, die sich den obskureren Zweigen der Polarwissenschaften verschrieben haben und hier Nematoden, Gletscher, Phytoplankton oder Myonen studieren. Diese Spezialisten lassen sich nicht von banalen höheren Lebensformen wie Meeresvögel beeindrucken. Im Terra-Bus unterhalte ich mich mit einer Biomedizinerin, die hier ist, um die Auswirkungen von extremer Kälte und Lichtmangel auf die menschliche Physiologie zu untersuchen. Sie weiß noch nicht einmal, wo Pinguine im Tierreich eigentlich einzuordnen sind.

Fairerweise muss man zugeben, dass sie damit nicht allein dasteht. Die Klassifizierung als Vögel erscheint auf den ersten Blick unlogisch, angesichts des fehlenden Flugvermögens und der hervorragenden Leistungen dieser Tiere beim Schwimmen und Tauchen. Da ist es ganz normal, sich zu fragen, ob man es hier eher mit Fischen als mit Geflügel zu tun hat. So schrieb der französische Kommodore Augustin de Banlieu 1620 über den Brillenpinguin: »(...) sie schmecken nicht wie Fleisch, ich nehme also an, dass es sich um gefiederte Fische handelt.«[4] Doch eindeutige Merkmale wie Federkleid, Schnabel und die Tatsache, dass Pinguine Eier legen und Warmblüter sind, verorten sie in derselben taxonomischen Klasse wie Straußenvögel oder Kolibris. Wie bei vielen anderen Vogelfamilien existiert auch bei den Pinguinen eine enorme Bandbreite an Farben und Größen. Der Unterschnabel ist bei den Kaiserpinguinen zart rosa oder orange und bei den Königspinguinen leuchtend orange gefärbt. Es sind die beiden größten Arten der Pinguinfamilie. Kopf und Nacken zieren bei beiden gelb-orange Partien. Schopfpinguine wie Goldschopfpinguine, Haubenpinguine und Felsenpinguine haben dicke orangefarbene Schnäbel und tragen neckische gelbe Schmuckfedern auf dem Kopf. Die kleinste Art der Familie ist der Zwergpinguin mit seinem attraktiven blaugrauen Rückengefieder.

Im Rahmen unserer Studie auf der Ross-Insel werden wir uns hauptsächlich mit dem Adéliepinguin beschäftigen, einer Art mit schwarz-weißem Federkleid, die etwa 70 Zentimeter groß wird. Die Adéliepinguine sind nach der Frau des französischen Forschers Jules Sébastien César Dumont d'Urville benannt, die Adèle hieß. Es war zudem die erste Pinguinart, die einer breiten Öffentlichkeit bekannt wurde. Adéliepinguine sind im Rossmeer praktisch überall anzutreffen und dank der Expeditionen von Scott, Shackleton und etlichen anderen Pionieren der Antarktisforschung mauserten sie sich schnell zu kleinen Medienstars ihrer Zeit. So bemerkte der großartige Seevogelexperte Robert Cushman Murphy 1936 in seinem Klassiker *The Oceanic Birds of South America*, dass alle frühen Entdecker »sich verblüffend einig darin waren, dass die Adéliepinguine kleinen eifrigen Männchen im Smoking ähneln«.[5]

Adéliepinguine brüten praktisch überall entlang der Küsten des antarktischen Kontinents. Die Kolonie am Kap Royds, die wir beobachten würden, wird in der Fachliteratur als die südlichste der Welt geführt, obwohl man in den vergangenen Jahren einige wenige Brutpaare am benachbarten Kap Barne entdeckt hat, also noch ein paar Kilometer weiter im Süden. Kap Royds wird von den Pinguinen schon seit etwa tausend Jahren aufgesucht, seit der Westantarktische Eisschild dieses winzige Fleckchen Erde freigab. Auf der Ross-Insel mit ihrer Fläche von nur etwa 2500 Quadratkilometern leben etwa acht Prozent aller Adéliepinguine weltweit. Die Mehrheit brütet am Kap Crozier an der Ostküste der Insel in einer gigantischen Kolonie, die zur Hauptbrutsaison von Hunderttausenden Individuen bevölkert wird. Vorfreude macht sich in mir breit, wenn ich daran denke, dass ich bald mitten unter ihnen sein werde, in ihrer »Stadt der Pinguine«. Ich kann es kaum erwarten, McMurdo den Rücken zu kehren, einem zwar isolierten, aber dennoch von Menschen geprägten Ort.

Der Bus erklimmt jetzt eine Steigung, die vom Meereis wegführt, und wir nähern uns einer scheinbar willkürlichen Ansammlung einfacher Zweckbauten aus Fertigteilen und barackenähnlicher Unterkünfte, die an einem Hang liegen, der von vulkanischem Geröll übersät ist. Der Anblick erinnert mich an die trostlosen Minenarbeiterlager der Arktis oder die dortigen Siedlungen aus den 1980er Jahren. »Hässlich«, ist das Erste, was mir in den Sinn kommt, um diesen Angriff auf die reine Ästhetik der Landschaft zu beschreiben.

Unser Fahrzeug hält vor dem Hauptgebäude, Nummer 155. Der Fahrer teilt uns mit, dass man uns unsere Quartiere zuweisen wird, bevor man uns zu einer ersten Einweisungsveranstaltung erwartet. Ich steige aus dem Bus und werde von einer gut gelaunten Mitarbeiterin der National Science Foundation begrüßt, die mir einen Zettel in die Hand drückt, auf dem steht »Willkommen in McMurdo« – als wäre ich im Begriff, in ein bizarres polares Ferienlager einzuchecken. Überhaupt beschleicht mich plötzlich ein merkwürdiges Gefühl, die ganze Szenerie hat etwas Unwirkliches und Schräges, wie in einer Episode von *Alice im Wunderland.* Angefangen von der Tatsache, dass ich von einem riesigen Militärflugzeug auf dem gefrorenen Ozean abgesetzt wurde, bis dahin, dass ich aus dem Augenwinkel eben einen Mann mit einer krachend bunten Party-Perücke entdeckt habe. Selbst die banalsten Vorgänge umweht hier der Hauch des Exzentrischen. Zu Hause haben wir zum Beispiel eine Restmülltonne und eine blaue Tonne fürs Recycling, hier hingegen leistet sich jedes einzelne Gebäude eine eigene Müllstation und eine verwirrende Vielzahl von Containern und Behältnissen, in denen alles akribisch getrennt wird.

Zu den ersten Dingen, die wir in McMurdo lernen, gehört, dass es insgesamt über zwanzig Kategorien gibt, nach denen der Müll sortiert wird. Anschließend schafft man alles zurück aufs Festland, wo angeblich drei Viertel des Materials recycelt werden. Bald stelle ich fest, dass der Anblick verwirrter Menschen, die komplizierte Direktiven zur Mülltrennung studieren, während irgendein zu entsorgender Gegenstand an ihren Fingern baumelt, hier zum Alltag gehört. An solchen Details erkennt man schnell, ob jemand ein alter Hase oder noch ein Fingee ist, ein FNG oder *fucking new guy*, ein militärischer Slang-Begriff, der noch aus den Zeiten des Vietnamkrieges stammt. In McMurdo (auch Mactown oder einfach »the town« , wie die Einheimischen die Siedlung nennen) wimmelt es von sprachlichen Anachronismen, die daran erinnern, dass die Station einst in der Hand der US Navy lag. Die Kantine ist die *Galley*, also die Kombüse, der Gemischtwarenladen der »Ship's Store«, und wenn man für die Nachtschicht eingeteilt ist, freut man sich auf seine »Midrats«, einen späten Imbiss.

Wir erhalten eine Führung durch Gebäude Nummer 155 und finden uns im Getümmel des Station Store wieder. Ich gehe ans Schwarze Brett, dort wird zu Yoga-Klassen und Langlaufkursen eingeladen, außerdem entdecke ich eine Reihe von Fotos, Porträtaufnahmen von Mitarbeitenden aus den vorhergehenden Jahren. Sie stammen von einem der Künstler, die am Stipendienprogramm der National Science Foundation teilgenommen haben. Das Freizeitartikel-Angebot von McMurdo-Station ist beachtlich, man bekommt hier alles von Langlaufskiern über Brettspielen bis hin zu unverzichtbaren Partyartikeln wie High Heels, Federboas und Pinguin-Kostümen. Ein nicht zu unterschätzender Service an einem Ort, an dem die Menschen selbst für ihre Unterhaltung sorgen müssen. Außerdem gibt es zwei Bankautomaten (die auf mysteriöse Weise aus der Ferne von Well Fargo betrieben werden) und eine Bowlingbahn. Die Scott Base verfügt sogar über ein eigenes Rugbyfeld, das auch von McMurdo-Mitarbeitern rege genutzt wird (obwohl man gegen die Neuseeländer wohl praktisch keine Chance hat). Neben Gebäude 155 liegt ein Café mit Weinbar, es gibt neben Espresso und

Hochprozentigem auch Kräutertees, dazu Brettspiele und lauschige Musik. McMurdo hat außerdem zwei weitere Bars, ein wissenschaftliches Labor, ein Fitness-Center und eine Bibliothek.

Die extrem isolierte Siedlung gleicht einem völlig autarken System, wie ein Schiff, das gerade erst vom Packeis eingeschlossen wurde. Hier werden wir also bleiben, bis wir zu unseren jeweiligen Einsatzorten in der Wildnis aufbrechen, und in den anschließenden zweieinhalb Monaten unserer Mission ist die Station unsere einzige Verbindung zum Rest der Welt.

Nach dem Rundgang bringt man mich zu meinem Zimmer, damit ich auspacken kann. Es ist ein unpersönlicher, düsterer Raum. Ich setze mich auf mein Bett, mustere die abdunkelnden Vorhänge, die man zur Seite gezogen hat, um etwas Sonne hereinzulassen und stelle fest, dass ich mich hier schon jetzt wie zu Hause fühle.

Obwohl ich es kaum erwarten kann, endlich aufzubrechen, um die Pinguine in ihrem natürlichen Habitat zu beobachten, müssen wir ungefähr eine Woche in McMurdo bleiben, um das obligatorische Sicherheitstraining zu absolvieren und unsere Ausrüstung vorzubereiten. Zu meinen Pflichten gehört die Erstellung eines einfachen Essensplans für die kommenden Wochen. Anschließend werde ich die dafür nötigen Vorräte zusammenstellen. Ich darf mich aus den Unmengen von Lebensmitteln bedienen, die hier in einem der anderen Gebäude lagern: Tiefkühlkost, Konserven und gefriergetrocknete Produkte. Wir werden uns gegen Ende der Saison zwar nach frischem Obst und Gemüse sehnen, doch wir sind sicher gut genug versorgt, um nicht auf die Idee zu kommen, unsere Studienobjekte zu essen, so wie Bill Sladen und auch viele andere, die sich vor uns in die Antarktis vorwagten.

Noch zu Beginn des 20. Jahrhunderts waren Pinguine eine willkommene Nahrungsquelle für gestrandete Expeditionsmannschaften. Die ersten Forscher schlugen ihr Lager sogar absichtlich in der

Nähe von Pinguinkolonien auf, da der Boden hier eisfrei war und die von der Außenwelt abgeschnittenen Menschen vom Fleisch der Vögel und ihren Eiern leben konnten. Über die kulinarischen Qualitäten dieser Kost war man derweil geteilter Meinung. So schrieb der amerikanische Polarforscher Lincoln Ellsworth: »Pinguineier schmecken vorzüglich, wenn man sie zu einem Omelette verarbeitet, aber wehe, man kocht sie! Dann bekommen sie die Konsistenz von Gummibällen und riechen widerlich fischig. Mir wurden sie zum ersten Mal gekocht vorgesetzt und seither kann ich sie in keiner Form mehr essen.«[6]

Die Mitglieder von Scotts Northern Party verzehrten das Fleisch der Adéliepinguine, mit dem sie ihren Frühstücksbrei anreicherten, hingegen mit der Begeisterung des Hungers. Die Gruppe war 1912 auf Inexpressible Island gestrandet und musste in einer Schneehöhle überwintern. Selbst ein vertrockneter alter Pinguinflügel, den man zuvor als Topfkratzer benutzt hatte, wurde zuletzt nicht mehr verschmäht. Einige Jahre zuvor, im Winter 1898/99, entging der Erste Maat der *Belgica* – ein gewisser Roald Amundsen – dem Skorbut, indem er rohes Pinguinfleisch unter seine Dosenfrüchte mischte.[*2] Die Expeditionen ab Mitte des 20. Jahrhunderts waren schließlich besser mit Proviant ausgestattet und die Besatzungen weniger verzweifelt. In *Hoosh: Roast Penguin, Scurvy Day, and Other Stories of Antarctic Cuisine*, zitiert Autor Jason Anthony die Empfehlung eines Kochs des Falkland Islands Dependencies Survey (wie das British Antarctic Survey, für das auch Bill Sladen tätig war, früher hieß): »Sollte nun die Pinguinbrust, nachdem Sie das Fleisch gewaschen, für ein paar Tage aufgehängt, dann noch einmal gewaschen,

---

*2 Der amerikanische Schiffsarzt der *Belgica*, Frederick Cook, der zuvor einmal bei den Inuit auf Grönland überwintert hatte, soll der Mannschaft damals vorgeschlagen haben, Obst und Gemüse durch rohes Fleisch zu ersetzen, um so Skorbut vorzubeugen. Die belgische Antarktisexpedition war die erste, die in der Antarktis überwintern musste, nachdem das Schiff im Packeis der Antarktischen Halbinsel eingeschlossen worden war.

schließlich blanchiert und dann noch einmal gewaschen haben, immer noch nach Pinguin stinken, dann schmeißen Sie das Zeug am besten zum nächstbesten offenen Fenster hinaus.«[7] Für die Pioniere war der Hunger also offenbar die entscheidende Zutat, um Pinguinfleisch zur Delikatesse zu machen.

An einem schönen Tag während unserer ersten Woche in McMurdo – kalt, mit hohen Schleierwolken und nur leichtem Wind – unterbreche ich meine Vorbereitungen für die Expedition, um mit Rachael nach Hut Point zu wandern und mir dort Scotts Discovery Hut anzusehen. Wir leihen uns den Schlüssel im »Chalet«, wie das Holzgebäude mit dem spitzen Dach genannt wird, das als Hauptquartier der National Science Foundation in McMurdo dient. Rachael hat erst vor kurzem ihren Abschluss an der Cornell gemacht, eine der prestigeträchtigen Universitäten der Ivy League und eines der renommiertesten Ornithologie-Forschungszentren weltweit. Rachael ist ausgeglichen und fröhlich, sie hat langes dunkelblondes Haar, dessen Strähnen unter jeder ihrer Kopfbedeckungen hervorlugen, ein gewinnendes Lächeln und die angenehme Angewohnheit, sich stets überlegt und gewissenhaft zu Forschungsfragen zu äußern oder Situationen zu kommentieren. Es stellt sich heraus, dass wir beide gern und viel lesen, und wir tauschen uns über die Bücher aus, die wir für die Reise mitgebracht haben, eine Mischung aus Fachliteratur über die Antarktis, ein paar anspruchsvolleren Romanen und ein bisschen seichter Unterhaltung.

Die schlichte Discovery Hut war früher das Basislager für Scotts Discovery-Expedition von 1901 bis 1904. Für alle, die auf der McMurdo-Station arbeiten, ist das Gebäude aber ein Museum, ein Symbol für die Zeit, als nur wenige Menschen bis in die Antarktis vordrangen, natürlich allesamt Männer. Und ja, das Gebäude ist nach *dem* Scott benannt, nach Captain Robert Falcon Scott, dem britischen Forscher, der 1912 auf dem Polarplateau starb, nachdem er das Wettrennen zum Südpol gegen den Norweger Roald Amundsen verloren hatte (der wiederum dank seiner Überwinterung an Bord der *Belgica* bereits einen Erfahrungsvorsprung bezüglich des Überlebens in der Antarktis hatte). Bevor uns also der Schlüssel zu dieser historischen Stätte von dessen strenger Hüterin ausgehändigt wird, schärft sie uns mehrfach ein, die Verhaltensregeln vor Ort strikt einzuhalten. Außerdem warnt sie uns, man habe im anderen historischen Basislager von Scott am Kap Evans, ein paar Kilometer weiter nördlich, angeblich Spuren des Milzbranderregers entdeckt (wer um alles in der Welt hatte dort nach so was gesucht?!). Vielleicht wollten wir also auch das Gebäude in der Nähe von McMurdo lieber meiden? Die Logik ihrer Argumentation bleibt uns verborgen, wir nehmen also den Schlüssel und versprechen ihr, den Boden der Hütte nicht abzulecken.

Die Holzkonstruktion mit dem spitz zulaufenden Dach ist graubraun verwittert, wirkt aber nicht baufällig. Man sieht dem Bauwerk nicht an, dass es schon seit über einhundert Jahren hier steht. Das Erste, was mir auffällt, als wir die Tür öffnen, ist der Geruch, warm und süßlich, wie in einer Scheune, in der Pferde untergebracht sind. Direkt gegenüber der Tür liegt ein Haufen halb verrotteter Strohballen. Vielleicht rührt der Geruch daher, oder es gibt hier irgendwo noch einen alten Vorrat an getrockneter Flaschensegge, einer arktischen Pflanze, die schon von den Sami aufgrund ihrer isolierenden und wasserabsorbierenden Eigenschaften geschätzt und traditionell als Einlage in den Stiefeln verwendet wurde – eine Praxis, die die frühen Antarktisforscher für sich übernahmen. Wir sind verblüfft, als wir im Hauptraum auf der rechten Seite ein paar über einhundert Jahre alte Robben-Kadaver entdecken, die dort vor sich hin rotten. Links um die Ecke, gleich neben den Strohballen, stoßen wir auf einen kleinen Vorratsraum, an dessen Wänden mumifizierte Schafshälften hängen. Wir schrecken kurz zusammen. Es sieht aus, als hätte ein professioneller Ausstellungskurator die Überreste der Tiere gekonnt in Szene gesetzt. Aber diese Schafkadaver wurden nicht arrangiert, sondern vor einem Jahrhundert hier eingelagert, um die Mitglieder künftiger Expeditionen zu ernähren. Glücklicherweise werden wir in McMurdo mit bergeweise importierten Lebensmitteln versorgt und sind auf solche Nahrungsquellen nicht angewiesen.

Neben Schafsmumien entdecken wir in der Hütte hölzerne Kisten mit Aufschriften in schwarzen Schablonenlettern, die Auskunft über den Inhalt geben, sämtlich britischer Provenienz: Hundekekse, Fry's Kakao, Fleischextraktpaste der Marke Bovril. An den Wänden Regalbretter mit rostigen Dosen: Backsoda oder Fleisch, dazu etliche Lebensmittelverpackungen unbekannten Inhalts mit abblätternden Etiketten. Dies war die Hütte, die Shackleton in seinem Buch *South* als »äußerst nützliche Basis für den Aufbruch in Richtung Süden« beschrieb.[8] Später, im Jahr 1968, klaute der australische Autor Thomas Keneally tatsächlich einen steinharten Keks aus ebendieser Hütte. Über seine Reise schrieb er: »Ich erlebte die Antarktis so intensiv, dass mich die Eindrücke dieser Reise noch jahrzehntelang in meinen Träumen heimsuchten, vor allem in das gigantische Transantarktische Gebirge … kehrte ich im Schlaf immer wieder zurück.« Seine luziden Erinnerungen an die imposanten Naturlandschaften und die Gewissensbisse, die er wegen seines Diebstahls empfand, führten ihn dreißig Jahre später ein zweites Mal in die Antarktis. Er legte den Keks zurück in seine Dose und schrieb über beide Reisen einen Artikel für das Literaturmagazin *Granta* (die Ausgabe trug den passenden Titel »This overheating World«).[9]

Als wir das Gebäude verlassen, muss ich an ein Buch denken, in dem mir die Discovery Hut begegnet ist, den Roman *Big Dead Place*, in dem der Autor Nicholas Johnson an historischer Stätte in den Genuss eines denkwürdigen Blowjobs kommt. Sicher hatten über die Jahre schon etliche Paare diesen Ort für ein Stelldichein genutzt. Wahrscheinlich ist es auch deswegen so schwierig, an den Schlüssel zu kommen. Plötzlich fühle ich mich furchtbar einsam, und der Neid packt mich angesichts dieser lebhaften Vorstellung spontaner Intimität. Nach dem Tod meiner Schwester hatte ich zu viele Kompromisse gemacht, mich mit zu vielen Dingen einfach abgefunden: mit meinem mittelmäßigen Job als Naturwissenschaftlerin für die Regierung, von dem ich im Moment für drei Monate freigestellt bin. Mein Masterabschluss in Kanada statt eines Promotionsstudiums in Australien, das ich vor der Krebsdiagnose meiner Schwester eigentlich geplant hatte, um über Meeresvögel zu forschen. Und nicht zuletzt meine Beziehung zu einem Mann, der zu Wutausbrüchen neigte. Diesen zukünftigen Ex-Mann habe ich zu Hause zurückgelassen, und ich stelle fest, dass ich ihn kein bisschen vermisse. Mit der Bewerbung für ein Promotionsstipendium in Kanada und mit diesem Job in der Antarktis kehre ich wieder auf den beruflichen Weg zurück, den ich einmal eingeschlagen hatte. Und doch fühlt sich nichts einsamer an, als am Ende der Welt anzukommen und festzustellen, dass man wirklich ganz allein ist und es nicht einmal einen Ort gibt, an den man sich zurücksehnt.

Kapitel 2

Ein paar Tage nach unserem Besuch in der Discovery Hut, am 10. November, beginnt unser zweitägiges »Obligatorisches Sicherheitstraining«, wie auf dem Zettel angekündigt, den man uns zur Begrüßung überreicht hat. Am ersten Tag geht es um das richtige Verhalten auf dem Meereis. Unsere Gruppe besteht neben mir aus acht weiteren Neuankömmlingen aus Mactown, darunter Katie und Rachael. Katie war doch noch rechtzeitig in Christchurch angekommen und konnte mit uns nach McMurdo fliegen. Wir lassen David, Grant und Viola zurück, die nur einen eintägigen Auffrischungskurs machen müssen, weil sie das komplette Training bereits im Jahr zuvor absolviert haben. David erzählt mir später, dass es bei ihnen vor allem darum ging, wie man die hiesigen schweren Gefährte steuert, und – Überraschung – wie man das lokale Recyclingsystem korrekt nutzt.

Unsere Gruppe drängt sich derweil in die zweiteilige Passagierkabine eines roten Hägglunds-Raupenfahrzeugs, das sich knirschend in Richtung der gefrorenen See in Bewegung setzt. Unsere erste Lektion erhalten wir unterhalb von McMurdo auf dem Meereis: die Einweisung in das Funkprotokoll, verbindlich für alle Mannschaften im Feld. Unser Fahrer nimmt mit einem UKW-Funkgerät Kontakt zum Hauptquartier in McMurdo auf, Kennwort »MacOps«. »MacOps, MacOps, hier spricht …«, setzt er an und gibt anschließend unsere Fahrzeugnummer an den diensthabenden Funktechniker durch. Dann informiert er ihn über unsere geplante Route, die Anzahl der an Bord befindlichen Personen, den Zweck der Fahrt und den geplanten Zeitpunkt unserer Rückkehr. Gruppen, die sich länger als einen Tag von der Station entfernen, müssen sich einmal täglich zu einer festgelegten Uhrzeit im Hauptquartier melden, diese Sicherheitsvorkehrung wird als Sked bezeichnet. Ernüchtert stellen wir fest, dass es bezüglich des Zeitpunkts der Rückmeldung praktisch keinen Spielraum gibt. Für Reisegruppen reicht eine Verspätung von fünf Minuten, bei den Forschungscamps wartet man im Hautquartier nur eine Stunde, bis ein mehrstufiger Notfallplan anläuft.

Das neue, strengere Protokoll mit dem sehr viel engmaschigeren Zeitplan für Rückmeldungen trat zu Beginn der 1970er Jahre in Kraft, nachdem es zuvor beinahe zu einer Katastrophe gekommen wäre: Damals verschwanden vier Studenten von der neuseeländischen University of Canterbury im McMurdo-Sund. Sie waren mit einem Trimaran der Forschungsstation am Kap Bird bei ruhigem Wetter aufs Meer hinausgefahren, um Planktonschleppnetze auszubringen. Eine Verunreinigung des Treibstoffs ließ sowohl den Hauptmotor als auch den Backupmotor absterben, ihr Boot geriet ins Packeis und wurde schnell abgetrieben. Die vier Männer gingen von Bord und versuchten sich springend von Eisscholle zu Eisscholle an Land zu retten. Letztlich kämpften sie auf dem Sund fünf qualvolle Tage um ihr Leben, errichteten aus Eisplatten notdürftige Schutzunterkünfte und mussten immer wieder die Eisscholle wechseln, wenn stürmischer Seegang ihr provisorisches Floß zerstörte. Der Schrecken erreichte seinen Höhepunkt, als sie sich in einer ihrer selbstgebauten Schutzhütten vor einem umherstreifenden Schwertwal versteckten. Wie durch ein Wunder entdeckte ein Helikopter die vier in der Nähe von Kap Royds, wo sich gerade ein heftiger Sturm zusammenbraute, auf ihrem letzten treibenden Floß. Sie wurden gerettet, und alle blieben – abgesehen von Schneeblindheit und leichten Erfrierungen – unverletzt. Es folgte eine offizielle Untersuchung des Vorfalls, und man kam zu dem Schluss, dass

»ein Intervall von zwei bis drei Tagen zwischen den Rückmeldungen nicht ausreichend ist«. Außerdem empfahl man, sämtliche Forschungsschiffe und -boote verpflichtend mit einer Notfall-Ausrüstung auszustatten. Im Handbuch des US Antarctic Program heißt es heute: »Melden Sie sich am besten kurz *vor* dem festgesetzten Zeitpunkt.«[10]

Nachdem man uns in die Benutzung der Funkgeräte eingewiesen hat, steigen wir kurz aus, um uns auf dem Eis die Beine zu vertreten. Dann klettern wir wieder in das Hägglunds-Raupenfahrzeug, das einem mit Flaggen gekennzeichneten Weg auf den zugefrorenen McMurdo-Sund folgt. Es weht nur ein leichter Wind, wie schon in den vergangenen Tagen, aber über Nacht sind Wolken aufgezogen, und die Luft ist beißend kalt. Das Innere des Fahrzeugs ist hingegen völlig überheizt, wie praktisch jeder Innenraum in der Antarktis, wir können uns nach unserem kleinen Spaziergang also schnell wieder aufwärmen. Schwieriger ist es schon, sich aus seiner schweren Montur zu kämpfen, wenn einem nach ein paar Minuten unweigerlich zu warm wird. In McMurdo beobachte ich dieses Phänomen überall, es scheint hier ganz normal zu sein: In sämtlichen Gebäuden der Station laufen die Heizungen auf Hochtouren, und man muss höllisch aufpassen, dass man nicht anfängt zu schwitzen, denn feuchte Kleidung kann schnell gefährlich werden, sobald man wieder nach draußen geht.

Wir verbringen den Morgen an der Eishütte 19. Es fühlt sich an, als stünde das Ding mitten im Nirgendwo, dabei sind wir höchstens einen Kilometer von der Küste entfernt. Die Einrichtung ist schlicht, aber es gibt ein Klohäuschen mit einer schönen warmen Klobrille, die ein Mitarbeiter von McMurdo aus blauem Styropor zugeschnitten hat. Als ich nach draußen gehe, weil ich pinkeln muss, finde ich mich allein in einer weißen Welt wieder, auf einem mächtigen Eisschild, der sich bis zu den wolkenverhangenen Bergen erstreckt. Die einzigen Geräusche vor der großartigen Naturkulisse sind das Säuseln des Windes, das Flattern der Wimpel, mit der die Route über das Meereis gekennzeichnet ist, und das leise Brummen des Fahrzeugmotors im Leerlauf.

Auf dem Stundenplan stehen heute Vorträge zum Thema Meereis – es geht um die möglichst sichere Fortbewegung in diesem tückischen Gelände – eine Anleitung, wie man mit Hilfe von Eishaken ein Zelt aufstellt, das nicht sofort wieder vom Wind weggeweht wird – nebst praktischer Demonstration – und das gemeinsame Mittagessen. Die Reihenfolge der Veranstaltungspunkte scheint darauf abzuzielen, maximale Zermürbung bei den Teilnehmenden zu erzeugen: Zuerst bauen wir in der Eiseskälte das Zelt auf, dann geht es zurück in die überheizte Hütte, wo wir eine üppige Mahlzeit zu uns nehmen, es folgen langatmige Vorträge in einschläferndem Tonfall.

Die meisten von uns liegen also praktisch im Koma, als wir zum nächsten Programmpunkt kommen: der stundenlangen rumpelnden Fahrt über das Schelfeis Richtung Norden zum Kap Evans. Dort hält die Hägglunds-Raupe am zweiten von Robert Scotts historischen Basislagern – also nicht die Hütte mit den gefrorenen Schafsmumien, die ich mit Rachael besichtigt habe, sondern die bakterienverseuchte Unterkunft, vor der uns die Hüterin der Schlüssel in McMurdo gewarnt hat. Dies also ist das Basislager von Scotts Terra-Nova-Expedition, von hier aus brachen er und seine Mitstreiter ins Landesinnere zu ihrem Wettlauf zum Südpol auf – um niemals wieder zurückzukehren. Die Holzplanken sind grau verwittert, wie die der Discovery Hut. Doch die Schneewehen, die sich hier an den Hauswänden auftürmen, erwecken den Eindruck, das Gebäude stünde im Begriff, vor der Natur zu kapitulieren und wolle bald ganz eins mit der Antarktis werden. Wir gehen hinunter ans Meeresufer und lernen, wie man die Dicke des Meereises neben einem Gezeitenriss misst. Bei eisigen Temperaturen entstehen in Küstennähe durch die dynamischen Kräfte von Ebbe und Flut Risse im Festeis, die immer wieder zufrieren, neu aufbrechen und erneut zufrieren. So bildet sich eine Zone aus weniger dickem Eis, oft bedeckt von einer dünnen Schneeschicht oder während einer Whiteout-Wetterlage schlicht unsichtbar. Eine tödliche Falle für unvorsichtige Forscher oder auch für ein Raupenfahrzeug. Zuerst räumen wir also den Schnee weg, dann kommt der Eisbohrer zum Einsatz, ein Werkzeug, das einer überdimensionierten Bohrspitze ähnelt. Wir arbeiten uns vor, bis rund um das Gewinde des sich drehenden Bohrers dunkles Meerwasser hervorquillt.

Hier draußen ist es so kalt und trocken, dass meine Fingernägel schon bei der geringsten Belastung brechen. Ich bleibe mit dem Finger an meinem Parka hängen, der Nagel reißt sofort ein. Ich finde im Hägglunds eine Rolle mit Gewebeband und klebe meine Fingerkuppe damit ab, damit ich mir den Nagel nicht noch zur Hälfte ausreiße. Während wir uns mit dem Eisbohrer abmühen, kreisen zwei Südpolar-Skuas über uns, furchterregende Räuber der Lüfte, den Möwen verwandt. Die Vögel beobachten uns aufmerksam, sicher spekulieren sie auf ein paar Sandwichhappen oder ein Leckerchen, das einer von uns ihnen zuwirft. Pinguine mögen rund um McMurdo nur selten auftauchen, die Skuas aber sind omnipräsent. In der Nähe der Pinguinkolonien machen Skuas Jagd auf Pinguinküken oder rauben Eier. In McMurdo nehmen die cleveren Opportunisten derweil gern unvorsichtige Menschen aufs Korn und entreißen ihnen alles Essbare. Ich habe schon beobachtet, wie eine völlig verstörte Frau mit einem Tablett voller Essen vor einer aggressiven Skua vom Gebäude 155 in eine nahe Schlafbaracke flüchtete, während sie verzweifelt fuchtelnd versuchte, den dreisten Vogel fortzuscheuchen.

Wie zu vielen anderen Tieren, die wir als lästig oder gar bedrohlich wahrnehmen, haben die Menschen auch zu den Skuas ein ambivalentes Verhältnis. Zwar beschimpft man sie in McMurdo als Räuber und Pinguinmörder, zugleich scheint man den gerissenen und zähen Wesen aber auch widerwilligen Respekt entgegenzubringen. Deutlich macht dies nicht zuletzt ein Neologismus, den es nur hier in McMurdo gibt: »to skua« bedeutet so viel wie weggeworfene Gegenstände mitzunehmen und wiederzuverwerten. Die optimale Verwertung aller vorhandenen Ressourcen zählt in der kleinen verschworenen Gemeinschaft von McMurdo zu den Kardinaltugenden und unter den vielen Recycling-Behältern kann man in jenen mit der Aufschrift SKUA alle Dinge entsorgen, die anderen eventuell noch von Nutzen sein können. Was nicht hier landet, wird direkt nach Skua Central geschafft, einem Gebäude am Rand der Siedlung, frei zugänglich für alle. Hier draußen am Kap Evans an unserem Gezeitenriss sind wir zwar schon recht weit weg von McMurdo und Menschen, die Tabletts mit Essen umhertragen, die beiden Schnorrer über uns wirken dennoch sehr zuversichtlich. Hin und wieder scheint ihnen also wirklich jemand einen Leckerbissen zuzuwerfen. Die Vögel zu füttern, verstößt klar gegen die Vorgaben zum Umweltschutz des Internationalen Antarktisvertrages, aber selbst mir fällt es schwer, den erwartungsvollen Blicken aus den schwarzen Augen zu widerstehen, die aussehen wie glänzende Perlen.

Der Umweltschutz in der Antarktis ist eine komplizierte Angelegenheit. Die Skuas nicht zu füttern, ist da nur die Spitze des sprichwörtlichen Eisberges. Das »Protokoll zum Umweltschutz zum Antarktisvertrag«, so der offizielle Titel des internationalen Abkommens, erklärt die gesamte Antarktis zu einem »dem Frieden und der Wissenschaft gewidmeten Naturreservat«, und ist bis heute weltweit einzigartig. Das Protokoll enthält sechs detaillierte Anlagen zum Schutze der Umwelt und gibt strenge Regeln bezüglich menschlicher Aktivitäten in der Antarktis vor. Die Mitglieder des Antarktisvertrages ratifizierten das Dokument im Jahr 1991 in Madrid, in Kraft trat es im Jahr 1998.

Zu den Unterzeichnern des originalen Antarktisvertrages im Jahr 1959, der das Gebiet ab dem 60. südlichen Breitengrad betrifft, zählten die zwölf Nationen*3, die im Internationalen Geophysikalischen Jahr 1957/58 vor Ort aktiv waren. Der Vertrag trat 1961 in Kraft, seine Aushandlung in der Zeit des Kalten Krieges gilt als diplomatische Meisterleistung. Er legte die Basis für eine friedliche Nutzung des Kontinents, bestehende Gebietsansprüche von Argentinien, Australien, Chile, Frankreich, Großbritannien, Neuseeland und Norwegen mussten ruhen. Stattdessen wurde die Antarktis wie eine Torte in sieben keilförmige »Verwaltungsgebiete« unterteilt, weitere dürfen nicht hinzukommen. Diese zwölf Nationen und weitere Länder, die sich vor Ort »ernsthaft in der Forschung engagieren« nehmen eine Sonderstellung innerhalb der Gruppe der Mitglieder ein: Es handelt sich um die stimmberechtigten, sogenannten Konsultativstaaten, unter denen auch Nationen wie Bulgarien, Ecuador oder Peru sind, die eigene Forschungsstationen vor Ort betreiben, obwohl sie historisch gesehen in den Polarregionen keine Rolle spielten. Nicht konsultative Mitglieder melden Interessen in der Antarktis an, ohne vor Ort eine physische Präsenz zu unterhalten. Darunter sind so unterschiedliche Länder wie Guatemala oder die Schweiz und nicht zuletzt auch Kanada, eines der acht Mitglieder des Arktischen Rates.

Mittlerweile sind dem Antarktisvertrag über fünfzig Nationen beigetreten, die mehr als zwei Drittel der Weltbevölkerung repräsentieren. Obwohl alle Gebietsansprüche zurückgestellt wurden und eine Ausbeutung der lokalen Rohstoffvorkommen verboten bleibt, weckten und wecken die natürlichen Ressourcen der Antarktis Begehrlichkeiten, seit die ersten Wal- und Robbenjäger im 19. Jahrhundert hierherkamen. Später wuchs das Interesse an dem Krill und den Fischen und schließlich an den Schürfrechten für die Erze und Mineralien, die unter dem ewigen Eis eingeschlossen

---

*3 Argentinien, Australien, Belgien, Chile, Frankreich, Großbritannien, Japan, Neuseeland, Norwegen, Südafrika, die UdSSR und die USA.

sind. Das Umweltabkommen von Madrid schob dem einen Riegel vor. In den ersten fünfzig Jahren nach der Ratifizierung kann es nur durch einstimmigen Beschluss aller konsultativen Mitglieder geändert werden. Ab dem Jahr 2048 kann jede Partei Änderungen oder Ergänzungen des Vertragswerks einfordern. Jegliche Ergänzung oder Änderung bedarf jedoch der Zustimmung aller 26 ursprünglichen Unterzeichner des Protokolls.

Als wir uns gerade bereit machen, Kap Evans für diesen Tag den Rücken zu kehren, geht Susan, eine der Trainerinnen, noch einmal zur Hütte hinauf, um zu überprüfen, ob durch die Witterung dort neue Schäden entstanden sind.

Als sie zurückkommt, erzählt sie, dass sie hinter dem Presseishügel, wo wir gearbeitet haben, eine weibliche Weddell-Robbe entdeckt hat. Ich laufe los, um aus der Ferne einen Blick auf das Tier zu erhaschen, und tatsächlich, da ist sie: Mit ihrem dicken, aber geschmeidigen Leib beschützt sie ihr Neugeborenes vor dem mittlerweile schneidend kalten Wind, ihr silbrig-schwarzes Fell glänzt im Licht des späten Nachmittags. Das Kleine trinkt, löst sich, kriecht ein wenig umher, um dann nach der nächsten Zitze zu suchen. Die gefrorene Nachgeburt liegt neben den beiden im Schnee, das Skua-Pärchen, das vorhin noch hungrig unsere Lunchpakete beäugt hat, pickt daran herum. Ein Triumph des Lebens inmitten der kargen eisigen Umgebung.

Das Programm von Tag zwei unseres Überlebenstrainings in extremer Kälte trägt den offiziellen Titel Snowcraft One Training, so stand es wenigstens auf dem Handzettel. Die Einheimischen nennen diese Trainingseinheit einfach Snow School oder Happy Camper. Ziel und Zweck der Übung ist es, dafür zu sorgen, dass alle Personen, die in der Antarktis an abgelegenen Standorten arbeiten, nicht in Gletscherspalten stürzen, dass sich McMurdo-Neuzugänge nicht im Whiteout verfahren, sollten sie einmal spät abends von einem Stelldichein von der Scott Base zurückkehren, und dass jeder, der abseits der Stationen in der Wildnis unterwegs ist, im Notfall wenigstens theoretisch die Chance hat, ein oder zwei Nächte zu überleben. Wir werden gebeten, in unserer »Extreme Cold Weather«-Montur zu erscheinen. »KEINE BAUMWOLLE!«, heißt es außerdem in den Anweisungen, die wir erhalten, und: »SORRY, ABER: KEIN ALKOHOL!«

Wir treffen uns mit unseren Trainern vom Field Safety Training Program (kurz FSTP, oder auch F-Stop genannt). Unsere Gruppe besteht aus knapp zwanzig Personen. Neben meinen Kolleginnen Rachael und Katie nehmen an der Schulung eine Gruppe von Zimmerleuten teil, ein paar Leute, die hier in der Großküche arbeiten werden und außerdem Zelenda, eine junge Doktorandin der Glaziologie mit blondem Haar und runden Wangen, die sich während der Sommermonate als wissenschaftliche Assistentin dem Studium des Westantarktischen Eisschildes widmen wird. Sie scheint, genau wie ich, ihr Glück kaum fassen zu können, und hat jetzt schon den verträumten Ausdruck in den Augen, den ich später auch bei mir feststellen werde. Sie hat sich in die Antarktis verliebt.

Ein Delta bringt uns nach Snowmound City, einem Trainingslager auf dem Ross-Schelfeis jenseits der Scott Base. Vor Ort steht bereits ein ATCO-Trailer, daneben ein Rac-Tent, ein geräumiges Schutzzelt mit Wänden aus Segeltuch – unser Lager für die kommende Nacht, das vor dem Hintergrund des weißen Nichts winzig wirkt. Bei besagtem Delta handelt es sich um einen weiteren riesigen kastenförmigen Personentransporter. Dieser hier ist knallorange, seine Reifen bringen es locker auf 2 Meter im Durchmesser. Solche monströsen Gefährte hätte ich eher in einem Tagebau in der Arktis verortet. Das Ding kriecht so langsam dahin, dass einige von uns aussteigen und lieber bis ans Ziel laufen.

An einer riesigen, zum Vorratsschuppen umfunktionierten Holztransportkiste am Rande des provisorischen Camps hat jemand ein selbst gemachtes Schild befestigt, ein Pfeil weist in die unbestimmte Ferne, wo der Eisschild mit dem niedrigen Himmel verschmilzt. In Schablonenlettern steht darauf »Südpol 1004«, die Entfernung in Meilen zum Pol. Die Kiste ist gigantisch, wahrscheinlich war einmal ein Delta-Motor darin verpackt, trotzdem hat man sie auf dem Eis befestigt, damit sie beim nächsten großen Sturm nicht verloren geht.

Unsere Trainer sind mit allen Wassern gewaschene Outdoor-Experten, die an renommierten Einrichtungen wie der National Outdoor Leadership School, kurz NOLS, in Wyoming ausgebildet wurden. Einer unserer Dozenten, sein Name ist Allen, erzählt uns, wie ihnen auf einer Expedition zum Polarplateau tatsächlich ein Schneemobil vom Sturm weggeblasen wurde. Er ist ein großer, drahtiger, energiegeladener Typ, mit einem verschlagenen Lächeln, ungepflegtem Bartwuchs und beeindruckenden Survival-Referenzen.

An diesem Morgen weht nur eine sanfte Brise, aber die Lufttemperatur liegt bei etwa –20 °C, und die Sonne verbirgt sich hinter hohen Schleierwolken. Der Wind kommt aus Süden, und die Kälte durchdringt meinen dick gefütterten Parka und die etlichen Schichten Bekleidung, die ich darunter trage, wenn ich mich länger als ein paar Minuten nicht bewege. Heute steht Wetterkunde auf dem Stundenplan, wir sollen lernen, häufige lokale Wetterphänomene zu erkennen und richtig zu interpretieren. Nordwinde kommen vom Ozean, und selbst wenn dieser zugefroren ist, bringen sie etwas wärmeres Wetter. Doch der Wind aus dem Süden hat das eisige Polarplateau mit seinen brutalen Tiefsttemperaturen passiert (bei den frühen Entdeckern galten Tage mit Temperaturen zwischen –28 ° und –34 °C bereits als angenehm warm). Außerdem haben südliche Winde oft auch schlechtes Wetter im Gepäck, wie schwere Stürme oder Whiteouts. Ich bin dankbar für den Fleece-Kapuzenschal, den mir meine Stiefmutter noch kurz vor der Abreise geschenkt hat. Der extralange Überziehschal ist aus dunkelgrünem Polyester-Fleece, und man kann ihn sich eng über den Kopf ziehen. Mit seinen Kordeln zurre ich ihn um den Stehkragen meiner Fleecejacke fest, die ich unter dem Parka trage. Wenn ich fertig bin, ist mein Gesicht komplett bedeckt, nur noch ein schmaler Schlitz für meine Sonnenbrille liegt frei.

Die Snow School besteht vor allem aus praktischen Übungen. Wir lernen, wie man einen Schneeschutz baut, wie man einer mit Wimpeln gekennzeichneten Route folgt, und wie man sich am besten warm hält. Die Markierungen der Eisrouten bestehen aus einfachen Bambusstäben, an denen ein Stückchen bunter Stoff hängt: Grün steht für »sicher«, schwarz hingegen für »Lebensgefahr« und warnt vor Gefahren wie dünnem Eis oder versteckten Gletscherspalten. Gelbe Flaggen verweisen auf Pinkelplätze.

»Ich lasse es einfach nicht zu, dass mir kalt wird«, sagt Allen, und demonstriert uns in regelmäßigen Abständen, wie er das anstellt, nämlich, indem er wie wild im Kreis herumrennt oder sich in sinnlose Aktivitäten wie das Graben breiter Stufen in eine nahe Schneewehe stürzt.

»Ich bin sehr aufgabenorientiert«, lässt er uns wissen.

Wir wenden uns bald eigenen, nicht weniger schweißtreibenden Aufgaben zu und versuchen uns im Bau verschiedener Schneeschutz-Konstruktionen. Die harte Arbeit ist nicht zuletzt ein probates Mittel gegen Erfrierungen. Zuerst schleppen wir Unmengen Schnee herbei, unser Baumaterial. Wir sollen ein Quinzhee errichten, eine Art »falsches Iglu«, für das man einen großen Schneehaufen aushöhlt. Das Areal von Snowmound City ist bereits übersät mit den Überresten der Quinzhees, die unsere Vorgänger hier gebaut haben. Wir legen also los und stapeln alle unsere Seesäcke auf einen großen Haufen. Dann schaufeln wir Schnee darüber und graben am Schluss in eine Seite eine Öffnung. Die Sache zieht sich in die Länge, und nach mehreren Stunden des Schaufelns, Grabens und Hin- und Herbewegens gewaltiger Schneemassen zweifelt niemand mehr daran, dass ehrliche Arbeit an einem kalten Tag für Wärme garantiert – eine Erkenntnis, die wir uns umso mehr zu Herzen nehmen, als im Laufe des Nachmittags der Wind auffrischt und ein unangenehmer Schneeschauer auf uns niederprasselt. Später demonstriert man uns, wie man mit einer Schneesäge umgeht, um sich Blöcke für den Bau eines Windschutzes zuzuschneiden und wie man einen Schutzgraben im Schnee aushebt – als letzte verzweifelte Maßnahme, sollte man das Pech haben, das einem das Zelt weggeweht wird. Susan, die uns auch heute begleitet, verrät uns einen ihrer Lieblingstricks: Wie man seinen Trinkwasserbehälter in eine Wärmflasche umfunktioniert. Dazu füllt man das restliche Teewasser in seine Wasserflasche, achtet darauf, dass der Deckel gut schließt und packt die Flasche in den Schlafsack.

Dieser Tipp sollte sich schnell als äußerst wertvoll erweisen, denn um uns im Zuge des Sicherheitstrainings gleich an die neuen Realitäten zu gewöhnen, werden wir die kommende Nacht in den Unterkünften verbringen, die wir am Tag gebaut haben. Alle haben ihre Schlafausrüstung dabei, die uns an diesem Morgen ausgehändigt worden ist, und die uns in der Antarktis ab sofort immer begleiten wird. Ein Set besteht aus einem extragroßen Seesack, der zwei Isomatten enthält (eine dünne Schaumstoffmatte und das dickste Therm-a-Rest-Modell der Welt), außerdem eine Schlafsackeinlage aus Fleece und das dickste Schlafsack-Modell der Welt. Elf Mitglieder unserer Gruppe wollen ihre Unerschrockenheit unter Beweis stellen und in einem der zuvor ausgehobenen Schutzgräben schlafen. Manche dieser Gräben sind durchaus komfortabel, haben Dachkonstruktionen aus Schlitten und liegen hinter einer Windschutzmauer aus Schneeziegeln. In anderen schläft man praktisch unter freiem Himmel. Die restlichen Teilnehmer entscheiden sich für das Quinzhee, außer mir. Ich beschließe, mich auf meinen Aufenthalt am Kap Royds einzustimmen, indem ich eines der Expeditionszelte beziehe, die wir heute hinter einem weiteren Windschutzwall aufgebaut haben, um uns aufzuwärmen. Am Kap Royds werde ich in einem Zelt derselben Marke und im selben Modell schlafen. Im ATCO-Trailer mache ich mir eine von Susans provisorischen Wärmflaschen und stecke sie in meinen Schlafsack. Ich räume noch ein bisschen im Lager auf und überprüfe, ob ich irgendwelche Ausrüstungsgegenstände draußen vergessen habe, die über Nacht unter einer Schneewehe verschwinden könnten. Als ich endlich in meinen Schlafsack krieche, ist er gemütlich warm.

Um drei Uhr morgens muss ich pinkeln. (»Trinkt immer genügend Flüssigkeit!«, ermahnen uns die Trainer. »Haltet euch nicht zurück, nur um nachts nicht aufstehen zu müssen!«) Die Sonne ist eben untergegangen, sie wird nur für eine knappe Stunde hinter dem Horizont verschwinden. Obwohl es noch taghell ist, wirkt der Himmel abendlich gedämpft, über den Bergketten in der Ferne sieht man einen Lichtstreifen. An dieser Stelle wird die Sonne in Kürze wieder aufgehen. Nur noch ein paar Tage, dann geht sie gar nicht mehr unter und wird uns bis zum Ende unseres Aufenthalts ununterbrochen begleiten. Die Wimpel, die den Weg zum Klohäuschen weisen, zeichnen sich scharf gegen den Hintergrund ab, beschienen von einem feinperligen hellen Licht. Es regt sich kaum ein Lüftchen, obwohl es beißend kalt ist. Die Wetterlage hat sich nach dem Wind und dem Schneefall des gestrigen Tages beruhigt. Ich kehre in mein Zelt zurück und schlafe tief und fest bis kurz vor acht Uhr am nächsten Morgen. Ich erwache von den Geräuschen kochenden Wassers und den Frühstücksvorbereitungen, die vor meinem Zelt bereits in vollem Gange sind. So gut habe ich nicht geschlafen, seit ich in McMurdo angekommen bin. Als ich feststelle, dass die Trinkwasservorräte aller anderen über Nacht eingefroren sind, bin ich doppelt froh über die Flasche mit warmem Wasser. Unsere Mitstreiter, die in den Schneegräben geschlafen haben, sehen ziemlich mitgenommen aus. Glücklicherweise habe ich auch daran gedacht, meine Kontaktlinsen mit in den Schlafsack zu nehmen, damit sie morgens nicht vereist sind. An diesem Tag sollen wir Bekanntschaft mit einer simulierten Whiteout-Situation machen und ein Kurzwellenfunkgerät benutzen, das wir brauchen, um Notrufe abzusetzen, wenn wir uns sehr weit entfernt von der nächsten Station befinden. Die Kurzwellen werden von der Ionosphäre reflektiert und eignen sich ideal für die Kommunikation über extreme Distanzen, da die Erdkrümmung kein Hindernis darstellt. Wir machen einen Praxistest und nehmen Kontakt mit Palmer Station auf, einer kleinen US-Basis am anderen Ende des Kontinents. Ich plaudere kurz mit einem Freund, der dort den Sommer verbringen und ebenfalls an einer Pinguinstudie mitarbeiten wird. Danach macht man uns mit dem Inhalt unserer Survival Bags bekannt, der unsere Überlebenschancen nach Unfällen in der Wildnis erhöhen soll, etwa mit dem Schneemobil, oder nach Helikopterabstürzen.

Fasziniert stelle ich fest, dass jeder Survival Bag ein billiges Taschenbuch enthält, mit dem man sich offenbar die Wartezeit auf die Rettungsmannschaften vertreiben soll. Natürlich lässt es sich einer der Trainer nicht nehmen, darauf hinzuweisen, dass die Bücher einer Zweitverwertung als Toilettenpapier zugeführt werden können, sobald alle sie gelesen haben. Diese Survival Bags befinden sich an Bord jedes Fahrzeugs, das die McMurdo-Station verlässt. Anfang der 1970er Jahre bekannte der Autor Charles Neider, dass er ohne den Inhalt seines Exemplars nach einem Absturz am Mount Erebus sicher nicht überlebt hätte. Die Simulation des Whiteouts erweist sich als eindrückliches Erlebnis. Wir werden mit einem Seil zusammengebunden, über die Köpfe stülpt man uns weiße 5-Gallonen-Plastikeimer. Nun sollen wir uns auf die Suche nach einem »verirrten« Kollegen machen, ohne Kompass eine unlösbare Aufgabe, wie sich bald zeigt.

Zu den wichtigsten Zielen des Trainings zählt, alle Teilnehmer auf die »Leave no Trace«-Verhaltensmaxime einzuschwören, rechtlich verpflichtend für alle Personen, die in der Antarktis arbeiten. Die Einführung zu diesem Thema ist für Besucher laut Antarktisvertrag obligatorisch. Man schärfte uns immer wieder ein – vor dem Abflug in Christchurch, bei unserer Ankunft in der Antarktis und jetzt, während des Basistrainings, erneut –, dass es strengstens untersagt ist, unseren Müll in der Wildnis zurückzulassen, wild lebende Tiere aufzustören oder zu füttern, auf Flechten zu treten oder irgendwelche Veränderungen an unserer Umwelt vorzunehmen. In den McMurdo-Trockentälern ist es noch nicht einmal erlaubt, auf den Boden zu pinkeln. Dies dient dem Schutz des extrem empfindlichen Biotops mit seiner einzigartigen Flora und Fauna, das im Fokus der Langzeit-Forschungsprojekte in der Region steht. All die rigiden Vorgaben verstärken den Eindruck, dass der ganze Kontinent ein einziges sauberes Labor ist. Getrübt wird dieses Bild allein durch das Wissen, dass die McMurdo-Station jahrzehntelang ihre Abwässer in den McMurdo-Sund ableitete; sämtlicher Müll wurde auf dem saisonalen Meereis abgeladen und während der Eisschmelze abgetrieben, um schließlich auf den Grund des Ozeans zu sinken. Auf dieser Untersee-Müllkippe rostet sogar ein komplettes Flugzeug vor sich hin: eine WV-2 der US Navy, die im Jahr 1960 nach einer missglückten Landung während einer Whiteout-Wetterlage auf dem gefrorenen McMurdo-Sund zerschellte. Man ließ das Wrack zurück, schließlich sank es durch das Eis ins Meer. Übrigens überlebten alle Menschen an Bord das Unglück.

Hat man sich einmal von den Forschungsstationen entfernt, ist das Fehlen jeglicher Spur der Präsenz des Menschen allerdings verblüffend. Abgesehen von den gelegentlich auftauchenden, oft schon jahrzehntealten Holzschildern an felsigen Stellen, die der groben Orientierung dienen, oder den Wimpeln entlang der saisonalen Routen, die an Orte wie Kap Royds führen, fühlt man sich schnell, als wäre man allein auf der Welt. Wir alle schließen die Snow School mit einem Gefühl des Respekts vor der Antarktis ab, vor ihrer Kälte und ihren Stürmen, und nicht zuletzt mit einer tief sitzenden Furcht vor dem Whiteout. Im Sommer wird es hier entlang der Küste nicht kälter als an einem durchschnittlichen Wintertag in Kanada oder im Norden der USA, aber das Wetter kann extrem schnell umschlagen.

»Während des letzten Lehrgangs ging eine der Teilnehmerinnen kurz raus auf die Toilette«, erzählt uns einer der Trainer während des Frühstücks. »Als sie fertig war, machte sie die Tür auf und innerhalb von wenigen Minuten hatte sich eine Whiteout-Situation entwickelt. Was hat sie wohl getan? Sie machte die Tür wieder zu und wartete ab, bis die Sicht wieder gut genug war, um die Flaggen erkennen zu können, die zurück zum Camp führen. Gute Entscheidung!« In der Antarktis ist es allemal besser, ein paar Stunden in einem windgeschützten Plumpsklo abzusitzen, statt sich beim Versuch, den relativen Komfort des Camps zu erreichen, zu verlaufen und zu sterben.

In dieser Umgebung ist man gut beraten, sich der möglichen Konsequenzen jeder seiner Handlungen fortwährend bewusst zu sein. Das mag auch an Robert Scott liegen, dessen tragischer Tod zu einem zentralen Aspekt des Mythos wurde, der die Antarktis umgibt. Auf eisfreien Landzungen ragen alte hölzerne Kreuze aus dem Boden und erinnern an all jene, die im Laufe der Jahrzehnte hier ihr Leben gelassen haben und nie nach Hause zurückgekehrt sind. Menschen, die verschwanden, weil das Meereis unter ihnen brach, sie von Klippen stürzten, während sie ornithologische Studien durchführten, die ertranken, weil ihr Boot kenterte, die in Gletscherspalten stürzten, in der Wildnis erfroren oder sich in einem Whiteout verirrten … In der Antarktis kann man auf vielerlei Arten sterben.

In unserem Hostel in Christchurch fiel mir eine liegen gebliebene Ausgabe von *The Home of the Blizzard* in die Hände, in dem Sir

Douglas Mawson von seiner Australasiatischen Antarktisexpedition von 1911 bis 1914 berichtet. Mawson war schon Mitglied des wissenschaftlichen Teams von Shackletons Nimrod-Expedition gewesen, trotzdem ist er in der nördlichen Hemisphäre wenig bekannt. In Australien hingegen ist sein Name bis heute vielen Menschen ein Begriff. Mawsons Aufzeichnungen gehören vielleicht zum Erschütterndsten, was man über die Pioniere auf diesem Kontinent lesen kann, und das will etwas heißen angesichts des reichen Geschichtenschatzes über Heldentaten, Entsagung und Leid, den es über die frühen Expeditionen gibt. Das Hauptbasislager von Mawsons Expedition lag am Kap Denison an der Commonwealth-Bucht von George-V.-Land, einem exponierten Küstenabschnitt weit nordwestlich der Ross-Insel. Die Männer verbrachten den Herbst und Winter vor Ort, permanent heftigen Stürmen trotzend, und widmeten sich der Kartierung und dem Sammeln geologischer Proben. Im November 1912 brach Mawson mit zwei weiteren Mitgliedern der Expedition auf Hundeschlitten in Richtung Osten auf, um dort die entlegeneren Küstenlinien zu kartieren. An seiner Seite waren Belgrave Ninnis, ein Leutnant der Royal Fusiliers, und Dr. Xavier Mertz, ein begnadeter Skifahrer und Bergsteiger aus der Schweiz. Diese sogenannte Far Eastern Party wollte mit Hilfe von Schlittenhunden weiter vordringen als andere Gruppen der Expedition, die bisher nur zu Fuß unterwegs gewesen waren.

An einem sonnigen Tag im Dezember, 500 Kilometer entfernt vom Basislager, stoppte Douglas Mawson seinen Schlitten, um Berechnungen zu ihrem Standort anzustellen. Plötzlich jaulte in der Ferne einer von Ninnis' Hunden auf. »Als ich mich umwandte«, schrieb Mawson in seinen 1915 veröffentlichten Memoiren, »sah ich mich Aug in Auge mit Mertz, der seinen Schlitten angehalten hatte und mich entsetzt anstarrte. Hinter mir war nichts zu sehen, außer den Spuren meiner Schlittenkufen, die sich in der Ferne verloren. Wo waren Ninnis und sein Schlitten?«[11]

Mawson und Mertz machten panisch kehrt, um ihren Gefährten zu suchen. Sie stießen auf ein gähnendes Loch, wo die dünne Eisschicht über einer Gletscherspalte eingebrochen war. Auf einem Absatz, etwa 45 Meter in der Tiefe, entdeckten sie einen verletzten Hund, daneben den toten Körper eines seiner Gefährten und die Überreste einiger Vorräte. Dahinter nichts als Schwärze.

»Wir brachen den Firnis an der Kante ab, dann lehnten wir uns abwechselnd, gesichert mit einem Seil, über den gähnenden Abgrund und riefen nach unserem Gefährten, in der Hoffnung, er möge noch am Leben sein. Drei Stunden schrien wir unablässig seinen Namen, doch es kam keine Antwort. Der Hund hatte mittlerweile aufgehört zu winseln und lag jetzt bewegungslos da. Aus der Gletscherspalte drang ein eisiger Luftzug nach oben«[12], schrieb Mawson. Ninnis blieb verschwunden. Mit ihm verloren sie ihre sechs besten Hunde, ihr Zelt und den größten Teil ihrer Lebensmittel. Sie waren etwa einen Monat entfernt von der Basis, ihre Vorräte reichten für höchsten eineinhalb Wochen, für die restlichen Hunde blieb nichts. Über die gefährliche Reise, die nun vor ihm und Mertz lag, schrieb Mason später: »Es war ein Kampf auf Leben und Tod, und allein die Fügung würde über den Ausgang entscheiden.«[13] Am Ende sollte Mertz, genau wie Ninnis, nicht mehr nach Hause zurückkehren.

Heutzutage sind tödliche Unfälle in der Antarktis innerhalb der streng geregelten Welt von Stationen wie McMurdo und auch anderswo selten geworden. Kommt es dennoch zum Äußersten, ist dies meist auf Fehleinschätzungen zurückzuführen: Piloten, die trotz schlechten Wetters nicht umkehren, die verspätete Rückkehr zu einer Station, während derer man von einem aufziehenden Sturm überrascht wird. In McMurdo hält ein internes Informationssystem die Mitarbeiter ständig über das Wetter auf dem Laufenden. Während eines Condition-1-Sturms, wenn die Sichtweite unter einem Meter beträgt und der Wind mit über 55 Knoten weht, ist es sogar verboten, vor die Tür zu gehen. Doch trotz des technologischen

Fortschritts und des fundierten Trainings bleibt die Antarktis ein lebensfeindlicher Ort, und die Tage im Camp haben uns klar gemacht, dass die Dinge hier schnell aus dem Ruder laufen können, wenn man unachtsam ist. Ist man in dieser unermesslichen weißen Welt unterwegs, sei es auf dem Meereis oder an den Ausläufern des Mount Erebus, wird man das Gefühl nicht los, dass der Tod immer dicht hinter einem steht und einem sofort auf die Schulter klopfen würde, sollte man doch einmal die falsche Entscheidung treffen.

Kapitel 3

Es ist Mitte November. Gestern erinnerte uns ein Wetterumschwung daran, dass der Frühling hier eben erst beginnt. Das Thermometer zeigte –19 °C, durch den Wind fühlte es sich aber an wie –35 °C. Ich bin erst etwas länger als eine Woche hier, und doch spüre ich bereits, wie ich den Kontakt zur »realen Welt« langsam verliere. Der Anblick von Männern und Frauen in klobigen Stiefeln und dicken Overalls, mit verfilzten Haaren und sonnenverbrannten Gesichtern ist mittlerweile schon ganz selbstverständlich für mich. Das Leben hier ist geschäftig, aber dennoch von einer gewissen Trägheit geprägt, als würde der endlose Himmel über uns jede Hektik unterbinden. Die Uhren scheinen langsamer zu ticken, es fühlt sich an, als wären wir in eine weit entfernte Welt versetzt: »die reale Welt« oder »die andere Welt« – dort hat sich das Leben abgespielt, das wir zurückgelassen haben. Aber es geht um mehr als »Normalität«. All diese Begriffe bringen zum Ausdruck, wie abgeschnitten wir uns fühlen, wie gefangen in einer ganz eigenen Realität, zu der die äußere Welt keinen Zutritt hat.

Das Überlebenstraining ist abgeschlossen, die Zeit, die uns in McMurdo bleibt, verbringen wir mit der Zusammenstellung unserer Vorräte und unserer Ausrüstung. Bald werden unsere Gruppen zu den drei Adéliepinguin-Kolonien auf der Ross-Insel aufbrechen, David und ich gehen nach Kap Royds, nur zu zweit, so wie es geplant war. Katie stößt zum Team am Kap Bird an der Nordwestküste der Ross-Insel. Dieses Camp wird von den Neuseeländern betrieben, sie nehmen ebenfalls an der Studie teil und sind unsere programmatische Verbindung zur neuseeländischen Scott Base. Die Kolonie am Kap Bird ist deutlich größer als die von Kap Royds: etwa 30 000 Brutpaare statt der nur ungefähr 3000, die David und ich studieren werden. Rachael schließt sich Grant und Viola am Kap Crozier an, es ist der entlegenste der drei Einsatzorte, weit im Osten und an die Kante des Ross-Schelfeises grenzend.

Ein literarisches Denkmal setzte der englische Forscher Apsley Cherry-Garrard dem Kap Crozier mit seinem Buch *The Worst Journey in the World*. Ich frage mich angesichts des Titels unweigerlich, ob irgendjemand an diesen Ort reisen sollte, selbst in heutigen Zeiten. Cherry-Garrard war am Kap Evans stationiert, er gehörte zur Mannschaft von Scotts Südpol-Expedition 1911/12. Im Buch schreibt er über seine winterliche Reise an der Seite von Birdie Bowers und Edward »Bill« Wilson. Die Männer zogen ihre Schlitten eigenhändig in der endlosen Dunkelheit des antarktischen Winters von Kap Evans nach Kap Crozier, um dort Eier der Kaiserpinguine zu sammeln, einer Spezies, die damals noch kaum erforscht war. Cherry-Garrard beschreibt den Trip später als »die wohl seltsamste Eiersuche aller Zeiten«.[14] Heutzutage ist Kap Crozier sowohl für Adélie- als auch für Kaiserpinguine ein Anziehungspunkt. Über 300 000 Adéliepinguin-Paare nisten dort, es ist eine der größten Kolonien dieser Art weltweit.

»Und außerdem ist es einer der Kraftorte der Erde«, sagt David eines Tages.

Ich erwäge kurz, ihn zu fragen, was genau er damit meint, denn bislang hatte ich nicht den Eindruck, dass er zu esoterischen Träumereien neigt. Aber seit der Tag unseres Aufbruchs immer näher rückt, wird David zunehmend wortkarg und mürrisch, ich bohre also nicht nach. David ist angespannt, weil er und Grant sich seit Tagen mit einer nicht funktionierenden automatischen Pinguin-Wiegestation herumärgern, bislang ohne Erfolg. Fehlerhaftes Equipment ist der Fluch jeder Forscherexistenz, ich kann seine

Frustration also gut nachempfinden, besonders, nachdem er das sperrige Ding um die halbe Welt bis hierher geschleppt hat.

Aber seine Schweigsamkeit hat manchmal etwas Bedrückendes, und ich frage mich, wie ich später im Einsatz mit einer Person zurechtkommen werde, die so ungern kommuniziert. Um mir Zeiten des Leerlaufs zu vertreiben, habe ich ein Buch mit Yoga-Übungen, ein Kapitel aus meiner Masterarbeit, das ich zu Ende schreiben und zur Veröffentlichung einreichen möchte, meine Kopfhörer und die Musik auf meinem Computer mitgenommen. Plötzlich wird mir klar, dass all diese Dinge vielleicht auch ein Bollwerk gegen eine lange Zeit der Stille sein werden. Aber es sind nur Stille und Einsamkeit, spreche ich mir Mut zu. Es drohen nicht die Strapazen und physischen Qualen, für die der Kontinent über einhundert Jahre lang berüchtigt war. Als eine moderne Pioniertat gilt zum Beispiel die erste Durchquerung des Kontinents zu Fuß und ohne Hunde: 1993 wagten der britische Arzt Mike Stroud und der Forscher und Schriftsteller Sir Ranulph Fiennes das bis dahin Undenkbare. Vor ihnen lag eine lebensgefährliche, 93 Tage währende Tortur: Über 2000 Kilometer durch vereistes, von Gletscherspalten durchzogenes Terrain, mit Temperaturen von bis zu −60 °C und kälter. Zu Beginn zog jeder außerdem noch einen gut 250 Kilo schweren Schlitten mit Ausrüstung und Vorräten hinter sich her. Zwar verzehrten sie ihre Lebensmittel, und die Schlitten wurden nach und nach leichter, aber die beiden Männer waren so geschwächt durch Erfrierungen, Wundbrand und Auszehrung, dass sie ihnen so schwer erschienen wie am ersten Tag. Und nicht nur ihre Körper nahmen Schaden, auch ihre Beziehung verschlechterte sich zusehends. Es waren die täglichen kleinen Ärgernisse und Reibereien, die sie genau so viel Energie kosteten wie die unerbittliche Kälte.

Aber die Durchquerung gelang, und sie arbeiteten auch in den kommenden Jahrzehnten hin und wieder bei anderen Expeditionen zusammen. Wenn sie es geschafft hatten, sich unter so extremen Umständen zusammenzureißen, dann würde ich wohl ein paar Monate unter deutlich komfortableren Bedingungen durchstehen, selbst wenn mein Kollege keine Lust hatte, sich mit mir zu unterhalten. Tatsächlich bin ich selbst nicht übermäßig gesprächig. Ein geschwätziger Partner würde bei diesem Projekt meine Nerven also deutlich mehr strapazieren als ein schweigsamer Typ.

In diesem Jahr kümmert sich Viola um die Ausrüstung für Kap Crozier und ich mich um die für Kap Royds. Ich nutze dafür die umfangreichen Listen, die unsere Vorgänger auf dem Rechner gespeichert haben, um keines der unzähligen Dinge zu vergessen, die wir draußen in der Wildnis schmerzlich vermissen würden: Gaskocher, Kochtöpfe und Pfannen, Geschirr, Eimer, Seile, Steigeisen, diverse Elektronik, Werkzeuge, das Equipment für die Stromversorgung, natürlich jede Menge Lebensmittel und noch hundert andere Sachen. Bevor ich zur Tat schreiten kann, brauche ich noch eine Fahrerlaubnis für die McMurdo-Station, die ich nach einer kurzen Einführung in die verschiedenen Trucks vor Ort und einer Testfahrt über die vereisten Wege des Ortes bekomme. Manche davon sehen aus wie normale Geländewagen, andere wirken bizarr und haben wuchtige dreieckige Mattracks-Gummiketten statt Reifen aufmontiert.

Den größten Teil unserer Ausrüstung besorge ich mir im Berg Field Center, kurz BFC, einer Warenlagerhalle, die man nach dem amerikanischen Geologen Thomas Berg benannt hat, der in den 1960er Jahren hier bei einem Helikopterabsturz ums Leben kam. Im Lebensmittellager des BFC gehe ich mit meiner Liste die Regale ab und studiere das große Sortiment aus Süßigkeiten, energiereichen Snacks und Zutaten für einfach zuzubereitende Mahlzeiten, die es hier in Dosen, gefroren oder getrocknet gibt. Außerdem entdecke ich eine Auswahl an Lebensmitteln, die von der Scott Base kommen, neuseeländische Leckereien wie Raro-Trinkpulver, Bumper Bars – das sind hochwertige, kalorienreiche Müsliriegel mit echter

Butter, Schokoladenstückchen und Trockenfrüchten – und sogar Sets für die Herstellung von Joghurt aus Vollfett-Milchpulver.

Nachdem ich alle Lebensmittel beisammenhabe, versuche ich herauszufinden, in welchem der barackenähnlichen Bauten von McMurdo man die abseitigeren Gegenstände aufbewahrt, die auf meiner Liste stehen: zum Beispiel Pikrinsäure, eine nicht lösliche Flüssigfarbe zum Kennzeichnen von Vögeln. Im kristallinen Zustand ist das Zeug explosiv, wird also hier bei den Gefahrengütern gelagert. Dann brauche ich zwei Paar Langlaufskier, die ich in der Freizeitabteilung von Gebäude 155 finde, außerdem ein paar ausgefallenere Eisenwaren – die man uns in der lokalen Metallwerkstatt bei Bedarf sogar anfertigen könnte.

Beim Abendessen fragt David mich, ob ich Lust hätte, mir eine Flasche Whiskey mit ihm zu teilen und gibt mir ein paar US-Dollar, damit ich uns im Laden eine besorge. »Wir brauchen nicht viel«, sagt er noch. »Nur hin und wieder ein Schlückchen, wenn es mal was zu feiern gibt.«

Viola und ich türmen Unmengen von Vorräten auf einem Haufen auf, um uns auf das Abwiegen unserer Fracht drüben beim Hubschrauber-Betriebsgelände vorzubereiten, kurz Helo Ops genannt. Bevor wir zu unseren Einsatzorten geflogen werden, muss unser gesamtes Gepäck, bis zum letzten Paar gefütterter Stiefel, auf die Waage. Das Frachtgewicht entscheidet darüber, wie viel Treibstoff der Helikopter aufnehmen kann. Je schwerer die Maschine, desto geringer ihre Reichweite. Die Helikopterpiloten hier bemessen ihren Treibstoff daher nicht wie üblich in Gallonen, sondern in Pfund. Unsere Ausrüstung für Kap Royds bringt am Ende eine Tonne auf die Waage.

Viola erzählt mir noch, dass das Rac-Tent am Kap Royds ganz neu ist, das seien gute Nachrichten. Diese Wohnzelte mit Wänden aus Segeltuch halten wegen der aggressiven UV-Strahlung, der sie fortwährend ausgesetzt sind, wohl meist nur wenige Jahre.

»Kennst du zufällig Josh und Hannah?«, fragt sie mich, beides Kollegen von uns, die ebenfalls über Seevögel forschen. »Vor ein paar Jahren waren sie am Kap Royds im Einsatz, als ein Sturm ihnen die Hütte zerlegt hat. In diesem Jahr stand da wohl ein Polar Haven.«

Ich starre sie stirnrunzelnd an. Ich sehe die Szene vor meinem inneren Auge: die ersten kleinen Risse im Gewebe, die zu klaffenden Löchern werden, die Ungläubigkeit der beiden Bewohner, die in Panik umschlägt, dann der Moment, in dem die komplette Schutzunterkunft in einem Wirbel aus zerrissenen Segeltuchfetzen explodiert. Apsley Cherry-Garrard berichtet in seinem Buch über ein ganz ähnliches Erlebnis. Allerdings passierte es ihm mitten im Winter und hundert Jahre zuvor, und er und seine beiden Gefährten waren allein bei der Kolonie am Kap Crozier in einer provisorischen Schutzunterkunft aus ein paar Gesteinsbrocken und einer Plane, noch dazu waren ihre Vorräte nahezu erschöpft: »Das grüne Willesden-Segeltuch wurde in Hunderte kleiner Fetzen zerrissen, und das Ganze passierte schneller, als es dauert, diese Zeilen zu lesen. Das Chaos und der dabei entstehende Lärm waren unbeschreiblich. Selbst über das Heulen des Windes auf dem Berg hinweg hörte man das Reißen des Gewebes.«[15]

»Im Ernst?«, frage ich Viola.

»Ja, das Ding hat sich praktisch aufgelöst. Die beiden haben sich in der Packkiste für das Zelt verkrochen, bis der Wind ein wenig nachgelassen hat. Dann konnten sie sich über den Bergrücken kämpfen und Unterschlupf in der Schutzhütte der Neuseeländer suchen.«

»Na, das klingt ja nach einem tollen Abenteuer«, erwidere ich. »Wie schön, das unsere Unterkunft neu ist.«

Wir werden McMurdo bald verlassen, und die aufwendigen Vorbereitungen lassen mir kaum mehr freie Zeit. In meinem Schlafraum gewöhne ich es mir an, den gesamten Müll, der tagsüber anfällt, zu sammeln – benutzte Zahnseide, Schmierzettel, Bonbonverpackungen, ein ausgeleierter Ohrstöpsel – und erst am Abend alles zu entsorgen. Dann komme ich auf dem Weg zu den gemeinsamen Sanitärräumen ohnehin an der Müllstation vorbei. Während ich noch ein Glas Wein trinke oder mir schon die Zähne putze, lese ich fasziniert die Anweisungen auf den etlichen Behältern, die dort stehen und gebe mich so für jedermann als Fingee zu erkennen – als Neuankömmling und Dilettantin in der hohen Kunst der Mülltrennung. Nach Mitternacht lese ich in der menschenleeren wissenschaftlichen Bibliothek des Crary Lab, ein Stockwerk höher, auf einem der Gemeinschaftscomputer noch meine E-Mails. Zu dieser späten Stunde ist die Stille beinahe ohrenbetäubend, sie will nicht recht zum Zwielicht des Frühlings dort draußen passen, man erwartet eigentlich emsiges Treiben auf der Station. Die Bibliothek hat viele Fenster mit fantastischer Aussicht auf den Himmel und das Transantarktische Gebirge, das über 60 Kilometer weit entfernt liegt, ehrfurchtgebietend über dem gefrorenen McMurdo-Sund aufragend.

An unserem letzten Morgen in Mactown stehe ich um 6.30 Uhr auf, um meine Sachen zusammenzupacken, die überall verstreut im Zimmer liegen. Ich stopfe alles in die beiden orangefarbenen Seesäcke, die ich in Christchurch bekommen habe, danach sehe ich zum letzten Mal in der Crary-Bibliothek nach meinen E-Mails. Ich gehe zur Poststelle und gebe dort ein ausgefülltes Formular ab, das Helo Ops dazu berechtigt, meine Post zu sammeln und mir zuzustellen. Dann hole ich mir einen der Trucks und fahre mit David und unserem Gepäck zum Helikopterlandeplatz. Unser Abflug ist für 9.15 Uhr angesetzt. Der größte Teil unserer Ausrüstung wurde bereits von einem Mitarbeiter eingeladen, im hinteren Teil des Hubschraubers ragt nun eine massive Wand aus Kisten, Päckchen und einem wahren Sammelsurium verschiedenster Dinge in die Höhe, direkt gegenüber liegen unsere nach hinten ausgerichteten Sitze.

Ein paar sperrige Gegenstände konnten nicht mehr untergebracht werden, man wird sie uns mit dem nächsten Hubschrauber nachschicken, der noch Kapazitäten hat und in Richtung Norden zu den Trockentälern fliegt. David und ich gehen zum letzten Mal auf die Waage: wir, plus unsere persönlichen Habseligkeiten und unsere Helme. Dann zwängen wir uns in die Maschine.

Wir starten pünktlich um 9.15 Uhr und tauchen ein in ein endloses weißes Nichts. Während ich zusehe, wie McMurdo mit seiner Betriebsamkeit, seiner unpersönlichen Kälte und all seinem bürokratischen Nonsens langsam in der Ferne verschwindet, fällt eine Last von mir ab. Jetzt ist es so weit, denke ich: Drei Monate der völligen Isolation liegen vor mir. Wie sehr ich mich in diesem Punkt täuschte, sollte sich bald zeigen.

Kapitel 4

Als der Helikopter landet, präsentiert sich Kap Royds öde unter einem schiefergrau bedeckten Himmel. Der Pilot und sein Kollege eilen herbei und gehen uns dabei zur Hand, unsere Unmengen an Gepäck und Ausrüstung auszuladen, immer aufmerksam auf das Wetter achtend. Dann fliegen sie ab, und David und ich bleiben allein zurück.

Mein erster Eindruck des Ortes ist der einer Mondlandschaft, bevölkert von Pinguinen. Der Untergrund besteht aus schwarzem Kenyte-Lavagestein, wie man es sonst nur an den Hängen des Kilimandscharo oder des Mount Kenya in Ostafrika findet. Ursprung ist der mächtige Vulkan Mount Erebus, der nicht weit entfernt so bedrohlich und furchteinflößend emporragt wie eine archaische polare Gottheit. Immer wieder ergießt sich zähflüssige Lava über die Landzunge und die Klippen von Kap Royds, die erstarrten Gebilde erinnern an die Fettwülste am Arm eine Sumoringers.

Unser Camp liegt direkt oberhalb der Adéliepinguin-Kolonie, die Koordinaten lauten: 77°34' S, 166°11' O. Ich gehe auf die Anhöhe zu, in deren Schutz unser Camp liegt und die uns die Sicht auf die Kolonie an der Spitze des Kaps nimmt. Der gefrorene Boden zwischen den schwarzen Lavabrocken ist dort erdig braun und besteht aus jahrhundertealten Schichten von festgetrampeltem Pinguinmist. Es ist eine Welt in Sepia unter einem grauen Himmel. In den geschützten Spalten klebt noch ein wenig Eis, doch der größte Teil des Terrains ist schneefrei, was es zur perfekten Kinderstube für die Adéliepinguine macht.

Eisfreie Flächen wie diese machen in der Antarktis weniger als ein Prozent der Landmasse aus. Das bedeutet, dass nur ganz wenige Orte auf dem Kontinent sich für Pinguinkolonien eignen, was im Übrigen auch für Zeltlager gilt. So überrascht es nicht, dass landeinwärts am Rande der Adéliepinguin-Kolonie am Kap Royds auch das historische Basislager von Sir Ernest Shackleton steht. Das Gebäude fügt sich so harmonisch in die Landschaft, als wäre es schon immer da gewesen. Vor über hundert Jahren wurde es von den Mitgliedern der Nimrod-Expedition erbaut. Das Holz ist im Laufe der vielen Jahre verwittert und hat nun einen silbrigen Schimmer, das kleine Haus wirkt trotzdem nicht baufällig. Trockenheit und Kälte haben das Material konserviert, genau wie die Robbenkadaver am Hut Point. Ich finde den Gedanken aufregend, dass genau hier am Kap Royds zum ersten Mal Menschen Pinguine wissenschaftlich beobachtet haben: Es waren die Teilnehmer eben jener Nimrod-Expedition.

Dass man das Basislager an dieser Stelle baute, war Resultat der Rivalität zwischen Scott und Shackleton, die beide davon träumten, als jeweils Erster den Südpol zu erreichen. In den Monaten vor seinem Aufbruch hatte Shackleton Robert Scott (der im Jahr 1902 bereits das Gebäude am Hut Point errichtet hatte, etwa 20 Seemeilen oder 37 Kilometer weiter im Süden) eigentlich versprochen, seine Expedition nicht vom McMurdo-Sund aus zu starten. Schlechtes Wetter und Packeis vereitelten jedoch eine Landung in der Bucht der Wale am Ross-Schelfeis, dasselbe galt für die Edward-VII.-Halbinsel im Nordosten. So sah er sich gezwungen, entweder in Richtung Süden auf die Ross-Insel auszuweichen oder die Expedition abzubrechen. Als die *Nimrod* im Januar 1908 den McMurdo-Sund erreichte, war das Packeis dicht und Kap Royds das südlichste eisfreie Gebiet in Reichweite. Da der Sommer sich dem Ende zuneigte, entschied Shackleton, die Vorräte von Bord an Land zu schaffen und die Mannschaft ein Quartier errichten zu lassen. Im kommenden Frühjahr wollte man dann die Wanderung zum Pol in Angriff nehmen. Dieses Ziel sollten die Männer nie erreichen, denn Shackleton ließ die Mannschaft nur 79 Seemeilen entfernt vom Südpol kehrtmachen. Dank dieser Entscheidung verlor er keinen einzigen Mann. Später schlug man ihn zum Ritter, und viele waren der Meinung, er habe über Scott triumphiert, der den Südpol zwar erreichte, auf dem Rückweg aber mit allen seinen Männern ums Leben kam.

Während ich versonnen Shackletons Hütte betrachte, wird die Geschichtsträchtigkeit dieses Ortes beinahe physisch greifbar. Die Fenster sind verrammelt und die Vorratskisten an der windgeschützten Wand des Hauses liegen überall verstreut umher. Aber wenn ich die Augen zusammenkneife und blinzle, kann ich den berühmten Entdecker sehen, wie er lässig im Türrahmen lehnt, die Pfeife zwischen die Zähne geklemmt und in Richtung seiner Männer gestikuliert. Ich fühle mich ihnen emotional bereits verbunden, obwohl ich eben erst hier eingetroffen bin. Wie der australische Entdecker John Béchervaise Anfang der 1970er schrieb: »In gewissem Sinne sind alle Antarktisreisenden Zeitgenossen, denn dieser Kontinent wandelt sich nicht im Zeitmaßstab des Menschen.«[16] Und dasselbe gilt auch für uns Wissenschaftler, die auf den eisigen Kontinent kommen.

65 Jahre nachdem Shackletons Männer die Hütte am Kap Royds gebaut hatten, quartierte sich der amerikanische Schriftsteller Charles Neider eine Zeitlang dort ein, um die Operation Deep Freeze zu dokumentieren, ein Projekt der US Navy und der Beginn der Präsenz der USA am McMurdo-Sund. Über Deep Freeze koordinierte man zwischen 1955 und 1999 die meisten wissenschaftlichen Aktivitäten in der Antarktis, bis man diese Aufgabe schließlich an einen zivilen Vertragspartner abtrat. Neider war einer der wenigen Menschen, die seit dem Ende des Heroischen Zeitalters am Kap Royds auftauchten, die Gegend war faktisch menschenleer. In den 1950ern errichtete man während des Geophysikalischen Jahres

schließlich die McMurdo-Station und die Scott Base, Vorposten der Wissenschaft und der Ross-Insel.

»Seit Shackletons Zeiten haben nur wenige Menschen längere Zeit am Kap Royds verbracht«, schrieb Neider. »Die wenigen, die es doch taten, waren Wissenschaftler … und für diese modernen Besucher sind stets McMurdo oder die Scott Base die eigentliche Heimatbasis. Zu Shackletons Zeiten aber war das Kap ein vollwertiges Zuhause.« Und daran hat sich seither kaum etwas verändert.

Unsere eigene bescheidene Bleibe liegt in einer Senke oberhalb von Shackletons Hütte, umgeben vom Geröll des allgegenwärtigen Vulkangesteins. Wir befinden uns zwar außer Sichtweite der Kolonie, aber wir können die Pinguine oft hören. Das raue Stakkato ihrer Schreie erreicht uns aus der Ferne nur gedämpft, und die Kadenzen ihrer Rufe klingen beinahe musikalisch. *Uh-uh-uh-uh-uh-uhhrrr, uh-uh-uh-uh-uh-uhrrr, uh-uh-uh-uhrrrrrrr*, so singen sie. Den ersten Tag verbringen David und ich damit, uns im Camp einzurichten, die Adéliepinguine breiten uns den Klangteppich dazu aus. Wir verstauen umsichtig unsere Ausrüstung, um alles in Sicherheit zu bringen, falls das Wetter umschlägt.

Ein paar Tage vor unserer Ankunft war ein Trupp von Zimmerleuten aus McMurdo hier, um die Hütte aufzubauen, es ist ein geräumiges Rac-Tent wie das von Snowmound City, knapp 30 Quadratmeter Grundfläche, ein Raum. Ein dottergelbes Gebilde, das wie eine halbkreisförmige Blechbaracke aussieht, mit je einer durchfensterten Tür an den Schmalseiten und einem Dachgestell aus klaren Kunststoffplatten. Lässt sich draußen die Sonne blicken, wird das Licht durch den gelben Stoff gefiltert und erfüllt warm und tröstlich den Innenraum. Neben der Hütte hat der Handwerkertrupp auch zwei Sonnenkollektoren aufgebaut. Die Module sind jetzt nach oben geneigt. Sie wurden auf einem drehbaren Metallstab montiert, der in einem schweren Fuß steckt. Unser Energiebedarf ist überschaubar, denn dank der Mitternachtssonne brauchen wir keinen Strom für Beleuchtung. Unverzichtbar ist dagegen die minimale Stromversorgung für unsere Laptops, diverse Pinguingerätschaften, eine kleine Wetterstation und nicht zuletzt das UKW-Funkgerät, mit dem wir uns regelmäßig abends bei MacOps melden müssen. Mehrmals am Tag richten wir die Module neu am Stand der Sonne aus, die am Himmel ihre Bahnen zieht, aber niemals untergeht. In dieser kargen Umgebung aus blendend weißem Schnee und schwarzen Felsen erinnert mich das irgendwie an Sonnenblumen, die ihr Gesicht dem Licht zuwenden; vielleicht bringt mich das leuchtende Gelb unseres Zelts auf solche Ideen.

An der Basis der Sonnenkollektoren stehen festgezurrt zwei 50-Gallonen-Fässer. Jetzt sind sie noch leer, letztlich aber dafür bestimmt, zum einen unser Brauchwasser und zum anderen unseren Urin aufzunehmen. Beides wird in einigen Monaten von einem Helikopter abgeholt und am Ende des Sommers per Schiff zurück aufs Festland gebracht. Und hinter der Hütte haben die Handwerker außerdem noch eine Reihe von 100-Pfund-Propangastanks installiert, ein Schlauch führt von dort unter der Wand unserer Unterkunft hindurch bis zu einem freistehenden Gasofen, der in den kommenden Wochen unsere einzige Wärmequelle sein und uns indirekt außerdem mit Wasser versorgen wird: Gleich neben der Hintertür ragt eine Schneewehe auf, etwa doppelt so hoch wie unsere Hütte und durchsetzt mit den allgegenwärtigen schwarzen vulkanischen Gesteinsbröckchen des Erebus.

Zu meinen ersten Aufgaben kurz nach der Ankunft gehört, mir unseren blauen Wasserkrug zu schnappen, ihn mit Schnee zu füllen und nach drinnen zu bringen, um den Schnee zu schmelzen. Wir haben zehn Gallonen Trinkwasser bei uns, die von der Entsalzungsanlage in McMurdo stammen, das wird für ein paar Tage reichen. Doch für den Rest der Saison sind wir auf das klare, eiskalte und stark mineralisch schmeckende Schmelzwasser angewiesen, das wir aus dem Schnee hier gewinnen. Wir werden es trinken, damit kochen und uns damit waschen. Der Krug bekommt seinen festen Platz auf einem Regalbrett direkt oberhalb des Ofens, es ist der wärmste Platz in der Hütte. Dort wird der Inhalt schnell genug schmelzen, um das dünne Rinnsal aus seinem Spund nie versiegen zu lassen. Von heute an werden wir uns alle paar Tage damit abwechseln, den Krug mit Schnee von der Wechte vor unserer Tür zu befüllen. Diese Menge genügt, um unseren Trinkwasserbedarf zu decken und um Wasser zum Kochen zu haben. Um Energie zu sparen, werden wir unser Geschirr nicht abspülen, sondern mit Papiertüchern reinigen, ich habe etliche Stapel davon aus dem BFC mitgebracht. Unsere Körperpflege wird sich für die Dauer unseres Aufenthalts auf Abreibungen mit einem feuchten Lappen beschränken. In der extremen Trockenheit und Kälte der Antarktis und unter den rauen Bedingungen, die in einem Camp herrschen, genügt das.

An der Nordseite der Unterkunft, der windgeschützten Leeseite, lagern wir alle Dinge, die kälteunempfindlich sind: Bewehrungsstab; Spitzhacke und Vorschlaghammer; unsere Langlaufskier; ein paar einfache Kanthölzer. Daneben steht der Stapel weißer Eimer, die wir für unsere Freiluft-Toilette verwenden werden, getrennt nach flüssigen und festen Hinterlassenschaften. Die beiden, die wir schon bereitgestellt haben, warten an der Leeseite der Hütte, die Deckel haben wir mit Brocken aus Vulkangestein beschwert. Wie Urinfass und das gering verschmutzte Grauwasser vom Waschen werden auch die Eimer mit den Exkrementen am Ende der Saison mit dem Schiff auf den Kontinent gebracht. Ein paar Meter außerhalb des Camps lagern wir das Kurzwellen-Funkgerät und einen Survival Bag. Nah genug, um eine realistische Chance zu haben, die Sachen auch während eines Whiteouts noch zu finden, weit genug entfernt, um keinen Schaden zu nehmen, sollte unsere Unterkunft in Flammen aufgehen.

Auf der windzugewandten Seite der Hütte, Richtung Süden, stelle ich das gelbe Expeditionszelt auf, in dem ich in den kommenden zweieinhalb Monaten schlafen werde. Das Zelt ist gemütlich und einladend, und, genau wie unsere Hütte, erfüllt von einem warmen goldenen Licht, wenn die Sonne gerade scheint. Ursprünglich wollte ich es an der windgeschützten Seite des Rac-Tents aufstellen, bevor mir klar wurde, dass sich dort schon die Toiletteneimer befinden.

»Stell es lieber nicht hier auf«, riet auch David mir ab. »Auf der Leeseite türmen sich die Schneewehen. Dann musst du dich nach jedem Sturm aus dem Zelt buddeln.«

Dass die Nähe zu den Toiletteneimern keine Rolle für ihn zu spielen scheint, lässt mich ahnen, wie wenig Privatsphäre es hier, mitten im Nirgendwo, für uns geben wird. Ich lege eine kurze Pause ein, um uns Tee zu kochen und setze mich dann allein nach draußen auf unsere kleine »Veranda«: eine unbehandelte Holzpalette, zum Schutz vor den Elementen befestigt an den darunterliegenden Felsen. Von der vorderen Tür der Hütte aus haben wir einen guten Ausblick auf den McMurdo-Sund und die Royal Society Range, den Abschnitt des Transantarktischen Gebirges, der die Westseite des Sunds bildet. Während ich hinaus über das gefrorene Meer sehe, wird mir plötzlich bewusst, dass ich draußen auf dem Eis Kaiserpinguine höre. Ihre fernen ätherischen Rufe vermischen sich mit den klagenden Lauten der Adélies. Es klingt, als wären sie ganz nah, aber sie sind sogar zu weit weg, um sie sehen zu können.

Der Wind frischt im Laufe dieses ersten Tages auf. Als wir mit dem Abendessen fertig sind, zeigt der Windmesser an der Hütte über 25 Knoten an, und das, obwohl wir hier in einer geschützten Senke liegen. David rät mir, mit Ohrstöpseln zu schlafen, um das laute Flattern des Überzelts ausblenden zu können. Ich schlüpfe in meinen gefütterten Schlafsack, den Fleece-Kapuzenschal über den Kopf gezogen. Ich trage zwei Schichten langer Unterwäsche. Ich dämmere langsam weg, mit dem Gefühl, in einem warmen Nest zu liegen, und schlafe traumlos bis zum Morgen.

Als ich am nächsten Morgen erwache, steht die Sonne hoch am Himmel. Es ist immer noch viel zu windig, um hinunter zur Pinguinkolonie zu gehen, also stehe ich auf, gehe in die Hütte, um zu frühstücken und ein paar Yoga-Übungen zu machen, um meinem verspannten Rücken etwas Gutes zu tun. Dann schlüpfe ich wieder ins Zelt und in meinen Schlafsack, bis es Zeit fürs Mittagessen ist. Ich versuche, David in ein Gespräch über die anstehenden Arbeiten zu verwickeln, aber er ist vertieft in ein Buch und antwortet mir nur einsilbig. Also wende ich mich stattdessen dem Ordner mit den Feldstudien-Protokollen zu, und versuche, mir über die Aufgaben klar zu werden, die in der nächsten Woche auf mich zukommen. Am Nachmittag hat sich der Wind gelegt und wir statten den Adélies den ersten Besuch der Saison ab.

Die Kolonie liegt an der südlichsten Spitze des Kaps, auf einer Landzunge namens Flagstaff Point, und erstreckt sich entlang der aufgeworfenen Ränder einer Schmelzwasserrinne und über die angrenzenden Felsformationen hinweg, die oberhalb des Meeres liegen. Der Untergrund hier ist trocken und gut durchlüftet, außerdem gibt es genügend Steine für den Nestbau, so wie die Pinguine es mögen. Die Kolonie besteht aus einem Mosaik kleinerer Subkolonien auf den schneefreien erhöhten Flecken, die geschützt vor ablaufendem Schmelzwasser sind. Innerhalb dieser Subkolonien grenzen die Brutreviere direkt aneinander, jeder brütende Vogel ist auf seinem Nest hockend stets nur einen Schnabelhieb entfernt von seinen Nachbarn. Zwischen den Subkolonien gibt es auch nicht beanspruchte Bereiche mit schlammigem und felsigem Untergrund. Dort nisten hin und wieder Skuas, häufiger noch ruhen sich dort Pinguine aus, die »auf der Durchreise« sind, also vom Meer kommen oder auf dem Weg dorthin sind. Vom Rande der Kolonie aus weist David auf die Grenze der Antarctic Specially Protected Area, kurz ASPA. Solche besonders geschützten Bereiche wurden im Antarktisvertrag festgelegt, in diesem Fall dienen sie dem Schutz der südlichsten Adéliepinguin-Kolonie der Welt. Wir haben eine Sondererlaubnis und dürfen das Areal betreten, Besuchern des Camps wäre dies allerdings nicht gestattet.

Um uns herum gehen die Vögel ungerührt ihrem Tagesgeschäft nach, unsere Anwesenheit scheinen sie gar nicht zu bemerken. Die Männchen kommen im Frühjahr als Erste hier an, und die Kolonie ist im Moment vor allem bevölkert von Junggesellen, die ihre Reviere bewachen, alle in gespannter Erwartung der Weibchen. Adélies bauen ihre Nester komplett aus Steinen und überall sieht man emsige Männchen mit Steinen im Schnabel hin und her watscheln, die entweder von den gefrorenen Überresten der Nester vom letzten Jahr stammen oder die sie ihren Nachbarn geklaut haben.

Mehr als einen Stein kann kein Vogel im Schnabel tragen, die Aufgabe zieht sich also hin, die Betriebsamkeit ist groß.

Bauen diese Männchen gerade nicht an ihren Nestern, bewachen sie ihre Häufchen gesammelter Steine oder üben sich in den ersten Balzritualen, ein wahres Spektakel: Der Pinguin wirft dazu zuerst den Kopf in den Nacken und spreizt die schmalen Flügel. Er füllt seine Lungen mit Luft, reckt den Hals und beginnt, zuerst ganz langsam, mit den Flügeln zu schlagen. Er sieht aus wie ein Dirigent, der auf Zehenspitzen vor seinem Orchester steht und versucht, den hintersten Reihen der Musiker ein paar besonders zarte Töne zu entlocken. Dann dringen die ersten Laute aus seiner Kehle. Es beginnt mit einem stotternden *put-put-put-put*, wie ein kleiner Außenbordmotor, der in der Ferne gestartet wird. Und dann, ganz plötzlich und ohne jede Vorwarnung, verwandelt sich dieser kleine Motor in einen ohrenbetäubend laut klagenden Esel. Der Pinguin schlägt derweil immer heftiger mit den Flügeln und scheint sich immer weiter aufzupumpen, als würde er auf einen dramatischen Höhepunkt zusteuern und dann platzen. So unvermittelt das Schauspiel begonnen hat, so rasch endet es auch wieder. Der Vogel lässt langsam die Luft ab, senkt Kopf und Flügel und sieht sich vorsichtig um, fast, als hoffte er auf Applaus oder Ehrenbekundungen, im Idealfall auf ein sich näherndes Weibchen.

Die weiblichen Pinguine werden bereits in Kürze in großer Zahl in die Kolonie zurückkehren und nach ihrem jeweiligen Partner aus der letzten Saison suchen. Lebt dieser nicht mehr oder hat sich verspätet, suchen sie sich ein neues Männchen, denn nirgendwo auf der Erde ist der Sommer kürzer als hier, und es gilt, keine Zeit zu verlieren. Nach der Paarung bleibt das Weibchen beim Nest, bis es, nur etwa acht Tage nach ihrer Ankunft, zwei große dotterreiche Eier gelegt hat. Das Männchen übernimmt beim Ausbrüten die erste Schicht und löst seine Partnerin ab, sobald die Eier gelegt sind. Ein einziges Ei bringt rund 120 Gramm auf die Waage, die Produktion der Eier ist für die Weibchen also eine äußerst energieraubende Angelegenheit. Sie müssen nach der Eiablage so schnell wie möglich zurück ins Meer, um dort ihre Fettreserven aufzufüllen, in Vorbereitung auf die Strapazen der restlichen Brutsaison.

Wir verbringen den Rest des Tages damit, die Pinguin-Wiegebrücke zu installieren, eben jene Gerätschaft, wegen der David in McMurdo so entnervt war. Zusammen mit dem dazugehörigen Computer zur Datenaufzeichnung, den Sonnenkollektoren und einem Schneezaun aus Kunststoff ist die Wiegebrücke einer unserer wichtigsten Ausrüstungsgegenstände. Grundsätzlich handelt es sich dabei um eine schlichte Digitalwaage in einem Gehäuse, das einer Rampe mit leichtem Gefälle gleicht – bestens geeignet für kurze Pinguinbeine. Nachdem wir sie mit Hilfe zahlreicher Gesteinsbrocken platziert und ausgerichtet haben, beginnen wir, die angrenzende Subkolonie von Adélies mit dem orangefarbenen Plastikzaun einzuhegen. Die Wiegebrücke bleibt damit der einzige Durchgang für alle Pinguine auf dem Weg zum Meer oder zurück. Wir erfahren so nicht nur, wie lange die Vögel auf Fischzug gehen, sondern können später auch das Gewicht aller Mahlzeiten errechnen, die die Küken bekommen. All diese Daten sind wichtig und helfen uns, die demografischen Entwicklungen der Kolonie am Kap Royds besser zu verstehen. Die Wiegebrücke ist durch lange Kabel mit einem Rechner verbunden, den wir in einem eigens dafür mitgebrachten Zelt unterbringen, damit er keinen Schaden nimmt; es ist dasselbe Zeltmodell, in dem ich schlafe.

Unterscheiden werden wir die einzelnen Individuen, die die Wiegebrücke überqueren, anhand von sogenannten passiven integrierten Transpondern oder PIT-Tags. Es handelt sich prinzipiell um die gleichen Mikrochips, die auch Tierärzte oder Züchter einsetzen, um verirrte oder gestohlene Tiere mittels der darauf gespeicherten ID zu identifizieren. Im Fall der Pinguine erkennt der Computer dank des PIT-Tags zweifelsfrei jedes Individuum und kann die erfassten Daten so schnell richtig zuordnen.

Als wir endlich fertig sind, ist es schon beinahe Zeit fürs Abendessen, und mein Rücken schmerzt vom Schleppen der schweren Felsbrocken, mit denen wir die Abspannleinen des Zelts gesichert haben. Das gemeinsame Essen ist eine schweigsame Angelegenheit. David starrt gedankenverloren vor sich hin und reagiert nur widerstrebend auf meine Fragen, obwohl ich mich gern über die Arbeit der kommenden Wochen mit ihm unterhalten würde. Schließlich kapituliere ich und gebe mich meinen eigenen Grübeleien und Erinnerungen hin. Es ist jetzt schon über fünfzehn Jahre her, dass mein Vater gestorben ist, doch an manchen Tagen vermisse ich unsere Freundschaft immer noch schmerzlich. Kurz stelle ich mir vor, wie es gewesen wäre, ihn vom Satellitentelefon unseres Camps aus anzurufen und ihm davon zu erzählen, wie es sich anfühlt, so isoliert mit nur wenigen anderen Menschen zu leben. Auch er hatte bei seinen Einsätzen in der Arktis ähnliche Erfahrungen gemacht. Und nun bin ich hier in einem Camp in der Antarktis, am Ende der Welt, doch selbst an diesem unwirklichen Ort ist er mir so fern wie immer, und es wird kein Telefonat geben. Ich ziehe mich an diesem Abend früh in mein Zelt zurück, um noch zu lesen.

Kapitel 5

Es ist verblüffend, wie schnell das Meereis sich zurückgezogen hat. Als wir vor erst zweieinhalb Tagen am Kap Royds ankamen, war der McMurdo-Sund noch bis an den Horizont fest zugefroren. Doch heute Morgen fanden wir uns plötzlich nicht weit entfernt von der Abbruchkante wieder, wo das Meereis nun in den Ozean übergeht. Vor der Kolonie haben sich breite Rinnen zwischen den Eisschollen geöffnet, das Meereis selbst taut ganz offensichtlich, sein Farbton wirkt kränklich grau, und es ist durchzogen von etlichen kleinen Rissen.

Der auffrischende Wind hat an diesem Nachmittag das Packeis in Richtung Norden abgetrieben, die Eiskante liegt damit jetzt am Kap Royds. Die Wellen schlagen gegen das gefrorene Meereis, das sich im Süden der Kolonie erstreckt.

Die Geschwindigkeit, mit der sich diese Veränderung vollzogen hat, macht mich nervös. Die Meereisroute von McMurdo bis zur Backdoor Bay am Südufer von Kap Royds ist immerhin nach wie vor als befahrbar markiert. Seit ich hier bin, muss ich häufig an einen Kollegen aus meiner Zeit auf den Kreuzfahrtschiffen denken. Er hatte 1982 drei Kollegen in der Antarktis verloren, die mit Hundeschlitten in der Wildnis unterwegs gewesen waren, ein traumatisches Erlebnis, das ihm immer noch zu schaffen machte. Der Antarktisvertrag verbot später den Einsatz von Hunden auf dem Kontinent. Er war selbst ebenfalls Hundeschlittenführer gewesen und hatte im Auftrag der British Antarctic Survey die Antarktische Halbinsel kartografiert.

»Sie sind einfach im Eis verschwunden«, hatte er mir erzählt, als wir gemeinsam ein paar Drinks nahmen, und man sah ihm an, wie sehr ihn die Erinnerungen quälten, jedes Mal, wenn wir an dem Gedenkkreuz vorbeikamen, das auf einer felsigen Anhöhe in der Nähe des Lemaire-Kanals auf der Antarktischen Halbinsel stand.

Die Männer waren auf einer nahe gelegenen Insel unterwegs gewesen, als ein plötzlicher Wintersturm aufkam und das Festeis abtrieb. Sie quartierten sich für ein paar Tage in der Schutzhütte auf der Insel ein und warteten darauf, dass das Meer wieder zufror. Die Rückfahrt ließ sich nicht allzu lange aufschieben, denn ihre Vorräte gingen zur Neige. Aber die winterliche Kälte kam gegen die starken Strömungen im Kanal nicht an, und die neue Eisschicht war zu dünn. Der nächste Sturm kam, und wieder wurde das Meereis abgetrieben. Die Leichen der drei Männer fand man nie. Das Unglück hatte sich vor langer Zeit auf der anderen Seite des Kontinents ereignet, doch waren diese Männer letztlich derselben Art überraschender Phänomene zum Opfer gefallen, wie wir sie gerade hier am Kap Royds erleben. An diesem Abend ist die See vor dem Kap eine windgepeitschte, aufgewühlte Wasserfläche, und die Wellenkämme tragen weiß schäumende Kronen aus Gischt statt aus Eis. Nur ein gelegentlich vorübertreibender Bergy Bit oder ein kleines Feld aus Treibeis erinnern uns daran, dass wir erst gestern in der Ferne eine Gruppe von McMurdo-Schneemobilen gesichtet haben, die jenseits des Kaps auf dem gefrorenen Meer unterwegs waren.

Ob das Eis im Moment dick genug ist, um sich sicher darauf zu bewegen, ist fraglich. Derselbe Wind, der es abtreibt, zwingt uns jedenfalls einmal mehr, einen sich endlos hinziehenden Tag im Rac-Tent zu verbringen. Einen kurzen Eindruck der Außenwelt erhalten wir nur, wenn wir den Eimer vor der Hütte aufsuchen müssen. Hier im Camp weht der Wind mit einer Geschwindigkeit von 30 Knoten, die Temperatur liegt bei unter –10 °C. Unten in der Kolonie stürmt es noch viel heftiger und das Risiko, Erfrierungen an den

Fingern davonzutragen, die das Fernglas umklammern, ist so hoch, dass wir nur sehr kurz draußen arbeiten könnten.

In der Hütte ist es eigentlich ganz gemütlich, nachdem wir unsere Sachen verstaut haben. Lebensmittel, Bücher und Elektronik füllen die Regalbretter entlang der Wände, und auf den beiden provisorischen Schreibtischen – zwei extrabreite Regalbretter, die auf Hüfthöhe montiert sind – stehen unsere Laptops, betrieben von Batterien, die regelmäßig an der kleinen Solaranlage wiederaufgeladen werden, vorausgesetzt, es ist nicht gerade bewölkt. Mit der Hütte würde man zwar keine Auszeichnung für höchste Energieeffizienz einheimsen (Objekte, die zu nah an der Außenwand stehen, können durchaus auch mal einfrieren), aber dank des Ofens ist es angenehm warm, und es ist auch kaum zugig, obwohl die Wände nur aus Segeltuch bestehen.

Bevor ich uns ein spätes Abendessen zubereite, schlüpfe ich in meine dick gefütterten Stiefel, ziehe mir weitere Lagen Kleidung über und gehe kurz nach draußen, um frische Luft zu schnappen. Weiter als bis zu der niedrigen Kuppe, die unsere Hütte vor dem Wind schützt, komme ich heute nicht. Als ich die Anhöhe erreiche, bekomme ich die volle Wucht des Sturms zu spüren, die Böen fühlen sich an wie kräftige Hände, die mich energisch zurückdrängen. Ich spiele mit dem Gedanken, die andere Seite auf allen vieren hinunterzukriechen, schaffe es dann aber doch auf zwei Beinen, indem ich mich so angestrengt gegen den Sturm stemme, dass ich der Länge nach hinknallen würde, sollte überraschend Windstille eintreten.

Nachdem ich von meinem Spaziergang zurück bin, grabe ich die Kiste aus, die wir in der Schneewehe hinter dem Haus verstaut haben und entnehme ihr ein Päckchen mit gefrorenem Heilbutt. Dazu gibt es Pasta Alfredo, abgepackt, und getrocknete Erbsen, die ich unter den neuseeländischen Lebensmitteln im BFC gefunden habe. Unsere Ernährung hier macht mir jetzt schon zu schaffen – abgesehen davon, dass uns nur getrocknete oder gefrorene Lebensmittel und Dosen zur Verfügung stehen. Die meisten dieser Produkte kommen aus den USA und enthalten sehr viel Zucker oder Maissirup mit hohem Fruktosegehalt und sind für meinen kanadischen Gaumen eindeutig zu süß. Daher bin ich mehr als dankbar für die neuseeländischen Zutaten und Lebensmittel, die ich ergattern konnte, um unsere Vorräte zu ergänzen. Raro, das Getränkepulver aus Neuseeland, ist weniger süß und sehr viel fruchtiger als die US-Variante. Es täuscht perfekt über den stark mineralischen und abgestandenen Geschmack des Schmelzwassers hinweg und macht es mir erträglicher, dass sich am Boden meiner Trinkflasche unweigerlich der allgegenwärtige vulkanische Dreck sammelt. So viel wie möglich zu trinken, ist hier ungemein wichtig, da man fortwährend gegen Dehydrierung ankämpfen muss. Ursache ist neben den täglichen körperlichen Strapazen nicht zuletzt auch die Luft auf diesem trockensten Kontinent der Welt. Trotz seines eisigen Antlitzes ist der größte Teil der Antarktis eine Wüste, auf dem Polarplateau fallen pro Jahr im Durchschnitt nur etwa 50 Millimeter Niederschlag. Auch die Kälte trägt maßgeblich dazu bei, dass man sehr viel Flüssigkeit verliert. In den Nächten ist es so eisig, dass ich beim Zubettgehen mehrere Schichten Kleidung übereinander trage und im Schlafsack immer noch ein paar energische Sit-ups machen muss, damit meine Füße warm werden. Dann stülpe ich mir das Kopfteil des Schlafsacks über, auch mein Kapuzenschal aus Fleece darf nicht fehlen. Am darauffolgenden Morgen sind die Temperaturen gerade so stark angestiegen, dass ich verheddert in viel zu vielen Kleidungsstücken und schweißgebadet aufwache, mein Mund trocken und klebrig, obwohl außerhalb meines Schlafsacks noch Minusgrade herrschen. Meine Morgenroutine dreht sich darum bald vor allem um die Themen Wärme und Flüssigkeitszufuhr: Ich ziehe über meine Schlafsachen eine extra Schicht, wanke nach draußen zum Pinkeleimer und gehe danach in die Hütte, um dort einen halben

Liter eiskaltes Schmelzwasser hinunterzustürzen, während ich darauf warte, dass das Wasser im Kessel zu kochen beginnt und der Kaffee langsam durch den Filter tröpfelt.

Nicht nur mein Trinkverhalten, auch meine Ernährungsgewohnheiten haben sich angesichts der ständigen körperlichen Belastungen und der Kälte verändert. Um genügend Kalorien aufzunehmen, esse ich deutlich mehr Butter, Zucker und Schokolade als sonst und muss dabei hin und wieder an meinen Freund Henry denken, der schon oft in der Mongolei war und mir erzählt hat, dass die Menschen dort auf heißen Tee schwören, der mit ranziger Yak-Butter versetzt ist. Plötzlich kommt mir die Idee gar nicht mehr so absurd und abstoßend vor wie damals, und ich probiere selbst, ein bisschen Butter in meinen Nachmittagstee zu mischen. Das zusätzliche Fett schmeckt lecker, und ich frage mich, wie viele Kalorien ich pro Tag wohl gerade verbrenne. Sicher nicht die rekordverdächtigen 11 500 Kilokalorien, die der Arzt Mike Stroud als den maximalen täglichen Bedarf berechnet hatte, bevor er und Sir Ranulph Fiennes den Kontinent zu Fuß durchquerten. Wie dem auch sei, ich esse jedenfalls deutlich mehr als sonst und verliere trotzdem Gewicht. Das ungewohnte Essen, der permanente Kampf gegen die Dehydrierung, die neue Umgebung und das Fehlen verlässlicher Routinen setzen mir zu, ich habe das Gefühl, irgendwie neben mir zu stehen. Außerdem ist mir immer ein bisschen flau, und obwohl ich ständig hungrig bin, fehlt es mir an Appetit. David, der Antarktis-Veteran, arbeitet sich hingegen mechanisch durch sämtliche Mahlzeiten und schläft in der Ecke der Hütte, in der er abends seinen Schlafsack ausrollt, jede Nacht tief und fest.

Ein paar Tage lang wird unsere Geduld noch auf die Probe gestellt, doch dann lässt der Wind endlich nach, und wir können ernsthaft mit der Arbeit beginnen.

Für mich bedeutet das, dass ich nun mit der systematischen Erfassung und Beobachtung von B-REF beginne, unsere Abkürzung für die Subkolonie mit markierten Vögeln, die als Referenz-Subkolonie fungieren wird. Heute zähle ich 101 Adélies, inklusive eines bereits markierten Individuums vom vergangenen Jahr, und morgen werden es sicher noch mehr sein. Während die Brutsaison anläuft, stoßen jeden Tag neue Vögel zur Kolonie. Das Zählen und Beobachten der B-REF-Vögel sind Aufgaben, für die ich während der kommenden Saison fast täglich verantwortlich bin, und sie erfordern hohe Konzentration und Sorgfalt, denn auf der Grundlage dieser Daten errechnen wir am Ende den Reproduktionserfolg für die gesamte Kolonie. Aus den restlichen Pinguinen der Kolonie am Kap Royds wählen wir gegen Ende der Saison nur einen kleinen Teil der beinahe erwachsenen Küken aus, die wir dann markieren. In der B-REF-Gruppe werden hingegen alle erwachsenen brütenden Tiere mit einer nummerierten Metallspange versehen, um den individuellen Bruterfolg detailliert nachvollziehen zu können.

Die Metallbänder, mit denen Pinguine gekennzeichnet werden, sind ungewöhnlich. Wegen der kurzen kräftigen Beine dieser Vogelfamilie sind die Ringe, die sonst für gewöhnlich bei ornithologischen Studien zum Einsatz kommen, für sie nicht geeignet. Es war tatsächlich Bill Sladen, der hier Abhilfe schuf und als erster Forscher flache, hydrodynamische Metallspangen einsetzte, die er an den Flügeln der Vögel befestigte. Mittlerweile geht man trotzdem immer mehr dazu über, PIT-Tags zu verwenden, denn selbst die flachen Bänder erzeugen im Wasser zusätzlichen Widerstand. Die Metallbänder sitzen locker, aber sicher, an der schmalsten Stelle des Pinguinflügels, etwa in der Hälfte des Oberarmknochens über dem Gelenk, an das Elle und Speiche anschließen. Als Ornithologe richtet man sein Augenmerk bei Pinguinen also stets auf die Flügel statt auf die Beine. Von heute an suche ich jeden Tag mit dem Fernglas unter den unzähligen Vögeln der Kolonie nach denen, die am linken Flügel eine Metallspange tragen und notiere mir die ID-Nummer, den Brutstatus und den genauen Standort jedes Vogels.

Die Suche nach den von uns markierten Vögeln ist zentraler Bestandteil der Feldstudie, unsere Kollegen am Kap Crozier und am Kap Bird tun dasselbe. Wir alle suchen nach Adélies, die in der vorangegangenen Saison noch als Küken mit Metallbändern versehen wurden. Da die überwiegende Mehrzahl der Pinguine im jeweiligen Jahr nicht markiert wird, gleicht unsere Suche also der nach der Nadel im Heuhaufen. Oder vielleicht eher der Suche nach der Nadel im Nadelhaufen.

Noch schwieriger ist es, die fünfzehn winzigen lichtempfindlichen GLS-Tags zu entdecken, die man am Ende der letzten Saison – nur vorübergehend – mit einer Art Manschette an den Beinen einiger Vögel befestigt hat, im Gegensatz zur permanenten Beringung anderer Vogelarten. Diese Tageslichtsensoren, auch Global Location Sensor oder GLS-Tags genannt, halten fest, wann die Vögel sich an der Wasseroberfläche oder auf dem Eis aufhalten, um sich auszuruhen. Die anschließende Auswertung der heruntergeladenen Daten, basierend auf Tageslänge und Zeitpunkt von Sonnenaufgang und Sonnenuntergang ermöglicht es Forschern, sich ein genaueres Bild von den langfristigen Bewegungsmustern des Vogels zu machen. Diese besonderen Datentracker sind jedenfalls besonders klein, ein GLS-Tag wiegt nur etwa ein Gramm, was sowohl Vor- als auch Nachteile mit sich bringt. Erfreulich ist zweifellos, dass die Geräte die Vögel kaum beeinträchtigen. Weniger praktisch ist, dass zugunsten der geringen Größe auf eine Satellitenkomponente verzichtet wird, die uns das Auslesen der Daten aus der Ferne ermöglichen würde. Die Vögel müssen also Monate später erneut aufgespürt und eingefangen werden, um ihnen die Tags wieder abzunehmen. Aber dazu muss man sie natürlich erst einmal finden. Dennoch haben die relativ simplen GLS-Tags die Migrationsökologie revolutioniert, seit sie in den 1990er Jahren zum ersten Mal zum Einsatz kamen. Zu den ersten Probanden gehörten neben Pinguinen auch Albatrosse.

Die Datenerhebung anhand der Metallbänder hilft uns, wichtige demografische Parameter wie Überlebensrate und Fortpflanzungswahrscheinlichkeit präziser einzuschätzen. Diese Werte sind unerlässlich, um langfristige demografische Entwicklungen einer Population, aber auch die Mobilität der Adélies zwischen den Kolonien zu erfassen. Pinguine legen sehr ausgeprägt ein Verhalten an den Tag, das man als Geburtsortstreue bezeichnet, das heißt, sie kehren zur Brutzeit an den Ort zurück, an dem sie als Küken geschlüpft sind. Verändern sich die Bedingungen vor Ort, gelten viele Regeln jedoch plötzlich nicht mehr, und alles scheint möglich.

Anfang der 2000er Jahre brach der Eisberg B-15A von B-15 ab, der sich wiederum einige Jahre zuvor vom Ross-Schelfeis gelöst hatte. Er war mit einer Fläche von etwa 11 000 Quadratkilometern der größte bis dahin registrierte Eisberg aller Zeiten, wenigstens im Zeitalter der Satellitenaufzeichnungen. Und auch sein Abkömmling B-15A war gewaltig, 6500 Quadratkilometer maß er zu Beginn seines eisigen Daseins, größer also als Prince Edward Island, eine der kanadischen Provinzen. Ob das Kalben des Ursprungbergs eine Folge des Klimawandels oder ein natürlicher Vorgang war, lässt sich nicht mit Sicherheit sagen. Die Folgen für die Pinguinkolonien der Ross-Insel in den kommenden Jahren waren hingegen so offensichtlich wie dramatisch, in einigen Fällen sogar katastrophal.

B-15A trieb gegen die Nordküste der Ross-Insel, wo er nun bereits seit mehreren Jahren liegt. Er veränderte die Topografie des Rossmeeres damit von Grund auf und schuf die Parameter für ein gewaltiges natürliches Experiment über die Brutbiologie und die Ernährungsökologie der dort lebenden Pinguine. Da der auf Grund gelaufene mächtige Eisberg die regionalen Meeresströmungen im vergangenen Jahr umgeleitet hatte, ging das Meereis auch in den Sommermonaten kaum zurück. In der Folge mussten die Pinguine jedes Mal an die 70 Kilometer auf dem Eis zurücklegen, um ihre Küken am Kap Royds zu füttern. In einer normalen Saison lag die

Eiskante noch unmittelbar vor dem Kap, so wie heute. In diesem Jahr gibt es bereits Anzeichen dafür, dass etliche Vögel der Kolonie auf die veränderten Umweltbedingungen reagiert haben. Royds ist die kleinste Kolonie auf der Ross-Insel, und nach Davids ersten Schätzungen brüten in diesem Jahr nur etwa 2500 Paare hier, rund 1000 weniger als zu Beginn der letzten Brutsaison vor einem Jahr. Angesichts dieser Zahlen ist es wahrscheinlich, dass viele Paare ihre Konsequenzen aus der schlechten Saison gezogen haben und sich jetzt in großer Zahl in den günstiger gelegenen Kolonien am Kap Bird und am Kap Crozier einfinden.

»Das sind wirklich sehr viel weniger Vögel als im letzten Jahr«, sagte David gestern Abend beim Essen. »Pinguine laufen eben nicht gern.«

Trotzdem könnte es sich seiner Auffassung nach auch um eine der natürlichen Schwankungen handeln, wie sie auf der Ross-Insel immer wieder vorkommen: Der Westantarktische Eisschild (zu dem auch das Ross-Schelfeis gehört, das die Ross-Insel beinahe komplett umschließt) produziert solche Eisberge seit dem Ende des letzten Glazialen Maximums vor etwa 12 000 Jahren. Die Pinguine leben also schon seit Tausenden von Jahren mit diesen Phänomenen, und wir haben nun die Möglichkeit, zu beobachten, wie sie solchen historischen Herausforderungen begegnen.

Ob und wie lange wir tatsächlich täglich nach markierten Vögeln Ausschau halten können, hängt natürlich immer vom Wetter ab. Längere Zeit mit einem Fernglas aus Metall in der Hand herumzustehen, während der Wind pfeift und eisige Temperaturen herrschen, führt unweigerlich zu Erfrierungen der Finger, und zwar unabhängig davon, wie dick die Handschuhe sind. Im Tagesgepäck habe ich immer ein Paar Handwärmer, und stecke jeweils einen davon in meine Handschuhe, um der bitteren Kälte etwas entgegenzusetzen. Dann ziehe ich die Kordel meines Kapuzenschals so weit zu, bis nur noch ein Sehschlitz offen bleibt. Die Augen sind von einer Gletscherbrille geschützt. Ich postiere mich zuerst auf einem Felsvorsprung oberhalb der Kolonie und entdecke am nördlichen Ende vier markierte Pinguine, die unterschiedliche Nester aufsuchen. Von meinem Aussichtspunkt aus höre ich wieder die Kaiserpinguine draußen auf dem Meereis an den Gezeitenrissen, ihre Rufe klingen angenehm, ein Geräusch, irgendwo zwischen Flöte und Kazoo angesiedelt. Die entfernteste Gruppe ist fast einen Kilometer weit weg, aber ich kann sie ganz deutlich hören. Vielleicht hat die natürliche Auslese dazu beigetragen, dass ihre Stimmen so rein klingen und eine so hohe Reichweite besitzen, ein evolutionärer Vorteil für eine Art, die über große Entfernungen kommunizieren muss. Ihnen zu lauschen, macht mich jedenfalls froh, der ätherische Klang ist ein lieblicher Kontrapunkt zum kehligen Geschrei und der Hektik in der Adéliepinguin-Kolonie, wo das Brutgeschäft in vollem Gang ist.

Auf dem Rückweg zu unserer Hütte sehe ich zwei Skuas, die sich gerade paaren, zum ersten Mal in dieser Saison. Es ist das Pärchen vom Rand der Kolonie, in der Nähe von Shackletons Hütte. Ich weiß nicht, ob man diesen Akt als zärtlich beschreiben kann, aber mir kommt genau dieser Begriff in den Sinn – jedenfalls ist er es verglichen mit den eiligen Balanceakten, die die Adéliepinguine vollführen. Heute Abend ist David mit der Zubereitung des Abendessens dran. Wenn das Wetter es zulässt, arbeiten wir länger und essen erst später zu Abend. Er ist ein geübter Koch, schnippelt die Zutaten sorgfältig, ist konzentriert bei der Sache, verschwendet aber keine Zeit. Er braucht niemals lange, um eine schlichte, aber genießbare Mahlzeit auf den Tisch zu bringen.

Während er kocht, fertige ich aus Gewebeband einen großen Trichter an, nachdem der Wind uns unser Exemplar aus Plastik gestern entrissen hat. So etwas hat vielleicht wirklich noch nie jemand aus Gewebeband improvisiert. Wir brauchen den Trichter, um unser Brauchwasser und unseren Urin in die großen Fässer draußen einzufüllen. Ohne dieses Hilfsmittel kann es schnell passieren, dass ein überraschender Windstoß das Zeug überall in der Gegend verteilt oder noch schlimmer, es uns ins Gesicht pustet. Gestern war es zu windig, um Flüssigkeiten zu entsorgen, selbst mit Trichter, und heute war der Trichter verschwunden. Unser Urin ist mittlerweile ein gefrorener Klumpen am Boden des Pinkeleimers hinter der Hütte. Entweder müssen wir den Eimer hereinbringen, um den Urin zu schmelzen oder ihn, gefroren wie er ist, im Helikopter nach McMurdo zurückfliegen. Die Piloten wären sicher erbost, vor allem, wenn der Urin an Bord anfangen würde zu tauen.

Gleich nach dem Abendessen erstatten wir wie gewohnt per Funk Rückmeldung nach McMurdo und kontaktieren die Crew am Kap Crozier. Unsere Kollegen erzählen uns, dass an diesem Morgen eine Mannschaft aus McMurdo bei ihnen im Camp war, um die Überreste der alten Unterkunft zu entsorgen. In dieser Hütte hatte David vor Jahrzehnten campiert, während er an seiner Promotion arbeitete. Das Räumkommando hatte – mit Hilfe eines Magneten – allein 110 Pfund an rostigen Nägeln geborgen. Man hatte die Hütte damals in den 1970er Jahren einfach niedergebrannt, um sich den aufwendigen Rückbau und den Rücktransport nach McMurdo zu sparen. Es waren wahrhaft andere Zeiten.

Ich gehe noch einmal hinunter zur Kolonie, um die letzte Aufgabe des Tages zu erledigen: Jeden zweiten Abend bin ich damit an der Reihe, eine Stunde lang die Uferlinie zu beobachten und nach jagenden Seeleoparden Ausschau zu halten. Ich kauere mich also auf einem Felsen zusammen und warte. Sämtliche Sichtungen von Seeleoparden und etwaige Interaktionen mit Pinguinen, tödliche oder anderweitige, werden protokolliert. Abgesehen von einigen wenigen offenen Rinnen und einem Riss entlang des Ufers ist das Meer vor Kap Royds nach ein paar fast windstillen Tagen und besonders niedrigen Temperaturen wieder zugefroren. Die Eisschicht ist gerade dick genug für die darauf herumtrippelnden Adélies, aber noch so dünn, dass sie beinahe unsichtbar bleibt. Drei Kaiserpinguine nähern sich dem Ufer, sie schwimmen in einer der eisfreien Rinnen. Sie tauchen unter und wieder auf, unter und wieder auf, sie gehen unter dem Meereis auf die Jagd, wo es Unmengen kleiner Fischchen gibt, ein von saisonalen Räubern wie Robben und Pinguinen noch nicht erschöpfter Nahrungsvorrat. Allein der Aktivität dieser drei Vögel ist es zu verdanken, dass diese Bereiche eisfrei bleiben, während der Rest der Oberfläche zufriert. Tauchen die Kaiserpinguine an einer Stelle auf, durchbrechen sie die frische Eisschicht und halten so ganz nebenbei das Meer auch für die Adélies offen. Ich sehe zu, wie die elastische und noch dünne Eisschicht auf dem Wasser sich dehnt, bricht und sich nach dem Abtauchen des Kaiserpinguins wieder über ihm schließt. Die Adélies folgen ihren größeren Verwandten zu ihren Atemlöchern, sodass auch sie weiterhin in der Nähe der Kolonie auf Beutezug gehen können. Wären die Kaiserpinguine nicht hier, müssten die Adélies weite Strecken auf dem Eis zurücklegen, um ans offene Wasser zu gelangen.

Ich zwänge mich in eine Lücke zwischen den Felsen, wo ich vor der leichten Brise dieses Abends geschützt bin. Die Luft ist eisig kalt. Grant, Viola, und Rachael haben uns während des Gesprächs am Funkgerät erzählt, dass sie am Kap Crozier im Moment nicht vor die Tür gehen können, weil der Ostwind so unbarmherzig wütet. Hier, im Windschatten des Mount Erebus, war es heute schön, und in meiner Felsnische ist mir fast schon angenehm warm. Jenseits des McMurdo-Sunds leuchten die Berge und Gletscher, die zu den Trockentälern führen, im klaren goldenen Licht des Abends, und die Sonne lässt die aufgewühlte Meeresoberfläche in Flammen aufgehen. Hin und wieder verlässt ein Grüppchen Adélies über den offenen Gezeitenriss am Rande der glitzernden Eisfläche, die noch mit dem Ufer verbunden ist, das Wasser, andere brechen von dort aus zum nächsten Fischzug auf. Die Luft ist immer noch kalt genug, um das Meer gefrieren zu lassen, und rundes Pfannkucheneis treibt vorüber, sich umkreisend und aneinander vorbeischiebend wie ein Ensemble von Tänzern, mit schmalen aufgeworfenen Rändern, die höher werden, je öfter die Gebilde aneinanderstoßen. Selbst der Flug der Skuas wirkt verlangsamt, als würden auch sie angesichts der Stille und Erhabenheit dieses klaren, antarktischen Abends innehalten, verblüfft über die Intensität des Lichts, das Gebirge und Meer, Eis, Gletscher und Himmel hell erstrahlen lässt.

Während David und ich am späten Nachmittag des nächsten Tages in der Kolonie arbeiten, tauchen plötzlich etwa ein Dutzend Kaiserpinguine auf, watscheln über das Meereis an Land und erklimmen dann zielstrebig im Gänsemarsch die Steigung, hinter der der Pony Lake liegt, ein gefrorener Schmelzwassersee inmitten der Kolonie der Adéliepinguine. Benannt ist er nach den Ponys, die Shackleton für seine Expedition mitgebracht hatte und die man damals immer neben dem See festmachte. Die Kaiserpinguine versammeln sich in kleinen Gruppen auf der vereisten Oberfläche, sie verneigen sich paarweise voreinander, manche lassen sich auf dem Bauch über die glatte Fläche treiben, behäbig und doch anmutig, während sie rege miteinander schwatzen. Unsere Anwesenheit scheint sie nicht zu stören, doch hin und wieder mustern sie uns kurz mit ihren schwarzen Knopfaugen, etwa, wenn wir an ihnen vorbeigehen müssen, um ein Adélienest zu kennzeichnen, oder Geröllbrocken vorbeischleppen, um unsere Ausrüstung damit zu sichern.

Keiner dieser Vögel wird hier brüten – die nächstgelegene Kaiserpinguin-Kolonie befindet sich auf der Beaufort-Insel, etwa 20 Kilometer nordwestlich von Kap Bird entfernt. Die Kolonie am Kap Crozier liegt am anderen Ende der Ross-Insel, das sind über 100 Kilometer auf dem Seeweg. Dennoch sind die Besuche der Kaiserpinguine am Kap Royds seit Shackletons Nimrod-Expedition belegt, als der schottische Biologe James Murray dieses ungewöhnliche

Verhalten beschrieb. Den Adélies schenken sie keine Beachtung, die wiederum, sobald die größeren Verwandten ihren Weg kreuzen, nervös nach den Kaiserpinguinen picken; dabei zielen sie auf einen Punkt knapp unterhalb der Taille – wenn die Kaiserpinguine eine Taille hätten. Hin und wieder wedelt einer der Besucher träge mit dem Flügel, um sich der drohenden Schnabelhiebe zu erwehren, doch meistens blicken die Kaiserpinguine hoheitsvoll über die Köpfe der Adélies hinweg zum Horizont und geben sich unbeeindruckt vom profanen Chaos zu ihren Füßen. So werden wir Zeuge eines zeitlosen Schauspiels, wie es schon Murray vor über hundert Jahren beschrieb: »Während die Adéliepinguine ihren Brutgeschäften nachgingen, tauchten [Kaiserpinguine] in großer Zahl auf, und begannen, neugierig das Camp zu inspizieren. Sie bewegten sich wie selbstverständlich zwischen den Adélies, ohne dass die unterschiedlichen Arten einander viel Beachtung geschenkt hätten. Hin und wieder kam ein Kaiserpinguin einem der Adélies doch zu nah, und es entbrannte ein ungleicher Kampf, während dessen der unerschrockene kleine Kerl zeterte und pickte … Sobald der Kaiserpinguin den Flügel hob, erkannte der Adélie jedoch offenbar, dass er sich mit dem Falschen angelegt hatte.«[17]

Obwohl das Licht nicht besonders gut ist, beschließe ich, nach dem Abendessen meine Kamera aus der Hütte zu holen, fasziniert von dem Schauspiel, das die Kaiserpinguine vor verschneiter Kulisse aufführen. In der Zeit, die ich brauche, um zur Hütte hinauf- und wieder zur Kolonie hinunterzugehen, sind die meisten der Kaiserpinguine jedoch bereits wieder Richtung Meereis verschwunden. Auf dem Pony Lake stehen nur noch drei Nachzügler, völlig bewegungslos und scheinbar tief in Gedanken versunken. Als ich mich ihnen nähere, erwachen sie plötzlich aus ihrer Erstarrung, recken die Hälse und beäugen mich aufmerksam. Und dann kommen sie auf mich zu, fast, als wollten sie mich begrüßen: »Hey, du bist das! Du bist zurück!« Sie folgen mir nach, als ich beginne, das Ufer des

Sees zu umrunden, sie halten an, wenn ich anhalte, laufen weiter, wenn ich weiterlaufe. Manchmal kommen sie ein paar Schritte näher, wackeln mit dem Kopf und geben flötende Laute von sich. Ich setze mich in der Nähe aufs Eis und mache Fotos. Ich starte mit meinem Teleobjektiv, muss aber bald zu einem 35-mm-Objektiv und anschließend zu einem Weitwinkelobjektiv wechseln, weil die neugierigen Vögel immer näher rücken. Es dauert nicht lange, und einer von ihnen beginnt, an meiner Kameratasche zu nesteln, die neben mir auf dem Eis liegt. Dann sieht er mir direkt ins Gesicht, während er sich vor mir verbeugt und gurrt, und mir wird plötzlich klar, dass dieser Kaiserpinguin mich anbalzt. Ich fühle mich auf merkwürdige Weise geschmeichelt, als würde dieses Verhalten irgendetwas über meine Qualitäten als Mensch aussagen. Und vielleicht tut es das ja auch, wenigstens aus der Sicht des Pinguins. »Sie scheinen uns Männer als Pinguine anzusehen wie sich selbst«[18], schrieb Murray. Und für Frauen gilt offenbar dasselbe. Unsere Ménage-à-quatre endet erst, als mir schließlich zu kalt wird und ich wieder hinauf zur Hütte und dann zu Bett gehe.

Ein paar Tage später, wir haben eben zu Abend gegessen, und ich erledige etwas Schreibtischarbeit, klopft jemand plötzlich an die Tür unserer Hütte, und ich sehe überrascht auf. Es ist der Leiter des neuseeländischen Antarktisprogramms.

»Hallo!«, begrüßt er mich, und streckt mir die Hand hin, nachdem er den Handschuh ausgezogen hat. »Lou Sanson.«

»Sie kommen mir bekannt vor«, sage ich, schüttle ihm die Hand, und versuche, mental zu verarbeiten, dass gerade ein Mensch vor mir steht, der nicht David Ainley ist.

Es stellt sich heraus, dass seine Gruppe gestern hier angekommen ist, im Windschatten eines weiteren abziehenden Sturmtiefs. Man habe der sommerlichen Hektik der Scott Base für ein paar Tage entfliehen wollen. Neuseeländer gelten gemeinhin als besonders zäh und unerschrocken, und wie um diesem Ruf gerecht zu werden, hat die Gruppe gleich hinter der Anhöhe beim Wanigan übernachtet, einer quaderförmigen Notunterkunft aus Glasfaserkunststoff-Platten, die ein wenig an einen begehbaren Kühlschrank erinnert und für die bessere Sichtbarkeit in dem Erbsengrün gestrichen ist, wie man es in Krankenhäusern gern verwendet. Das Wanigan soll Gruppen, die am Kap Royds in schweres Wetter geraten, als Zuflucht dienen – oder Menschen, die während der Sommermonate schlicht ein paar Tage Ruhe suchen. Die Unterkunft ist mit nur einem winzigen Raum allerdings so beengt, dass die meisten Besucher es vorziehen, ihr Zelt daneben aufzustellen und das Wanigan nur als Windschutz, Kochhütte oder Lager für ihre Ausrüstung zu nutzen.

Lou ist ein großer, freundlicher Mann, der gern plaudert. Nachdem wir uns eine Weile unterhalten haben, wird mir klar, woher ich ihn kenne: Wir sind uns auf einem der Touristenschiffe begegnet, die vor der Antarktischen Halbinsel kreuzen, wo wir beide als Guides gearbeitet haben. Gemeinsame Erinnerungen werden hervorgekramt: Illegale Schlittenpartien über steile, zugefrorene Abhänge, gemeinsam mit einigen wagemutigen Passagieren. Einer unserer Mitstreiter hatte das Vergnügen mit einer angeknacksten Rippe bezahlt. Lou freut sich, hier auf David zu treffen, denn offenbar haben die Neuseeländer, die »Kiwis«, einen Trip für ein paar hochrangige VIPs geplant, die in ein paar Tagen eintreffen, darunter der persönliche Berater des Premierministers, der Chef des Fischereiministeriums und eine Gruppe von Umweltschützern. Teile der neuseeländischen Regierung haben großes Interesse daran, das Rossmeer zum Meeresschutzgebiet erklären zu lassen. Diese Pläne zum Schutz des marinen Ökosystems laufen derweil den Interessen der Fischerei-Industrie, der japanischen Walfänger-Flotten, die im Rossmeer Jagd auf Zwergwale machen, und den Begehrlichkeiten, die die reichen Bestände an Jakobsmuscheln vor Ort wecken, zuwider. David hatte erst vor kurzem einen kontroversen Artikel zu diesem Thema veröffentlicht, in dem er seine nüchterne Zurückhaltung als Wissenschaftler aufgab und an die Politik appellierte, das Rossmeer als letzten nicht kommerziell ausgebeuteten Ozean der Welt unbedingt unter Schutz zu stellen, bevor es zu spät ist. Zum selben Thema war von ihm bereits ein kämpferischer Beitrag im Fachjournal *Marine Ornithology* erschienen, er trug den Titel »The Ross Sea, Antarctica, where all ecosystem processes still remain for study, but maybe not for long«[19]. Jenseits der Anhöhe wartet nun offenbar ein Reporter von einer großen neuseeländischen Tageszeitung und Lou will, dass David sich mit ihm unterhält. Wir plaudern noch ein Weilchen, dann macht Lou sich auf den Rückweg. Er verspricht, morgen wiederzukommen. Danach kehrt in der Hütte wieder Stille ein.

Am nächsten Morgen, ich bin eben erst aufgestanden und erhitze gerade Wasser auf dem Gasofen, um mich zu waschen und Kaffee zu kochen, geht plötzlich die Tür auf. Auf der Schwelle steht ein Mann mit schütterem Haar und Brille, er trägt die blaue Kleidung der Neuseeländer und sieht mich durch die beschlagenen Gläser seiner Brille an, mit den Händen seinen Hut auswringend. Es ist der Journalist höchstpersönlich.

»Kommen Sie ruhig rein, herein mit Ihnen«, rufen David und ich hektisch. Endlich überwindet er sich, betritt die Hütte und schließt die Tür hinter sich und damit den schneidenden Wind aus.

Ich mache ihm eine Tasse Tee und setze meine Katzenwäsche fort. Die Hälfte des heißen Wassers gieße ich in den Kaffeefilter, die andere Hälfte in eine Plastikschüssel. Dann wasche ich mir das Gesicht, so heiß, wie ich es irgend ertragen kann, es ist der beste Moment des Tages. Kurz darauf erscheint Lous fröhliches Gesicht an der Tür, er kommt herein, um sich zu unserer kleinen Runde zu gesellen, vielleicht auch, um das Gespräch in die gewünschte Richtung zu lenken. Er möchte gern eine heiße Schokolade, also mache ich ihm eine, während ich mein Frühstück zubereite – heute gibt es Grießbrei – während wir uns weiter unterhalten.

»Hier geht's ja zu wie im Taubenschlag«, sage ich zu David, nachdem die beiden Kiwis wieder verschwunden sind, um sich in die Wärme ihrer Zelte zu flüchten.

Es mag ein wenig sarkastisch klingen, aber wann immer ein hohes Tier die McMurdo-Station oder die Scott Base besucht, wird umgehend ein Helikopter oder ein Gefährt mit bizarrer Bereifung bestiegen, um Kap Royds und damit der nächstgelegenen Pinguinkolonie einen Besuch abzustatten. In ein paar Tagen wird uns eine Gruppe von US-Kongress-Mitarbeitern heimsuchen. Man fliegt über McMurdo ein, es folgt ein kurzer Aufenthalt in der Station, es geht um die Zuweisung des jährlichen Budgets – wahrscheinlich kommt man im Auftrag der der National Science Foundation und des Office of Polar Programs, den Bundesbehörden, die die Forschungsprogramme hier finanzieren. Die Wechselbäder zwischen völliger Isolation und schubweiser sozialer Aktivität drohen mich zu überfordern, ich freue mich trotzdem über die Gesellschaft. Kap Royds ist nicht zuletzt auch ein beliebtes Ziel für die wenigen Kreuzfahrtschiffe, die es so weit in den Süden schaffen; Shackletons Hütte und diese südlichste Adéliepinguin-Kolonie der Welt sind Anreiz genug. Touristen tauchen hier allerdings erst auf, sobald die Eisbrecher der US-Küstenwache die jährliche Route durch das Packeis geschaffen haben, damit die Versorgungsschiffe die Stationen am südlichen Ende des McMurdo-Sunds erreichen können.

Am folgenden Morgen erwache ich nur langsam aus einem Albtraum, mit Tränen in den Augen, vor meinem Zelt heult der Wind. Im Traum war ich mit meiner Schwester zusammen, ich habe geweint. Sie hat mir eben gesagt, dass bei ihr Krebs im Endstadium diagnostiziert wurde und dass sie will, dass ich mich nach ihrem

Tod um ihre beiden kleinen Söhne kümmere. Der Ältere wird bald eine Zahnspange brauchen. Der Kleinere liebt es immer noch, wenn man ihm abends vor dem Schlafengehen eine Geschichte vorliest. Ich kann den Gedanken, dass sie bald sterben wird, nicht ertragen und schluchze heftig. Dann gerät alles ins Wanken, und auf einmal werde ich von einer Welle der Erleichterung überspült. Ich glaube zu begreifen, dass das alles nur ein Traum war, und dass meine Schwester gesund und in Sicherheit zu Hause ist. Ich nehme mir vor, sie anzurufen, um ihr von meinem Traum zu erzählen. Als ich später wirklich aufwache, löst sich das Gefühl der Erleichterung auf, an seine Stelle tritt der Nachhall des tiefen Kummers vom Beginn des Traums. Nur in diesen Albträumen verschwindet die Taubheit, und ich erlebe den so authentischen wie vernichtenden Schmerz, den der Tod meiner Schwester in mir ausgelöst hat.

Ich stehe auf und schleppe mich zur Hütte, ich fühle mich zerschlagen, vor allem emotional, aber auch physisch. Mein Körper lechzt nach Kalorien, ich bin noch hungriger als sonst und beschließe, mir zum Frühstück eine Instant-Linsensuppe mit einem gebratenen Ei zuzubereiten. David, der eigentlich immer schon vor mir auf den Beinen ist, liegt noch eingerollt in seinem Schlafsack auf dem Boden in einer Ecke der Hütte, ein Kapuzenschal bedeckt sein Gesicht, und ich sehe nur einen grauen Haarschopf hervorlugen. Er rührt sich nicht, offenbar schläft er tief und fest, während ich mir meine zweite Tasse Kaffee hole, die Daten dieser Woche auf meinem Computer durchgehe und mich bemühe, das Heulen des Windes zu ignorieren.

Es ist schon 14.30 Uhr, als David endlich aus seinem Schlafsack kriecht, und wer wollte ihm einen Vorwurf machen? Das Wetter heute ist wieder einmal mies, und es sieht so aus, als würde es bald noch schlimmer werden. Hier in unserem Schutzzelt aus Segeltuch sind wir sicher vor den schlimmsten Windböen, ein Blick auf den Windmesser unserer kleinen digitalen Wetterstation zeigt Windgeschwindigkeiten von bis zu 35 Knoten, und immer heftigere Böen rütteln immer wieder an den Stoffwänden. Die Kiwis sind gestern abgereist, gerade rechtzeitig, wie es scheint. Ein Blick auf das aufgewühlte Meer genügt, um zu sehen, dass der Wind bald Sturmstärke erreichen wird, es ist bislang einer der schlechtesten Tage. Das Flattern der windgepeitschten Segeltuchwände, das Quietschen und Knarren von Metall- und Holzbauteilen der Konstruktion, und hin und wieder ein lauter Knall, wenn eine der Dosen mit Lebensmitteln von einem Regalbrett fällt, sorgen für enormen Krach und Unruhe in der Hütte. Die Flaschen auf dem Regalbrett mit unseren alkoholischen Getränken klirren und scheppern gegeneinander, ein Höllenlärm, der zusätzlich an unseren Nerven zerrt. Ich versuche, mit einem Stückchen Karton, das ich dazwischenschiebe, Abhilfe zu schaffen, doch die Glasflaschen scheinen ein Eigenleben entwickelt zu haben, sind auf dem rüttelnden Regalbrett nach kurzer Zeit wieder so eng zusammengerückt wie ein Winterschwarm von Kaiserpinguinen – und alles fängt von vorn an. Irgendwann stelle ich beinahe amüsiert fest, dass es ausgerechnet dieses Geräusch ist, das mir besonders zusetzt und ich das Brüllen des Windes und das Knarzen und Quietschen unserer prekären Unterkunft neben dem leisen Klirren der Flaschen kaum mehr registriere. Wenigstens fast. Ich sehne mich jedenfalls gerade sehr nach dem »Klang der Stille in einer unendlichen Leere«[20], wie Robert Falcon Scotts Schwester Grace nach seinem Tod schrieb, als sie versuchte, nachzuvollziehen, was ihren Bruder angetrieben haben mochte.

Dennoch macht der Schrecken der antarktischen Stürme zweifellos auch einen Teil der Faszination aus, den dieser erbarmungslose Kontinent seit jeher auf die Menschen ausübt. So schrieb Grace weiter über ihren Bruder – wahrscheinlich auch über den Typus des Abenteurers im Allgemeinen –, dass die Antarktis die Menschen »mit ihrer Reinheit und vollkommenen Unberührtheit in den Bann zieht, mit dem Versprechen der Freiheit, das sie in sich birgt, einer Freiheit des Denkens und des Handelns; die (…) scheinbare Unendlichkeit unbewohnter Regionen, deren Geheimnisse wir Menschen noch nicht durchdrungen haben, und die Hoffnung auf die Eroberung der rasenden Elemente.«[21] David und ich sind zwar nicht hier, um irgendetwas zu erobern, aber ich muss mir eingestehen, dass ich eine gewisse Befriedigung darüber verspüre, weil wir den widrigen Umständen an diesem Ort so tapfer trotzen und uns nicht demoralisieren lassen.

Kapitel 6

Langsam finden wir wieder zu einer gewissen Routine zurück. Vor drei Tagen, wir waren zu diesem Zeitpunkt bereits zehn Tage am Kap Royds, rüttelte der nachlassende Sturm immer noch an der Hütte. Wir verzehrten gerade schweigend unser Abendessen (noch mehr Nudeln), als David begann, sich zu räuspern. »Hm, ööh, äh«, setzt er an. Seit wir hier draußen sind, fällt mir auf, dass er dazu neigt, jeden seiner Sätze mit diesen stammelnden Lauten zu beginnen und abzuschließen, und ich denke insgeheim, dass er dabei selbst ein bisschen klingt wie ein Pinguin. »Öh, wir fliegen morgen früh nach McMurdo«, sagte er. »Der Hubschrauber kommt um elf Uhr. Sei bis dahin bitte fertig.«

Ich sah ihn erstaunt an.

»Ich dachte, wir würden die ganze Saison über hier draußen bleiben«, sagte ich.

»Ich brauche ein bisschen Hilfe mit der Wiegebrücke«, entgegnete er und wandte sich wieder seinen Fettuccine zu.

Während ich nach dem Abendessen aufräumte, träumte ich von der Dusche, in deren Genuss ich bald kommen würde. Unsere Wasservorräte waren knapp bemessen, meine Haare hatte ich deshalb erst ein einziges Mal gewaschen, seit wir hier im Camp waren, in der Spülschüssel, aber sie fühlten sich schon wieder strähnig und eklig an. Während meiner Feldeinsätze binde ich sie deswegen immer zu einem Zopf zusammen und stecke sie als Knoten auf dem Scheitel fest. So fallen mir die fettigen Strähnen nicht ins Gesicht oder kleben mir im Nacken und ich kann leichter vergessen, wie sehr ich diese Seite meiner Aufenthalte in der Wildnis verabscheue.

David räusperte sich einmal mehr.

»Hol doch mal den Wein«, sagte er dann. »Das Zeug friert nur ein, wenn wir es hierlassen.«

Mein Tag in der Stadt verlief hektisch, ich wusch meine Wäsche, duschte und füllte unsere Vorräte auf (wir brauchten mehr heiße Schokolade). Vor allem wollte ich meine Post lesen und Nachrichten verschicken, und das System von McMurdo war mehr als träge. Es fühlte sich zugleich merkwürdig und banal an, wieder am betriebsamen Alltag der Station teilzuhaben. Ich trug zur Abwechslung wieder saubere Unterbekleidung, die langen Unterhosen und Hemden und ein paar andere Stücke, die ich praktisch ständig getragen hatte, seit wir vor zwei Wochen am Kap Royds angekommen waren, landeten in der Waschmaschine. Das Beste an Mactown war die Kommunikation mit den Freunden zu Hause und das köstliche Glas Wein, das ich mir im Coffee House gönnte. Obwohl ich lange schlief, fühlte ich mich nach der Nacht in dem überheizten, fensterlosen Raum, den jemand mit großer Hingabe in allen denkbaren Schattierungen der Farbe Braun eingerichtet hatte, völlig zerschlagen, und ich vermisste mein helles, gemütliches Zelt mit dem warmen Schlafsack darin.

Am nächsten Morgen war es wieder stürmisch. Ich rief über das Mactown-Telefonsystem bei Helo Ops an, und man teilte mir mit, dass unser Abflug möglicherweise verschoben werden musste. Die Piloten hier fliegen nicht gern, wenn aufgewirbelter Schnee die Sicht einschränkt. Oft ist dann kaum noch zu erkennen, wo der Himmel endet und der feste Erdboden beginnt, was unangenehme Folgen haben kann, wenn man einen Helikopter fliegt. Doch im Laufe des Vormittags legte sich der Wind, und ich traf mich mit David zum geplanten Zeitpunkt am Hangar. Sein grauer Haarschopf wirkte jetzt wieder dicht und gepflegt. Es war seltsam gewesen, ihn 24 Stunden lang nicht zu sehen. Obwohl ich ihn genau genommen am Abend zuvor kurz im Coffee House entdeckt hatte, wo er mit einer attraktiven dunkelhaarigen Frau ein Glas Wein trank. Ich war nicht zu ihnen an den Tisch gegangen. Ich glaube, es war eine der Leiterinnen des NSF-Programms, aber ich hatte keine Lust, mich zu unterhalten und ohnehin das Gefühl, in der kurzen Zeit sämtliche sozialen Kompetenzen verloren zu haben.

»Hattest du eine gute Zeit?«, fragte ich ihn.

»Ööh, jaaa«, antwortete er widerwillig.

Unser Hubschrauber hob zur Mittagszeit ab, der Himmel war grau und bedeckt, und wir folgten der Meereisroute die Küste entlang bis nach Kap Royds. Selbst wenn es klar ist, sind Entfernungen in dieser monochromen Landschaft schwer einzuschätzen – weißes Meereis, weiße Berge, weißer Himmel –, und ich war überrascht, als mir klar wurde, dass der winzige schwarze Punkt unter uns ein Pisten-Bully war, ein weiteres Gefährt mit Kettenantrieb, das den Markierungen in Richtung Kap Evans folgte und langsam übers Eis kroch. Es hatte sich nicht angefühlt, als wären wir so hoch aufgestiegen.

So sieht das Transportwesen der Moderne in der Antarktis aus. Vor gut hundert Jahren durchquerten Scott und Shackleton die eisige Ebene unter uns zu Fuß, zogen ihre Schlitten eigenhändig hinter sich her und trainierten ihre zähen Mandschurischen Ponys (die britischen Forscher zogen diese Tiere den Hunden vor und fütterten sie mit Fleisch, um das Volumen ihrer Futterrationen zu verringern – wahrscheinlich die Quelle der Milzbranderreger, die man später am Kap Evans fand, denn einen modernen Milzbrand-Impfstoff für Nutzvieh gibt es erst seit den 1930ern). Seit der Mitte des 20. Jahrhunderts ist die Fortbewegung mit Kettenfahrzeugen oder per Helikopter oder Flugzeug die Norm auf diesem Kontinent, obgleich man auch in motorisierten Fortbewegungsmitteln nie gefeit gegen die Gefahren der Antarktis ist. In dieser Saison gab es wohl schon mindestens einen Helikopter-Absturz oder eine »harte Landung«, wie man solche Unfälle euphemistisch nennt.

Jetzt sind wir wieder zurück und widmen uns unserer Forschung und den Aufgaben des Alltags, die das Leben im Camp mit sich bringt. Gegen Abend kommt eine Gruppe Neuseeländer an, sie sind in Kettenfahrzeugen unterwegs und über das Meereis gekommen, wie die Kaiserpinguine. Auch sie schlagen ihr Lager unten am Wanigan auf. Es sind Forscher des Veterinärmedizinischen Instituts der Massey University, und sie sind hier, weil sie gehört haben, dass sich in diese Kolonie der Adélies hin und wieder auch Kaiserpinguine verirren. Sie hoffen, den Vögeln ein wenig Blut abnehmen zu können, das sie für eine Studie über den Cortisolspiegel benötigen, an der John, der PI, arbeitet. Geklärt werden soll, ob man mit Hilfe verschiedener Fangmethoden die Stressreaktion der Pinguine abmildern kann, also eine Frage, die für alle Pinguin-Forschenden relevant ist. Das Team hatte sein Glück bereits vergeblich mit den Kaiserpinguinen von Kap Crozier versucht, und Grant hatte ihnen schließlich von unseren Besuchern hier am Kap Royds erzählt.

»Am Kap Crozier ist es einfach verdammt noch mal zu kalt und zu windig für unsere Arbeit«, grollt John, der uns am Abend auf eine Tasse Tee besucht. Den Kaiserpinguinen ein paar Tropfen Blut abzunehmen hatte sich in der Kolonie am Kap Crozier offenbar als unlösbare Aufgabe erwiesen. Ursache ist die periphere Gefäßverengung, ein durch die extreme Kälte hervorgerufener Effekt, der die Durchblutung der Extremitäten der Vögel stark einschränkt. Selbst, wenn es ihnen dort gelungen wäre, einem der Vögel ein bisschen Blut abzuzapfen, wäre es gefroren, bevor man es in das Zentrifugenröhrchen abfüllen konnte. Basierend auf älteren Studien mit Adéliepinguinen schätzten die Forscher, dass sie etwa drei Minuten hatten, bevor der steigende Kortikosteron-Spiegel als physiologische Stressreaktion im Blut eines Vogels nachweisbar wurde, was die

Testergebnisse unbrauchbar machte. Sie mussten also schnell sein, aber das war angesichts der Kälte schwierig.

»Hier werdet ihr mehr Glück haben«, sagt ihr Guide, ein großer, kräftiger Mann mit rasiertem Schädel und einem für einen Neuseeländer sehr ausgeprägten britischen Akzent. Alle neuseeländischen Forschergruppen werden von einem Guide des Antarctic Field Training, kurz AFT, begleitet, dem Pendant der Scott Base zum FSTP der McMurdo-Station. So soll verhindert werden, dass jemand ins Eis einbricht und ertrinkt oder irgendwo verloren geht. »Das hier ist die Karibik der Ross-Insel.« Das hatte auch Grant in McMurdo noch zu mir gesagt, kurz bevor sich unsere Wege trennten, und ich dachte damals, er will mich auf den Arm nehmen. Jetzt sehe ich, wie David von seiner Ecke der Hütte aus dem Mann beifällig zunickt. Mir dämmert, dass das Wetter hier zwar nicht besonders gut ist, aber eben nicht so schlecht wie auf dem Rest der Ross-Insel oder am McMurdo-Sund.

»Hi, ich bin Paul«, stellt sich der Guide mir nun beiläufig vor und fängt an, mich über meine Fotoausrüstung auszufragen. Er will wissen, ob mir schon ein paar gute Aufnahmen von den Kaiserpinguinen geglückt sind; es stellt sich heraus, dass wir die gleiche Kamera benutzen.

»Ich habe ein hervorragendes Teleobjektiv, das ich dir leihen könnte, wenn du willst«, bietet er mir an. »In ein bis zwei Wochen bin ich wieder hier, dann hole ich es mir zurück.«

Seit wir von unserem kurzen Trip nach Mactown zurück sind, spürt man deutlich, dass der Frühling auf dem Vormarsch ist. Zwei Wochen sind wir jetzt schon am Kap Royds, und viele der Adélie-Junggesellen haben mittlerweile eine Partnerin für sich gewinnen können und sich gepaart. Während der vergangenen Tage sind enorm viele Weibchen dazugestoßen, Singles sind in der Kolonie daher mittlerweile in der Unterzahl. Paare, die auf die Ablage der Eier warten oder einsame Männchen, die die erste Schicht beim Brüten übernehmen, bestimmen jetzt das Bild. Die Kolonie erinnert mit ihrem Lärm und ihrer Betriebsamkeit wirklich an eine Stadt. Die Brutsaison ist in vollem Gange.

Auch andere Tiere fallen mir jetzt auf, mein Blick scheint nach dem Trubel von McMurdo frisch geschärft: Ich entdecke Schneesturmvögel mit blendend weißem Gefieder und rußschwarzen Augen, die regelmäßig entlang der Kante des Meereises und über die Felsen der Kolonie hinwegfliegen. Sie sind gegen heftige Südwinde geflogen, um hierherzugelangen, und haben sich durch diesen Umweg weit von den Nunataks im Landesinneren entfernt, wo sie brüten.

»Glaubst du, sie suchen hier einen Ort zum Nisten?«, frage ich David.

»Öhm, nein«, antwortet er. »Der Geruch zieht sie an.«

Im Moment geht von der Kolonie ein fischiger Mief nach Guano aus, der die Schneesturmvögel wohl an ihr Futter erinnert; denn im Unterschied zu vielen anderen Vögeln verfügen sie über einen exzellent ausgeprägten Geruchssinn, den sie auch für die Beutejagd auf See einsetzen. Wir sind heute besonders früh aufgestanden, weil wir zusätzlich zu unseren anderen Pflichten alle Adéliepinguin-Paare zählen wollen, die derzeit Eier ausbrüten. HNO, einer der beiden Helikopter der Scott Base, wird am Nachmittag die Kolonie überfliegen, neuseeländische Forscher an Bord machen Fotoaufnahmen. Dasselbe Prozedere erfolgt am Kap Bird und am Kap Crozier, anschließend gleichen wir die Luftaufnahmen mit unseren zuvor am Boden erfolgten Zählungen ab. Hier am Kap Royds mit durchschnittlich nur 2800 Brutpaaren seit den 1980er Jahren, zählen wir alle Nester in der gesamten Kolonie. In den größeren Kolonien von Bird und Crozier werden mehrere Subkolonien gezählt und die Zahlen anschließend hochgerechnet. Durch das regelmäßige Zählen der Brutpaare in den Kolonien ist im Laufe von über fünfzig Jahren eine beeindruckende Menge an Daten zusammengekommen. Morgen wollen Grant, Viola und Rachael am Kap Crozier alle Nester im Bereich M zählen. In diesem Teil der Crozier-Kolonie brüten ungefähr 14 000 Paare, eine Mammutaufgabe für die Kolleginnen und Kollegen.

David und ich übernehmen jeweils etwa die Hälfte unserer Kolonie. Wir benutzen Handzähler und tragen die Ergebnisse in unsere Feldbücher ein. Unsere Zählung soll abgeschlossen sein, bevor der Hubschrauber um die Mittagszeit eintrifft. Das Zählen jedes einzelnen Nestes bedarf enormer Konzentration. Die Einteilung in Subkolonien hilft uns, den großen Gesamtbereich in kleinere, zählbare Abschnitte zu unterteilen. Sämtliche Subkolonien wurden schon in den frühen 1980er Jahren von den neuseeländischen Biologen mit Hilfe von Luftaufnahmen durchnummeriert. Dieselbe Nummerierung verwenden wir bis heute bei den Zählungen. Für das Überfliegen der Kolonien muss eine spezielle Genehmigung eingeholt werden, normalerweise ist das natürlich nicht gestattet. Abgesehen davon fliegen die Piloten so hoch wie möglich, um die Vögel nicht zu stören, außerdem ist die Kolonie relativ klein und die Störung nur von kurzer Dauer. Bevor der Hubschrauber wieder verschwindet, nähert er sich der Hütte. Er kommt nah genug, damit der Pilot mir signalisieren kann, dass alles gut geklappt hat.

Am späteren Nachmittag gehe ich wieder auf die Suche nach markierten Pinguinen. Dabei beobachte ich, wie eine Skua einem brütenden Adéliepinguin ein Ei stiehlt. Der Pinguin ist nur kurz vom Nest aufgestanden, um die Position zu wechseln, da taucht plötzlich die Raubmöwe auf wie aus dem Nichts und beginnt ihn zu umkreisen. Der Pinguin lässt sich nicht einschüchtern, dreht sich um und hackt energisch nach dem Angreifer. Leider macht er dabei den Fehler, ganz aufzustehen. Die Skua umschwirrt den Pinguin, verwirrt ihr Opfer so weiter und schnappt sich im Flug eines der Eier, während der Adélie immer noch in die andere Richtung schaut. All dies spielt sich innerhalb weniger Sekunden ab.

Die Skuas tauchen natürlich nicht einfach aus dem Nichts auf. Diejenigen, deren Territorium sich mit einer Subkolonie der Adélies überschneidet, liegen oft geduldig in der Nähe der nistenden Vögel so lange auf der Lauer, bis sich eine günstige Gelegenheit ergibt und schnappen sich dann ein Ei. Meistens haben sie keinen Erfolg, hin und wieder klappt es aber doch. In Bodennähe werden die räuberischen Vögel fast unsichtbar und scheinen mit dem schlammig-braunen Untergrund zu verschmelzen. Sie verstecken sich hinter kleinen Felsvorsprüngen, damit der Wind ihre Witterung nicht zu den Pinguinen trägt und sehen aus wie kleine Nunataks, die aus einem Meer aus getrocknetem Guano aufragen. Ich habe deshalb immer Angst, versehentlich auf eine Skua zu treten, wenn ich mich durch die Subkolonien arbeite, um dort nach markierten Vögeln Ausschau zu halten. Die Skuas haben keinerlei Scheu vor Menschen und bewegen sich oft erst, wenn wir nur noch einen halben Schritt entfernt sind. Dann rücken sie widerwillig ab, machen ein missbilligendes Geräusch und lassen sich aufs Neue an der windabgewandten Seite eines unscheinbaren Steins nieder. Als ich die Klippen hinaufsteige, von denen aus man einen guten Blick über das Meer hat, höre ich plötzlich einen mir bisher unbekannten hohen Skua-Klagelaut. Ich drehe mich um und entdecke eine brütende Skua auf ihrem Nest. Auch für diese Vögel hat also die Brutsaison begonnen.

Kapitel 7

Sollte mich später zu Hause jemand nach dem unangenehmsten Aspekt unseres Aufenthalts hier fragen, würde ich sicher antworten, dass es die Handhabung der provisorischen Toiletten war. So umständlich wie abstoßend, sollte sie es später leichter machen, unsere Hinterlassenschaften zuerst nach McMurdo und danach, bizarr genug, am Ende der Saison zurück in die USA zu schaffen. Dieses seltsame Arrangement war mehr als nur einmal Thema beim Abendessen in McMurdo. All die natürlichen Ressourcen, die man verschwendete, nur um per Schiff eimerweise gefrorene menschliche Exkremente um die halbe Welt zu befördern. Das Ganze ist ein Mysterium, erdacht vom National Polar Program, und leider nur eine von vielen merkwürdigen Regelungen, mit denen man sich irgendwann einfach abfindet.

Besonders unangenehm finde ich es, die flüssigen von den festen Hinterlassenschaften trennen zu müssen. Letztere landen auf der Leeseite der Hütte in einem mit einem Beutel ausgekleideten Plastikeimer, den wir aufsuchen müssen, auch wenn der Wind vom Südpol weht. Dort draußen ist es tödlich kalt, meine Hände erstarren innerhalb weniger Sekunden (ich trage keine Handschuhe, das Risiko, sie zu besudeln, ist mir in unserer Welt ohne Waschmaschine einfach zu groß); die heruntergelassenen Hosenbeine schlackern einem um die Knöchel, die Plastiktüte flattert gegen die nackte Haut, der Prozess droht immer wieder ins Stocken zu geraten. Irgendwie haben David und ich ein instinktives Gespür dafür, wann der andere gerade den Eimer benutzt, jedenfalls kam es nie zu peinlichen Überraschungen. Die ganze Erfahrung gleicht einem beschämenden und peinigenden Ritual, mehr Notdurft als Ruf der Natur, trotz der fantastischen Aussicht, die man dabei hat. Und als wäre das alles nicht schon unangenehm genug, entreißt mir hin und wieder eine vorwitzige Windböe auch noch die Klopapierrolle, die in einer Tasche meines Parkas steckt und lässt sie fröhlich hüpfend den Hang hinabrollen, eine neckische weiße Luftschlange hinter sich herziehend, während ich in den Tiefen meiner Taschen verzweifelt nach Ersatz krame.

Vor ein paar Tagen mussten wir den Eimer mit unserem Urin in die Hütte bringen, um den Inhalt abzutauen, weil ein weiterer Sturm uns zuvor daran gehindert hatte, diesen ordnungsgemäß zu entsorgen, also in das 50-Gallonen-Fass umzufüllen, das an der Solaranlage befestigt ist, gleich neben dem Behälter für das Grauwasser. Und so war das Zeug eingefroren. Erst am Tag zuvor hatte ich den provisorischen Trichter aus Gewebeband gebastelt, nachdem der vorhergehende Sturm den Plastiktrichter fortgeweht hatte. Wir platzierten den Eimer also auf einem Stuhl neben dem Gasofen, als wäre er ein geladener Gast, auf dass sein Inhalt tauen und wir diesen vorschriftsgemäß in das Fass umfüllen konnten, wo er hingehörte.

Vor dem Zubettgehen beschloss ich, mir den Eimer zu schnappen und wegzukippen, was bis jetzt getaut war, damit Bewegung in die Sache kam. Der Trichter aus Gewebeband funktionierte gut, doch plötzlich löste sich der eisige Klumpen vom Boden und rutschte heraus. Der Trichter flog davon, auf der Erde lag eine kristalline, zersplitterte Scheibe aus gefrorenem Urin. Es war ein Dilemma. Ich erwog einen Moment lang, das Zeug einfach liegen zu lassen, bis es taute und im Boden versickerte, was zweifellos einen Verstoß gegen den Antarktisvertrag darstellte. Dann wurde mir klar, dass das vermutlich nicht vor dem Sommer passieren würde. Also ging ich in die Hütte, holte mir eine Plastiktüte, mit der ich meine Hand umwickeln konnte, und packte das Zeug zurück in den

Eimer, den ich dann wieder vor dem Ofen abstellte. Die kleineren Splitter ließ ich liegen, der Wind würde sie wegwehen. Damit betrachtete ich meine urinalen Pflichten für diesen Tag als erfüllt.

Heute feiern die Amerikaner offensichtlich Thanksgiving. Jedenfalls wünscht Ted, der diensthabende Funker von MacOps, David einen schönen Feiertag, als dieser McMurdo kontaktiert, um nach seiner Post zu fragen. »Danke, gleichfalls«, erwidert David, seine Stimme ist im Laufe der letzten Tage immer rauer geworden. Ich frage mich, ob Stimmbänder wohl irgendwann nicht mehr richtig funktionieren, wenn man sie zu wenig benutzt. An diesem Morgen haben wir bisher jedenfalls kaum ein paar Worte gewechselt. Allerdings bin ich im Moment selbst nicht besonders gesprächig, ich klinge also wahrscheinlich auch nicht viel geschmeidiger.

Einer stillen Übereinkunft folgend, beschränkt sich unsere Kommunikation auf das Allernötigste und besitzt schon beinahe telepathische Qualitäten. Während des Essens tauschen wir uns einsilbig über Organisatorisches aus, tagsüber genügen meist wenige Worte, um sich über die täglichen Pflichten im Camp abzustimmen. Hatte ich mir zu Beginn mehr Interaktion gewünscht, stellte ich schnell fest, dass mir diese fast schon klösterliche Schweigsamkeit guttut und mich zur Ruhe kommen lässt. Für Abwechslung und Anregung sorgen ja die überfallartigen Besuche, die wir regelmäßig bekommen.

Nach dem Funkgespräch wünscht mir David ebenfalls ein frohes Thanksgiving, und ich frage ihn spontan, ob es etwas gibt, was er hier vermisst.

»Öhm, hm, meinen kleinen Hund«, sagt er.

»Was ist es denn für ein Hund?«, frage ich.

»Ein Australian Terrier«, antwortet er. »Er heißt Digby.«

Sicher nicht die Art von Haustier, die ich mit David assoziiert hätte. Es fällt mir schwer, mir vorzustellen, wie er mit einem kleinen Hund an einem nordkalifornischen Strand spazieren geht. Andererseits ist es hier ohnehin schwierig, sich irgendetwas vorzustellen, was nichts mit Schnee, Eis oder Pinguinen zu tun hat.

Es folgt ein weiterer, gewohnt stürmischer Tag mit Windstärken zwischen 40 und 50 Knoten, die Böen lassen die Schaumkronen auf der aufgewühlten See zerstieben. David erzählt, dass es diese Kolonie tatsächlich nur wegen der starken Winde und ihrer Auswirkungen auf das Meereis gibt – ein kleiner Trost inmitten des tosenden Sturms. Tatsächlich hängt das Gedeihen aller Adéliepinguin-Kolonien von einem windabhängigen Phänomen namens »Polynias« ab, ein aus dem Russischen stammender Begriff, der so viel bedeutet wie »offener Bereich inmitten von Meereis«.

Ich gehe kurz nach draußen, um noch vor dem Frühstück Schnee für unseren Schmelzwasserbehälter zu schaufeln, obwohl die Schaufel dafür nicht wirklich das geeignete Werkzeug ist. Zuerst benutze ich das Blatt, um die Schicht aus schwarzem vulkanischem Sand und kleinen Steinchen abzukratzen, die sich über Nacht auf der Schneewehe abgesetzt hat, wie Schokostreusel auf einem weißen Kuchen. David macht sich diese Mühe nie, und während ich vergeblich über die harte Kruste schabe und die Schaufel immer wieder von der eisigen Oberfläche abrutscht, muss ich zugeben, dass das tatsächlich reine Zeitverschwendung ist: Die ganze Schneewehe ist durchsetzt mit Sand und Schotter, das Zeug wird seinen Weg also ohnehin in unser Trinkwasser finden, egal, wie penibel ich es an der Oberfläche entfernt habe. Als nächstes hacke ich mit der Schaufel gefrorene Klumpen aus dem Schneehaufen, meine Schultergelenke ächzen, und bevor es mir gelingt, sie in den Eimer zu befördern, entreißt der Wind mir den größten Teil und trägt meine Ausbeute davon. Selbst die einfachsten Aufgaben kosten bei schlechtem Wetter deutlich mehr Zeit und Energie.

Nach dem Frühstück kehre ich den vulkanischen Schotter aus der Unterkunft, den wir während des Morgens hineingetragen haben, dann setze ich mich und schreibe etwas über das schlechte Wetter in mein Feldbuch. Ich zögere den Moment hinaus, in dem ich wieder nach draußen in den Sturm muss. Das unausgesetzte Stöhnen des Windes – ein dröhnendes, bedrohliches Geräusch – zerrt an meinen Nerven, und ich springe erschrocken auf, als eine Windböe in die Zeltwand fährt und krachend ein paar Tomatendosen von einem Regalbrett fegt.

Jemand hämmert plötzlich lautstark an die Tür, es ist John, der Kaiserpinguin-Forscher und seine Kollegen. Sie trampeln in die Hütte, eine Spur aus frischem Dreck hinter sich herziehend, der an den dicken Sohlen ihrer Stiefel klebt. Die Männer campieren am Wanigan und warten auf eine Gruppe von Journalisten aus Neuseeland, die über Kap Royds, Shackletons Hütte und die Pinguine berichten wollen. Heute kommen sie vom Fernsehen. Wir hatten schon Mitarbeiter von Printmedien und Radio hier draußen zu Besuch, wenigstens die Kiwis. Die Filmarbeiten müssen schnell abgeschlossen werden, wenn Forscher und Fernsehteams es vor dem Sturm zurück zur Scott Base schaffen wollen.

Wir setzen den Besuchern Tee und heiße Schokolade vor, im Austausch gegen ein bisschen Plauderei und Tratsch, und John erzählt uns, dass es ihnen eben gelungen ist, sechs Kaiserpinguine auf dem Eis einzufangen und ihnen Blut abzunehmen, ein Testlauf für die kommende Saison. Das Team behauptet, die perfekte Fangmethode ersonnen zu haben, um ihrer Probanden Herr zu werden, wozu zwei beherzte Personen, eine Beinfessel und ein Sack über dem Kopf nötig seien (über dem Kopf des Pinguins, nicht dem des Forschers). Die Kaiserpinguine hatten auf die Prozedur offenbar nicht eingeschüchtert reagiert, vielmehr stand ihnen wohl der Sinn nach Rache. Ich muss wieder an meinen alten Freund denken, den Hundeschlittenführer. Er hatte nicht nur einmal beobachtet, wie ein Kaiserpinguin einen hungrigen Hund in die Flucht schlug. »Man tut gut daran, sich von den Flügeln dieser Vögel fernzuhalten, denn ein kraftvoller Schlag kann einem Mann den Arm brechen«[22], schrieb James Murray, Shackletons Biologe.

Einer der Kiwis, sein Vorname ist zufällig auch Murray, hat von den morgendlichen Aktivitäten tatsächlich ein paar Schrammen davongetragen, die von der Zielsicherheit und der Entschlossenheit des Pinguins zeugen: Von Murrays Augenwinkel zieht sich über den Nasenrücken hinweg bis zur Nasenspitze die lange blutige Spur eines Schnabelhiebs. Der tiefe Kratzer ist schmerzhaft gerötet, auf der Nase klebt noch getrocknetes Blut, als hätte der Mann es sich aus dem Gesicht gewischt, den empfindlichen Bereich rund um die Wunde aber nicht berühren wollen. Außerdem ist er über und über besudelt mit Pinguin-Kacke, der offensichtliche Nachteil der Beinfessel-Methode, wenigstens aus der Perspektive desjenigen, der während des Vorgangs am hinteren Ende des Pinguins die Stellung hält. Die anderen machen einen unversehrten Eindruck, abgesehen davon, dass sie sonnenverbrannt, zerzaust und durchgefroren aussehen. Offenbar war das Ausrüstungsteil, das man ursprünglich zum Fixieren der Pinguine dabeihatte – ein speziell für diesen Zweck entworfener Sack – an den Anforderungen der Realität gescheitert. Entwickelt wurde besagter Sack im Labor, Referenzobjekt war ein ausgestopfter Pinguin gewesen, über dessen mickrige Größe und merkwürdiges Aussehen – der Taxidermist hatte wohl einen schlechten Tag gehabt – die Männer jetzt ihre Witze reißen. Die Kaiserpinguine, mit denen sie es heute zu tun gehabt hatten, waren noch nicht einmal besonders groß gewesen und hatten höchstens 25 Kilo gewogen, stattliche Exemplare bringen es auf bis zu 40 Kilo.

Murray zieht einen Riegel aus der Tasche seines Parkas und verzehrt ihn genüsslich zu seinem Tee.

»Ich liebe diese Dinger«, sage ich. »Die habe ich hier zum ersten Mal gegessen.«

»Ach ja?«, entgegnet er. »Wir haben noch jede Menge davon übrig. Wir haben schon alles zusammengepackt, aber wenn ich in dem Haufen Gepäck noch etwas finde, dann lasse ich dir gern welche da. Wenn ich jetzt losgehe, habe ich noch genug Zeit, um sie zu suchen.«

Der Helikopter der Neuseeländer kommt kurz darauf an und lässt die Filmcrew für einen kurzen Rundgang aussteigen. Danach lädt er Ausrüstung und Passagiere ein und fliegt unter lautem Getöse wieder davon, kurz bevor ich mich an diesem Nachmittag auf den Weg hinunter zur Kolonie mache. Die neuseeländischen Piloten scheinen unerschrockener zu sein als die Amerikaner – unter solchen Bedingungen würde kein Pilot in Helo Ops starten, da bin ich mir sicher. Für die Suche nach den markierten Vögeln ist es schon zu windig, denn es ist unmöglich, die Zahlen auf den Metallbändern zu entziffern, wenn man das Fernglas nicht ganz ruhig halten kann. Aber während die Brutsaison fortschreitet, kommen täglich neue Vögel aus dem Meer hier an, und ich muss meine Zahlen und die Aufzeichnungen für unsere Referenzgruppe B-REF auf den neuesten Stand bringen, da die Subkolonie permanent wächst.

Bevor ich mich hinauswage, lege ich zahllose Kleidungsschichten an, in der Hoffnung, mich irgendwie warm halten zu können: zwei Paar lange Unterhosen; eine dicke Fleece-Hose; ein Unterhemd aus Merinowolle; zwei langärmlige Funktionshemden aus Merinowolle, eines davon dünn, das zweite extra dick; meine dickste Fleece-Jacke – und das alles trage ich unter dem gefütterten Overall und einem Daunenparka. Dazu zwei Paar Handschuhe (ein paar dünnere Fingerhandschuhe, darüber gefütterte Fäustlinge), eine Fleece-Mütze, einen Schlauchschal sowie der unverzichtbare Kapuzenschal, dessen Kordel ich anziehe, bis er so eng anliegt, dass nur noch eine schmale Öffnung für meine Sonnenbrille bleibt.

Unten in der Kolonie bläst mir der Wind schneidend kalt entgegen und nach nur etwa einer Stunde bin ich trotz der unzähligen Schichten durchgefroren bis auf die Knochen. Ich muss an den australischen Forscher Sir Douglas Mawson denken, der schrieb, dass ihre Kleidung sich bei stürmischem Wetter plötzlich »irritierend luftdurchlässig« angefühlt habe. Ich mache eine kurze Pause und esse einen Schokoriegel, in der Hoffnung, dass mich das ein wenig aufwärmt, die Stückchen fühlen sich wie Wachs in meinem Mund an, wie Schokosplitter in einer Kugel Eiscreme.

Auf dem Weg zurück mache ich einen Abstecher zum Wanigan der Kiwis und finde darin auf einer der Pritschen tatsächlich einen großen Beutel mit schokoladigen, kalorienreichen, buttrigen Bumper Bars, Murray hat sein Versprechen gehalten.

Heute habe ich das Camp in Gedanken zum ersten Mal als Zuhause bezeichnet, sicher auch dank der freundlichen Geste dieses Neuseeländers. Ich habe mich noch nicht entschieden, welches meine Lieblingssorte ist, Aprikose-Schoko, Himbeere mit weißer Schokolade oder Schoko-Banane, aber alle schmecken genauso, wie ein Energieriegel in einer solchen Umgebung zu schmecken hat. Sie sind so viel leckerer als ihre US-amerikanischen Pendants, die zu einer ganz anderen Art von Lebensmitteln zu gehören scheinen. Wie selbst gebackene Weihnachtskekse im Vergleich zu Sägemehlpellets. Noch im Schutze des Wanigan verschlinge ich den ersten Riegel, Aprikose-Schoko, und spüre sofort, wie mir wieder wärmer wird und meine Lebensgeister neu erwachen. Ich liebe die Kiwis.

Diesmal muss ich tatsächlich auf allen vieren über die Anhöhe krabbeln, hinter der unsere Hütte steht, die heftigen Windböen, die die eisige Kälte des Kontinents mit sich tragen, würden mich sonst umreißen.

»Wenigstens ist es fast schon Sommer«, sage ich zu David, als ich die Hütte betrete und die Tür sichere, die der Wind mir aus den Händen reißen will. »Viel extremer kann das Wetter doch nicht werden.«

»Warte nur ab«, sagt mein Kollege nur, versteckt hinter einer dampfenden Tasse Tee.

Und am Abend ist es tatsächlich noch schlimmer geworden. Der Windmesser an der Hütte, die in einer geschützten Senke liegt, zeigt zwischenzeitlich 38 Knoten an, wenigstens, als ich einen kurzen Blick darauf riskiere. Ich wage mich nach dem Abendessen kurz nach draußen auf unsere provisorische Veranda und bestaune den Sturm über dem McMurdo-Sund, der eine stattliche 11 auf der Beaufortskala erreicht hat, mit Böen in Orkanstärke, die große Mengen Gischt von den Wellenkämmen peitschen und die weißen Schaumfetzen hoch in die Luft wirbeln. (»Sturmstärke 11: Orkanartiger Sturm. Gischt auf den Wellenkämmen wird waagrecht weggeweht«, heißt es in einem Seemannshandbuch zur Beaufortskala. »An Land nur selten«, kommentiert ein Leitfaden für Landratten. »Schwerste Zerstörungen.«) Ich ziehe mich zurück in die Unterkunft, es hört sich jetzt an, als würde ein Riese auf die Zeltwände eintrommeln.

Die meisten Menschen sind überrascht, wenn sie zum ersten Mal hören, dass Antarktika der trockenste Kontinent der Erde ist, aber niemand wundert sich, wenn man ihm erzählt, es sei der kälteste und windigste Ort der Welt. In *The Home of the Blizzard* schrieb Douglas Mawson, die Expeditionsbasis an der Commonwealth Bay sei wohl der »windigste Ort der Welt«, an dem er und seine Mitstreiter »die Kunst des Sturmlaufens« erlernt hätten. Eine berühmte Fotografie aus diesem Buch, das der Expeditionsfotograf Frank Hurley gemacht und schlicht mit »The Blizzard« betitelt hat, verschafft uns einen lebhaften Eindruck: Zwei Männer kämpfen sich mühsam durch das heftige Schneetreiben, der Erste vornübergebeugt, er hebt eine Axt, um sie in den gefrorenen Boden vor sich zu schlagen, sein Begleiter krabbelt ihm auf allen vieren hinterher.

Mawson widmet einen großen Teil seiner Aufzeichnungen Berichten über die extremen Stürme, die Kälte und die Erfrierungen, unter denen sie zwei Jahre lang zu leiden haben. Er schreibt über regelmäßig wiederkehrende längere Phasen mit Windgeschwindigkeiten von über 144 km/h, während eines besonders schlimmen Sturms sogar Böen mit geschätzten 200 Meilen pro Stunde. Die Aufzeichnungen des Windmessers, die er in seinem Buch veröffentlichte, zeigen, dass im Mai und Juni der Wind an einem durchschnittlichen Tag oft genug mit 122–128 km/h blies. Der Durchschnittswert für das gesamte erste Jahr, das sie dort verbrachten, lag bei 50 Meilen pro Stunde. Für Mawson war Kap Royds vielleicht auch ein Ort mit relativ angenehmen Wetterverhältnissen. Immerhin machte er sich die Mühe, darauf hinzuweisen, dass die maximalen Windgeschwindigkeiten dort in diesen zwei Wintermonaten nur an drei Tagen die niedrigsten Werte erreichten, die sie am Basislager am Kap Denison gemessen hatten.

Am folgenden Morgen ist das Wetter so gnadenlos stürmisch wie noch nie, seit wir hier sind. Ein weiterer Tag, an dem wir im Rac-Tent festsitzen, nur dass ich heute gar nicht vor die Tür gehe, außer, um zu pinkeln, nach meinem Zelt zu sehen und einmal schnell ein Foto vor unserer Unterkunft zu machen, die man im Schneegestöber kaum erkennen kann. David zeigt sich dank seiner jahrelangen Erfahrung mit den Unbilden der Antarktis unbeeindruckt und geht am späten Nachmittag sogar hinunter zur Kolonie, um sich dort den Download von der Wiegebrücke zu holen. Als er zurückkommt, erzählt er mir, dass das Schutzzelt in der vergangenen Nacht vom Sturm in Fetzen gerissen wurde. Er konnte die Konstruktion notdürftig abstützen, und hoffe, ich würde morgen selbst einen Blick darauf werfen, um den Schaden einzuschätzen. David denkt, dass der Wind auf See an diesem Nachmittag mit einer Geschwindigkeit von 70 bis 80 Knoten weht. Eine stabile 12 auf der Beaufortskala, Böen in Orkanstärke. »Sturmstärke 12«, erläutert der knappe Begleittext zur Beaufortskala »zieht an Land enorme Verwüstungen nach sich.«

Wie stark die Böen auch sein mögen, wenn ich mich in meinen Schlafsack verkrieche, bin ich froh über meine Ohrstöpsel.

In meinem Zelt herrscht ein Tumult wie in einem Windkanal, in dem man Wäsche an der Leine trocknet. »Ich hoffe, dieser Wettertrend setzt sich nicht weiter fort«, schreibe ich am kommenden Morgen in mein Tagebuch. »Heute ist es schlimmer als gestern, und gestern war es schlimmer als vorgestern.« Der heulende Wind klingt wie eine wütende Kreatur, die an den Segeltuchwänden reißt. Der Windmesser zeigt durchschnittliche Geschwindigkeiten von 25 Knoten an, in Böen 50. Nicht, dass ich dem Ding noch trauen würde, angesichts der geschützten Lage unserer Hütte. Ich sehe aus dem Fenster, der Schnee stiebt so rasant durch die Luft, dass man damit problemlos den Rost von einer Metalloberfläche scheuern könnte, die Wetterstation zeigt davon unbeeindruckt moderate 17 bis 20 Knoten an.

Nach dem Frühstück räumen wir etliche Dosen und außerdem den Schmelzwasserbehälter auf den Boden, damit die Sachen unbeschadet durch den Orkan kommen – und nichts anderes tobt da gerade vor der Tür. Ich schätze, dass es der Wind selbst in unserer geschützten Lage im Moment locker auf 40 Knoten bringt, in Böen wahrscheinlich auf 60. Auch die Sicht ist weiterhin schlecht – es herrscht Whiteout. Das Schneetreiben ist heftiger geworden, es fällt harter Graupel, und man kann kaum weiter als fünf Meter sehen. Könnten wir bis zum Ozean blicken, es würde jetzt wohl aussehen, als würde er vom Wind in Stücke gerissen.

Gestern war ich noch aus freien Stücken in der Hütte geblieben – David hatte es schließlich bis zur Wiegebrücke geschafft, ich hätte also auch über die Anhöhe kriechen können, um den Elementen zu trotzen. Heute aber war es schlicht lebensgefährlich, nach draußen zu gehen. Sich mehr als nur wenige Schritte von der Hütte zu entfernen wäre angesichts der Kälte, des heulenden Windes und der schlechten Sicht Wahnsinn. Wenn ich kurz vor die Tür gehe, um nach meinem Zelt zu sehen oder den Eimer zu benutzen, muss ich mich an den Abspannseilen aus Stahl festklammern, damit die

Böen mich nicht umwerfen. Beträgt die Sicht nur noch fünf Meter, verschwindet praktisch alles, was weiter weg ist als unsere Hütte lang, und es ist unabsehbar, ob sich durch die rasenden Winde, die vom Kontinent kommen und den Schnee aufwirbeln, die Sicht nicht noch weiter verschlechtert. Die Whiteout-Überlebensübung mit den übergestülpten Eimern, die wir während des Happy-Camper-Trainings an einem sonnigen, windstillen und relativ warmen Tag absolviert haben, erscheint mir plötzlich auf charmante Weise naiv. Während eines Schneesturms in der monochromen und hügeligen Vulkanlandschaft am Kap Royds wäre es sehr leicht, vom schmalen Trampelpfad abzukommen, den wir zwischen dem Rac-Tent und der Kolonie gespurt haben, einmal in die falsche Richtung zu gehen und sich unrettbar zu verlaufen.

Wir verkriechen uns einmal mehr in der relativen Sicherheit unserer Unterkunft, doch selbst David wird zusehends unruhig. Er sitzt an seinem Schreibtisch in der Ecke und starrt unverwandt auf den Bildschirm seines Computers, während er unentwegt nervös mit dem Bein wippt. Ich stehe selbst unter Strom, die nervöse Anspannung infolge der erzwungenen Inaktivität und das Quietschen und Flattern der Zeltkonstruktion machen mir zu schaffen, und Davids Gezappel droht, das Fass zum Überlaufen zu bringen. Um mich ein bisschen abzulenken, räume ich die Regalbretter mit den Lebensmitteln auf, und schaffe ein bisschen Ordnung in der Ecke, in der wir einen Teil der Ausrüstung verwahren. Dabei stelle ich fest, dass sich unsere Powerbank trotz des fehlenden Sonnenscheins tapfer hält. Damit wären schon alle Haushaltspflichten erledigt, und ich wende mich wieder meinem Laptop zu. Als alle Daten eingetragen sind und es auch hier nichts mehr Sinnvolles zu tun gibt, gehe ich schließlich dazu über, mich mittels endloser Solitaire-Partien selbst fast zu Tode zu langweilen. Ein Freund von mir, der Bergsteiger ist, sagte einmal, am Berg in seinem Zelt festzusitzen sei so quälend wie tagelang im Kofferraum eines Autos eingesperrt zu sein. Hier drin ist es ja eigentlich ganz okay – die Hütte ist relativ geräumig –, aber das Gefühl, diese vier Wände einfach nicht verlassen zu können, genügt, um Beklommenheit zu erzeugen.

Während des Abendessens sprechen wir über Funk mit dem Team am Kap Crozier – der Sturm dort war in den letzten Tagen sogar noch schlimmer als bei uns. Eisberg B-15A saß dort wochenlang auf Grund, und obwohl er so groß ist wie eine kleine Inselnation, schiebt der Orkan ihn nun weiter und lässt ihn schwerfällig gegen die Küstenlinie der Ross-Insel krachen. Er ist so massiv, dass die Holzhütte, die immerhin über einen Kilometer entfernt am Hang des Berges liegt, jedes Mal, wenn der Eisberg gegen die Landmasse rammt, erzittert wie bei einem Erdbeben.

Wir wechseln uns reihum am Funkgerät ab und als Rachael an der Reihe ist, erzählt sie uns, dass sie gerade *The Worst Journey in the World* liest, Apsley Cherry-Garrards Bericht über eine Expedition zum Kap Crozier. Auf dieser Winterreise sei es so kalt gewesen, dass Cherry-Garrards Zähne splitterten.

»Wenn es hier ungemütlich wird, denke ich immer an diese Männer, um nicht zu vergessen, dass es uns sehr viel schlechter gehen könnte«, sagt Grant, als er am Funkgerät ist.

Die Mannschaft am Kap Crozier hatte sich heute damit beschäftigt, die Außentür der Hütte mit einem Seil zu sichern, abwechselnd in einen Eimer in der Küche zu pinkeln und die Fensterrahmen mit Gewebeband abzukleben, um zu verhindern, dass Feuchtigkeit in die Hütte eindringt. Auch in unserer Hütte am Kap Royds gibt es in einer Ecke eine undichte Stelle, aber es ist nicht so schlimm. Mein Zelt stand noch, als ich zum letzten Mal danach gesehen habe. Das laute Flattern lässt allerdings befürchten, dass das Überzelt sich wieder losgerissen hat, trotz der Karabiner, mit denen ich die Abspannleinen zusätzlich gesichert habe. Jedes Mal, wenn ich draußen war, um nachzusehen, ob das Zelt noch da ist, komme ich bedeckt von einer dicken Schneeschicht zurück, wie ein Kuchen mit Puderzucker – oder die Überlebende eines Bombenangriffs, überzogen von einer Staubschicht.

Der Schneesturm macht mir klar, wie klug Davids Ratschlag war, mein Zelt an der windzugewandten Seite der Hütte aufzubauen, wo es zwar der Gewalt der Winde ausgeliefert ist, dafür aber nicht von den Schneewehen begraben wird, die sich mittlerweile an der Leeseite aufgetürmt haben und unter denen bereits ein Teil der Ausrüstung verschwunden ist, die wir dort lagern. Wenn ich den Eimer hinter der Hütte benutzen will, muss ich ihn zuerst ausgraben. Die heutige Nacht werde ich auf dem Boden des Rac-Tents verbringen, und ich hole mir meine Schlafausrüstung aus dem Zelt. Ich hoffe, unsere Unterkunft löst sich nicht in Fetzen auf, so wie das alte Polar-Haven-Modell, von dem Viola mir in Mactown erzählt hat. Während ich einschlafe, höre ich, wie loser Schotter gegen die Wand der Hütte prasselt und denke noch, dass sich hier zu schlafen anfühlt wie der Versuch, sich im Inneren einer laufenden Sandstrahlanlage zu entspannen.

Am nächsten Tag ist der 1. Dezember. Kurz nach dem Mittagessen findet das Schneetreiben plötzlich ein Ende, die Wolken reißen auf, und der Wind schwächt sich innerhalb weniger Minuten spürbar ab. Es ist, als hätte es nie einen Sturm gegeben, als hätte sich das Wetter plötzlich besonnen, wo doch heute ein neuer Monat beginnt. Durch die Plastik-Fensterscheibe an der Front können wir jetzt wieder bis aufs Meer sehen. Durchs Wasser treiben von der Küste abgebrochene Stücke Festeis, wie wahrscheinlich schon während der ganzen Nacht, aber bis eben noch verborgen hinter einer weißen Wand. An den exponierteren Stellen hat der Wind den Schnee bereits wieder weggefegt, und die Eisschicht auf der Innenseite der transparenten Dachplatten taut jetzt, das Schmelzwasser fließt in parallelen Rinnsalen auf den Boden.

David kontaktiert über Funk MacOps, die Sonne bricht durch die Wolken, und die Welt scheint wieder zum Leben zu erwachen.

Mein Zelt hat die Nacht überstanden, aber ich bin froh, dass ich im Rac-Tent geschlafen habe. Der Vorraum ist komplett mit Schnee gefüllt, den der Sturmwind durch winzige Lücken im Überzelt hereingeweht hat.

Morgens gegen 4.30 Uhr wachte ich kurz auf und lauschte dem Sturm, der wohl mit immer noch gut 45 Knoten gegen die Wände hämmerte, laut, aber bereits nachlassend. Auch das Licht hatte sich verändert, die Wolkendecke war dünner geworden, und es war nicht mehr so düster wie zuvor.

Wir gehen hinunter zur Pinguinkolonie, um dort nach der Wiegebrücke zu sehen. Diesen Teil der Kolonie hat der Sturm offensichtlich besonders hart getroffen. Das Computer-Zelt ist völlig zerstört, übrig sind nur noch Stofffetzen und Stangen, die in seltsamen Winkeln aus dem Schnee ragen. Die Überreste sind mit einigen Felsbrocken gesichert, David hat sie dort platziert, als er vor einigen Tagen während der kurzen Flaute hier war. Das Ganze sieht aus wie ein bizarrer Grabhügel. Die Wiegebrücke allerdings ist unbeschädigt und funktioniert.

Kurz nachdem wir unten angekommen sind, entdecke ich auf dem Meereis eine dichte, mehrere Meter hohe Schneewand, die sich von Süden kommend auf uns zuschiebt.

»David, ich glaube, da kommt ein Bodenblizzard«, sage ich nervös.

David murmelt etwas Unverständliches und versucht weiter, den zerrissenen Plastikzaun um die Wiegebrücke zu flicken. Seine beiläufige Brummigkeit hat etwas Beruhigendes, aber ich bin nicht so abgebrüht wie er und beschließe deswegen, den feigen Rückzug zur Hütte anzutreten. Während ich den Hügel hinaufgehe, drehe ich mich immer wieder um und beobachte, wie die weiße Wand sich weiterbewegt und dann wieder zurückzieht. Ein Schneesturmvogel taucht auf und umkreist mich, er ist so nah, dass ich die dunklen Zeichnungen an den Außenkanten seiner Flügel erkennen kann.

Aus schwarzen Augen mustert er mich neugierig, als sich unsere Blicke kreuzen.

Zurück im Camp schaufle ich den Schneehaufen unter dem Überzelt beiseite und repariere den Riegel an der Tür unserer Hütte, den der Sturm beinahe ausgerissen hat. David kehrt gerade noch rechtzeitig zurück, bevor der Bodenblizzard über uns hinwegfegt und der Wind einmal mehr auffrischt. Das Sturmtief scheint abzuziehen, dennoch folgen ihm aufgereiht wie an einer Perlenschnur noch etliche kleinere Unwetter. Als es Zeit zum Abendessen ist, sitzen wir wieder in der Hütte fest. David hat sein manisches Wippen mit dem Bein wieder aufgenommen, sitzt am Tisch und starrt ins Leere, während ich aufräume. Gerade höre ich über Kopfhörer Thievery Corporation, einem Impuls folgend verbinde ich aber meinen Laptop mit meinen kleinen Reiselautsprechern und starte Yo-Yo Mas unvergleichliche Einspielung der Cello-Suiten von Bach. Die kühn aufsteigenden Kadenzen klingen wie ein zivilisiertes Echo des draußen heulenden Windes. Die innige Hingabe dieser Musik lässt die Wildheit des Sturms ein bisschen weniger bedrohlich erscheinen, sie schenkt uns das Gefühl, durch die Zeit reisen zu können, statt gefangen an diesem Ort zu sein.

»Schöne Musik«, sagt David nach einer Weile. Ich bemerke, dass er nicht länger mit dem Bein wippt, und auch ich fühle mich weniger angespannt. Ich kann mich hinsetzen und mich auf das Schreiben und Eintragen meiner Daten konzentrieren, ohne den Drang zu verspüren, dauernd aufspringen und etwas tun zu müssen.

Wenigstens ist die Sonne heute hin und wieder aufgetaucht. Als es Zeit wird, schlafen zu gehen, wütet der Sturm aber immer noch so schlimm, dass ich meinen Schlafsack lasse, wo er ist und auch diese Nacht in der Hütte verbringe.

Ich bin heilfroh, als das Unwetter endlich abgezogen ist. Nach vier Tagen Ausnahmezustand ist die Stille eine unglaubliche Erleichterung. Es ist später Nachmittag, und ich höre nichts als ein bisschen leise Jazzmusik von Thelonious Monk, die aus den Lautsprechern meines Laptops plätschert und das Säuseln der Brise, die zärtlich an der Zeltwand entlangstreicht.

Endlich finden wir wieder Zeit, uns um unsere Arbeit zu kümmern, jetzt, wo Wind und Schneegestöber sich gelegt haben. Ich habe meinen Schlafsack und die Isomatten zurück ins Zelt gebracht, ich freue mich auf mein warmes gemütliches Nest, nachdem ich zwei Nächte mit dem leise schnarchenden David auf dem Boden der Hütte verbracht habe.

Im Rac-Tent zu übernachten fühlt sich für meinen Geschmack ein bisschen zu sehr an, wie im Büro zu schlafen. Und wir können den Urineimer leeren, den wir in den vergangenen drei Tagen bis über die Hälfte gefüllt haben, obwohl wir uns permanent an der Grenze zur Dehydrierung bewegen (ich schaffe es einfach nie, genug Flüssigkeit aufzunehmen, um gegen die trockene Luft und die körperlichen Strapazen anzukommen, obwohl ich unentwegt an meiner Wasserflasche nippe). Während des Sturms stand der Eimer neben der rückwärtigen Tür hinter einem Stapel von verschiedenen Ausrüstungsgegenständen. Ihn in das ungeschützt stehende Fass umzufüllen, war angesichts der tobenden Sturmböen ein Ding der Unmöglichkeit.

Nach den rund 96 Stunden, die wir fast ununterbrochen im einzigen Raum des Rac-Tent eingesperrt waren, kann ich es kaum erwarten, wieder an die frische Luft zu kommen. Ich denke, David geht es ganz ähnlich. Zwar waren wir gestern ein paar Stunden draußen, um die Schäden am Schutzzelt des Computers zu begutachten, aber abgesehen davon sind wir kaum vor die Tür gegangen. Es sei denn, natürlich, um hin und wieder »Ye Olde Human Waste Buckett« zu besuchen, wie jemand im Berg Field Center den Eimer getauft hat, den wir gerade in Benutzung haben. David geht nach dem Abendessen um 21 Uhr noch einmal hinunter zur Kolonie, und ich folge ihm bald nach. Ich will nach dem Sturm die Nester durchzählen, und überprüfen, ob es Schäden gibt.

Als ich in der B-REF-Kolonie ankomme, stelle ich fest, dass alle noch nicht verpaarten Vögel fort sind, genau wie die Paare, die noch keine Eier gelegt haben. In dieser Subkolonie gab es vor dem Orkan 120 Adélies. Kurz danach sind es nur noch 69, allesamt brütende Einzelvögel. Ihre Partner und die anderen Vögel sind offensichtlich in ihr wahres Element zurückgekehrt, in die See. Doch die Anzahl steigt schnell wieder an: Als ich mich etwa eine Stunde später auf den Rückweg mache, sind es schon 82. In der ganzen Kolonie entdecke ich brütende Vögel, die halb von Schnee bedeckt sind. An den exponierteren Stellen blieb dies den brütenden Pinguinen zwar erspart, doch diejenigen, die in Windrichtung sitzen, blies der Sprühnebel ins Gesicht. Sie haben die Augen fest zusammengenkniffen und sehen von vorn aus wie mit Puderzucker bestäubt. Ich entdecke außerdem eine brütende Skua, nur ihr Kopf und ihre Schwanzfedern lugen aus dem Schnee hervor. Ich bin nur noch einen Schritt entfernt, als ich den Vogel bemerke, so perfekt verschmilzt er mit dem Untergrund, der von Steinen in Skua-Größe übersät ist. Sie wirft mir beiläufig einen Blick zu, in ihrem weißen Kokon scheint sie sich nicht unwohl zu fühlen.

Die Adéliepinguine schlittern auf dem Bauch über den frischen Schnee, überall sieht man ihre Fuß- und Rodelspuren, die von der neu erwachten eifrigen Betriebsamkeit zeugen, die in der Kolonie herrscht, seit es wieder aufgeklart hat. Auch die Skuas sind auf einmal besonders aktiv: Sie paaren sich, bauen emsig an ihren Nestern und brüten. Der Orkan scheint den Winter endgültig in die Flucht geschlagen zu haben.

Ein weiterer Bodenblizzard, den ich in mittlerer Entfernung ausmache, lässt mich schließlich wieder zur Hütte zurückkehren. Aber es war falscher Alarm, und der Wind ist zu einer leichten Brise abgeklungen. Hinter dünnen Schleierwolken bescheint die späte Abendsonne die bleigraue See und lässt sie messingfarben aufglänzen. Um Mitternacht sitze ich auf der Veranda und trinke noch ein Glas Whiskey, bevor ich hineingehe. Die Welt um mich herum scheint der Realität enthoben, so atemberaubend, rein und kristallin präsentiert sie sich. Die Sonne glitzert auf dem frischen Schnee, die Stille ist zugleich durchdringend und ätherisch. Es ist keine Stille, die einen menschlichen Ruf ersticken würde, sollte irgendjemand so pietätlos sein, die wilde Schönheit dieser Landschaft mit seiner Stimme zu stören. Es ist eine Stille, die einen menschlichen Ruf völlig bedeutungslos erscheinen ließe. Trotzdem höre ich alles, was wirklich wichtig ist: Eine Skua, die in der Ferne nach ihrem Partner ruft, mit dem quietschenden, fast miauenden Laut, den diese Vögel ausstoßen, wenn sie auf dem Nest sitzen; das klebrige Geräusch tauenden Schnees und die fernen gutturalen Laute der Adélies, die zwischen Meer und Land hin- und herpendeln.

Kapitel 8

Nach dem Sturm ist das Wetter vergleichsweise mild, mit Tagestemperaturen leicht über dem Gefrierpunkt. Auch abends fällt das Thermometer nur knapp unter null Grad, wenn die Sonne langsam in Richtung des Horizonts sinkt. Der Wind ist mit einem letzten Seufzer erstorben, und es herrscht südpolarer Sommer. Heute Morgen habe ich unsere gefrorenen Lebensmittel durchgesehen, vieles davon beginnt aufzutauen. Was noch hart gefroren ist, wandert in die große Natur-Tiefkühltruhe: Dick verpackt in Schnee und Eis stopfe ich die Lebensmittel in ein Loch in derselben mächtigen Schneewehe, aus der wir auch unser Trinkwasser beziehen. Die schon aufgetauten Produkte verbrauchen wir so schnell wie möglich. Da es draußen aber immer noch deutlich kälter ist als in einem herkömmlichen Kühlschrank besteht keine große Eile.

Ich habe meine Aufgaben in der Kolonie früh erledigt und beschließe, das gute Wetter für eine spätnachmittägliche Langlauftour über das immer noch dick gefrorene Meereis südlich des Camps zu nutzen. Der Himmel ist schon seit Tagen leuchtend blau und wolkenlos. Von der Stelle aus, an der ich meine Langlaufskier anlege, oben am Hang, der sich bis zur Backdoor Bay erstreckt, sehe ich die Wimpel, die die Route für Kettenfahrzeuge bis nach McMurdo markieren, und Richtung Süden immer kleiner werden, bis sie am Horizont verschwinden. Die glasklare Luft der Antarktis erschwert das Einschätzen von Entfernungen, bei den Punkten in mittlerer Entfernung könnte es sich also ebenso gut um Pinguine handeln, die sich besonders ordentlich auf dem Eis platziert haben, wie um Flaggen.

Ich stoße mich ab und gleite den Abhang hinunter aufs gefrorene Eis, es fühlt sich an, als hätte ich die Leinen eines Bootes gekappt. Obwohl der Unterschied zwischen schneebedecktem Boden und Meereis kaum spürbar ist, lässt mich das Wissen, dass die Hütte auf festem Grund steht, den ich soeben verlassen habe, erschaudern, und ich fühle mich plötzlich sehr klein inmitten der immensen Weiten der Antarktis.

Rechts von mir erstreckt sich die Kante des Meereises mit den dahinter beginnenden Treibeisfeldern. Zur Linken ragen die rauchenden, gletscherbedeckten Hänge des Mount Erebus in die Höhe. Ich fahre los, in Richtung Horizont, wo die Wimpel, die meine Route markieren, schließlich zu verschwinden scheinen. Hin und wieder halte ich kurz inne und lausche der tiefen Stille. Vereinzelt schallt der ferne Ruf eines Pinguins über das Eis, und einmal höre ich leises Wassertröpfeln, als ich knapp neben einem frisch zugefrorenen Gezeitenriss vorbeifahre, was mich ein bisschen nervös macht. Aber ich bin auf der Route, die nach McMurdo führt, und die Sicherheitsteams überprüfen die Eisdicke hier regelmäßig. Über mir spannt sich der endlose Sommerhimmel, nicht allzu weit in der Ferne vereinigt er sich mit dem dunkleren Blau des Ozeans, der seinen winterlichen Eispanzer verloren hat. Wohin ich sonst auch blicke, gibt es nichts als den grenzenlosen Negativraum aus gletscherbedeckten Berggipfeln, Schnee und gefrorenem Meereis, die Weite ist so umfassend, als hätte die Welt sich selbst verschlungen und nichts als Leere hinterlassen. An diesem Ort wird mir klar, wie unbedeutend meine Existenz ist, und dennoch fühle ich mich der Welt – und den Menschen, die ich auf dieser Welt schon verloren habe – zutiefst verbunden.

Es geht wieder für zwei Tage und zwei Nächte zurück nach McMurdo. Die Wege dort bestehen jetzt nur noch aus Eismatsch und Wasser. Offenbar werden wir immer wieder für ein paar Tage zur Basis zurückkehren, das hatte ich zu Beginn der Saison nicht gewusst.

Beim Abendessen in der Kombüse setzt sich am ersten Abend ein bärtiger Mann neben mich.

»Gehören Sie nicht zum Team, das am Kap Royds arbeitet?«, fragt er mich.

Als ich seine Vermutung bestätige, stellt er sich mir vor.

»Brien Barnett. Ich schreibe für *The Antarctic Sun*, sagt Ihnen das was?«

»Oh, klar«, erwidere ich. »Ich hab Ihren Namen da schon mal gelesen.«

Die *Sun* ist die einzige Zeitung des Kontinents, finanziert durch die National Science Foundation, produziert wird sie in einem kleinen Kabuff der McMurdo-Station. Sie erscheint wöchentlich, sowohl als Printausgabe als auch online, und gehört zweifelsohne zu den kulturellen Merkwürdigkeiten, auf die man in der Antarktis trifft: schnell als ganz alltäglich empfunden von allen ständigen Bewohnern, für Außenstehende hingegen ein Kuriosum – ähnlich wie die Bankautomaten. Ein Besuch in der McMurdo-Station gleicht so in mancherlei Hinsicht einer Stippvisite bei einem isoliert lebenden Stamm von Indigenen. Brien sagt, er fände es großartig, wenn ich ihm ein Interview geben würde, dann könnte er eine Story über die Pinguine rausbringen. Ich hege den leisen Verdacht, dass er sich damit nur einen Tagestrip nach Kap Royds verschaffen will, aber ich habe nichts dagegen.

»Wollen Sie vielleicht noch ein Eis?«, fragt er mich, als wir unsere Teller abräumen. »Von der ›Frosty Boy‹-Eismaschine?«

»Die ist schon wieder kaputt«, entgegne ich. Nach dem Abendessen gehe ich in die Bibliothek, und mir kommt tatsächlich eine Frau in Sandalen entgegen. »Es ist Frühling!«, sagt sie nur, als sie meinen entgeisterten Blick bemerkt. Dann steigt sie hinweg über ein schmales Rinnsal aus Schmelzwasser jenseits der Schwelle. Interessant, wie flexibel unsere Vorstellung davon ist, was warm und was kalt ist.

Zurück nach Kap Royds geht es diesmal wieder mit einem Hägglunds über das Meereis, begleitet werden wir von einer Gruppe von Küchenmitarbeitern aus McMurdo, die den Trip bei einer Bingo-Veranstaltung des Field Safety Training Program gewonnen haben. Die Tour wird überschattet von der schlechten Laune des FSTP-Fahrers, es ist der unangenehmste Mensch, den ich hier bisher getroffen habe, und er verabscheut die »Beaker«, wie in Mactown die Wissenschaftler genannt werden, was mal mehr, mal weniger liebevoll gemeint ist. Die offizielle Bezeichnung für uns, die wir unsere Mittel von der NSF erhalten, lautet »grantee«, aber außer den Bürokraten im Chalet verwendet niemand diesen Begriff. Als ich im November nach McMurdo kam und im Crary Lab unser Projekt vorbereitete, machte gerade ein warnendes Foto die Runde: ein Truck, der in die Lücke zwischen erhöhter Fahrbahn und dem Laborgebäude gerollt war, weil der Fahrer oder die Fahrerin vergessen hatte, die Handbremse zu ziehen.

»Das war hundertprozentig ein Beaker«, sagte Viola damals zu mir und rollte mit den ausdrucksvollen Augen. »Wenigstens werden die alten Hasen das sagen.«

Während wir also gemeinsam das Fahrzeug beladen, reagiert unser Hägglunds-Fahrer pikiert, als ich ihn informiere, welche der Kisten nicht einfrieren dürfen. »Ich bin nicht Ihr Angestellter«, raunzt er mich an – was völliger Unsinn ist, denn jeder, der hier draußen arbeitet, packt ganz selbstverständlich beim Be- und Entladen der Fahrzeuge mit an. Und zu wissen, welche Kisten frostempfindlich sind, und welche nicht, ist in dieser eisigen Umgebung unerlässlich, schließlich enthalten sie oft teures wissenschaftliches Equipment oder wertvolle Lebensmittel. »DNF« ist so ein allgegenwärtiges Akronym, es prangt in großen Lettern auf allen Containern, in denen Waren mit einem »Do Not Freeze«-Label lagern. Diese Begegnung ist meine erste, aber glücklicherweise auch die letzte mit einem ausgewiesenen Beaker-Feind … Vielleicht hatte der Mann aber auch nur eine schlechte Phase oder einen miesen Tag.

Wir kommen am frühen Nachmittag am Kap Royds an. Als ich an der Backdoor Bay aussteige, sehe ich, dass das Fahrzeug hinten tropfenweise Frostschutzmittel verliert und informiere den Fahrer. Übellaunig gibt er zurück, dass sicher nicht er es war, der den Deckel des Tanks nicht richtig zugeschraubt hat. Er hat wohl einen der Beaker oder der anderen Fahrgäste in Verdacht. Offensichtlich hält er uns für dumm genug, nicht zu wissen, dass man Deckel auch am Südpol im Uhrzeigersinn zuschraubt.

»Ich wollte Ihnen nur Bescheid geben«, erwidere ich kühl und überlasse es ihm, sich zähneknirschend um die Pfütze im Gepäckraum des Hägglunds zu kümmern, während die aufgekratzten Bingo-Gewinner uns helfen, unsere Sachen den Abhang hinauf zur Hütte zu tragen. Als wir hineinkommen, finde ich auf meinem Stuhl ein paar Riegel, die Kiwis waren in der Zwischenzeit wieder hier.

Auf dem Weg zu den Adéliepinguinen mache ich einen Abstecher zum Wanigan – David gibt unseren Gästen eine Führung durch die Kolonie, und ich werde bald nachkommen, um Ausschau nach markierten Vögeln zu halten. Tatsächlich sind ein paar Neuseeländer da. Paul Rogers, der AFT-Guide von der Scott Base, der mir sein Kamera-Objektiv geliehen hat, außerdem der Maler Grahame Sydney – mittlerweile Sir Grahame Sydney: 2021 wurde er für seine Verdienste in der Kunst zum Ritter geschlagen –, der dank des neuseeländischen Stipendienprogramms für Autoren und bildende Künstler für einige Zeit hier in der Antarktis ist. Eigentlich bin ich ein introvertierter Mensch, und es überrascht mich, wie wenig Scheu ich nun Grahame gegenüber verspüre, der ein etablierter und bekannter Künstler ist: Zu den Sammlern seiner Bilder zählen Persönlichkeiten wie Nelson Mandela und Elton John. Aber mein geliebter Vater war nicht nur Ingenieur, sondern auch ein talentierter Zeichner, und ich freue mich über jede Gelegenheit, mich mit Künstlern über ihre Arbeit zu unterhalten. Wir trinken eine Tasse Tee zusammen und verabreden uns für den Abend zu einer Partie Scrabble und einem Glas Wein.

Nach dem Abendessen kommen Paul und Grahame zur Hütte, um mich abzuholen. Ich stelle fest, dass ich mich vor zehn Tagen nicht getäuscht habe, als ich dachte, dass Paul einen britischen Akzent hat. Er erzählt uns, dass er schon seit vielen Jahren in Neuseeland lebt, aber eigentlich aus dem Londoner East End kommt und tatsächlich verwandt mit den Kray-Zwillingen ist, den berüchtigten Gangstern der 1950er und 1960er Jahre. Wir wandern entlang der Hänge des Mount Erebus zum Wanigan zurück und beobachten, wie der Wind den feinen Pulverschnee vor sich hertreibt. Wir verstehen uns auf Anhieb gut, und den Rest des Abends verbringen wir in angeregter Unterhaltung, unsere Gesprächsthemen sind mal witzig, mal ernst, mal pikant, dann wieder zum Totlachen. Tatsächlich lachen wir fast den ganzen Abend in einem fort und nach der klösterlichen Stille des vergangenen Monats fühlt es sich einfach wundervoll an, Teil dieser kleinen Runde zu sein.

Ich sehe mich bereits als Siegerin der Scrabble-Partie, schließlich konnte ich meine Fertigkeiten verfeinern, als ich vor einigen Jahren an der Seite eines Skippers – der so eine Art Scrabble-Savant war – viele Tage lang die Zeit totschlagen musste, während wir darauf warteten, dass die Lachsfischerei-Saison an der Westküste offiziell begann. Auch Grahame behauptet, er sei ein passabler Spieler. Doch es ist schließlich Paul, der uns mühelos besiegt. Nach seinem Triumph kündigt er an, er wolle zu Shackletons Hütte, um sich dort ein bisschen umzusehen und fragt uns großmütig, ob wir ihn vielleicht begleiten möchten. Die Kiwis scheinen immer einen Schlüssel für die Hütte dabeizuhaben, wenn sie zum Kap Royds kommen, was mir ein Rätsel ist, denn die US-amerikanische Kopie wird von einem argwöhnischen Drachen im Chalet bewacht und würde uns niemals ausgehändigt.

Grahame hat sich nach unserer demütigenden Niederlage nach draußen zurückgezogen, um weiter darüber nachzudenken, wie er mit gefrorenen Pinselköpfen malen soll und lehnt deswegen dankend ab. Also mache ich mich gemeinsam mit Paul auf den Weg, und wir wandern durch die schwarze Mondlandschaft aus erstarrter Lava. Heute Abend trage ich meine »Haus-Stiefel«, ein Paar knöchelhohe gefütterte Sorels, die ein bisschen weniger klobig sind als die blauen FDX-Stiefel, die ich an den meisten anderen Tagen anhabe. Die stehen im Moment in der Hütte vor dem Gasofen, um innen wieder richtig trocken zu werden. Obwohl ich die Sorels tatsächlich meistens nur in der Hütte anhabe, sind die Gummisohlen bereits zerkratzt von den gelegentlichen kurzen Gängen, die ich damit draußen unternommen habe, was sicher am scharfkantigen vulkanischen Geröll rund um das Camp liegt.

Es ist das erste Mal, dass ich Shackletons Hütte betrete, obwohl David und ich mehrmals am Tag an dem verwitterten Bau mit den verrammelten Fenstern vorbeilaufen. Im gedämpften Licht, das durch den Eingangsbereich ins Innere der Hütte fällt, erscheint alles in einem ausgewaschenen Sepia – der Boden, die Wände, Stapel von Transportkisten mit Beschriftungen in Schablonen-Lettern, die Auskunft über den Inhalt geben, wacklige Türme rostiger Dosen mit Lebensmitteln auf den Regalbrettern, die ausgeblichenen Etiketten beinahe unleserlich.

Neugierig gehe ich näher, ein paar der Beschriftungen kann ich entziffern: Pastinaken, Irish Stew, Hammel und Zunge, daneben Klassiker wie Lyle's Golden Syrup und Verdauungskekse. Was mich am meisten erstaunt, ist, wie vertraut das alles auf mich wirkt, viele der Lebensmittel kenne ich noch aus meiner Kindheit in England, und die auf den Regalbrettern arrangierten Dosen erinnern mich an unsere Hütte oben am Hang.

Es tut gut, dem scharfen Wind für ein paar Minuten entfliehen zu können. Paul hat die Handschuhe nicht wieder angezogen, nachdem er die Tür aufgesperrt hat, und er streckt die Hand nach mir aus und legt mir sanft die Oberseite eines eisigen Fingers an die Wange. »Kalt?«, fragt er mich. Es ist ein körperlicher und emotionaler Schock, von einem anderen menschlichen Wesen berührt zu werden, das Gefühl gleicht in seiner Intensität fast wie einem Stromschlag. Ich starre Paul einen Moment lang an, und erstaunt wird mir in diesem Moment klar, wie sehr ich körperliche Nähe vermisse.

»Danke«, erwidere ich auf seine offensichtliche Einladung. »Danke, aber nein.« Paul zuckt mit den Schultern, er lässt sich davon nicht aus der Fassung bringen. Ich wende mich ab und sehe mich weiter in der Hütte um. Ich entdecke uraltes durchgelaufenes Schuhwerk, noch mehr rostige Dosen, außerdem ein paar ungeöffnete Päckchen mit Seife auf den offenen Regalbrettern. Shackleton beschrieb diesen Ort in seinem Buch *The Heart of the Antarctic*: »Die Hütte war nicht sehr geräumig, eigentlich zu klein für die Unterbringung von 15 Personen, aber dank der Beengtheit unseres Quartiers war es immerhin etwas wärmer.«[23] Ich stelle mir vor, wie auf dem kleinen Ofen das Essen zubereitet wurde und wie eng es hier für die Männer gewesen sein muss, wenn das Wetter schlecht war oder vor der Tür winterliche Dunkelheit herrschte.

Wir gehen zurück zum Wanigan, trinken noch ein letztes Glas Wein und irgendwie kommt die Rede auf Flanell-Pyjamas. Wahrscheinlich geht es darum, ob sie sich als Nachtbekleidung für den Schlafsack eignen. Grahame gibt dem Flanell-Pyjama die Schuld am Scheitern seiner Ehe. Ich protestiere, und sage, dass Flanell sehr sexy sein kann, vor allem, wenn man ihn auszieht.

»Alles kann sexy sein, wenn man es auszieht«, gibt Grahame zu. »Aber dazu muss man mit jemandem zusammen sein, der sich auch ausziehen will.«

Am nächsten Morgen gehe ich nochmals zum Wanigan, um mich zu verabschieden, und Grahame umarmt mich fest und drückt mir einen Kuss auf die Wange. Selbst der Abschied zieht sich in die Länge, wir plaudern noch eine Stunde und trinken Tee.

»Ich wollte mich eben ein bisschen in meinen Garten setzen«, sagt Grahame mit seinem vornehmsten Akzent. Er rammt die Beine seines rostigen Metallstuhls in die Schneewehe vor der Tür des Wanigan und setzt sich mit Blick auf den nahen Mount Erebus. »Möchtest du mir nicht Gesellschaft leisten?«

Also trinke ich Tee und gönne mir ein paar Bissen von Pauls »Hash Brown Patties«, eine Art Kartoffelpuffer. Wir drei lachen und reden, während Paul immer wieder in die Hütte geht und uns Frühstück serviert und Grahame sich in den Anblick des Mount Erebus vertieft. Unsere kurze gemeinsame Zeit war eines dieser perfekten Reiseerlebnisse, wenn man plötzlich eine beinahe spirituelle Verbindung zueinander verspürt, viel miteinander lacht und alles sich richtig und gut anfühlt. Plötzlich muss ich an den bittersüßen Herbst denken, der auf den Sommer folgte, in dem mein Dad gestorben war. Ich hatte mein Bachelor-Studium unterbrochen und war für sechs Monate in den Süden gegangen, um den Schock irgendwie zu verarbeiten, war durch die USA, Mexiko und Mittelamerika gereist. In Kalifornien traf ich mich mit zwei Freunden, Glenn und Mark, und wir fuhren Ende Oktober über Yosemite bis zur mexikanischen Grenze. Ich hatte einen Kürbis zurechtgeschnitzt, und in der Nacht flackerte die Kerze darin auf dem Armaturenbrett des Vans, während die Dunkelheit draußen vorüberzog. Es war eine dieser Phasen, in denen die Liebe zum Leben sich in einem ausbreitet wie eine Droge, und man die ganze Welt umarmen möchte, obwohl man gleichzeitig begreift, wie unbedeutend die eigene Existenz ist. Die letzte Nacht im Wanigan fühlte sich genauso an.

Ich winke Paul und Grahame zu, als ihr Helikopter abhebt und sie in Richtung der Scott Base verschwinden. Dann mache ich mich auf den Weg zurück zur Hütte. David ist noch da und antwortet mir mit einem stummen Nicken auf meinen Gruß. Die darauffolgende Stille empfinde ich als friedvoll, nicht als bedrückend, und zufrieden koche ich mir eine Tasse Kaffee, bevor ich mit der Arbeit beginne.

Kapitel 9

Als Skua mit Revier neben einer Adélie-Kolonie hat man es nicht immer leicht. Manche Forscher nahmen an, dass die Paare, die die Nähe der Pinguine suchen, bessere Chancen haben als jene, die fern der Kolonien brüten. Die Hypothese lautete, dass die Skuas sich mit den Eiern der Adélies einen Fettvorrat zulegen können, bevor sie selbst ihre Eier legen. Den Rest der Saison bereichern Pinguinküken den Speiseplan der Raubmöwen, tot oder lebendig erbeutet. Ich erinnerte mich an einen Klassiker des neuseeländischen Biologen Euan Young hin: *Skua and Penguin: Predator and Prey*[24], in dem Young nach intensiven Studien auf der Ross-Insel zu dem Schluss kam, dass es den Skuas, die in den Kolonien brüten, nicht zwangsläufig besser ergeht. Eine frühere Studie von David, in der man zahlreiche von den Pinguinen unabhängige Skua-Kolonien beobachtete und ihren Bruterfolg dokumentierte, belegte ebenfalls, dass die Vorteile offenbar marginal sind. Während ich heute nach markierten Pinguinen Ausschau halte, wird mir anschaulich demonstriert, welche Schattenseiten die Nähe zur Kolonie haben kann, und zwar in Gestalt eines aggressiven Pinguins.

Ich nähere mich der Kolonie von Norden aus und achte wie immer darauf, dem Skua-Nest, das auf meinem Weg liegt, nicht zu nahe zu kommen. Skuas sind wachsam und verteidigen ihr Revier energisch gegen jeden Eindringling, sei es Mensch oder Pinguin. Die aggressiveren Exemplare (also praktisch alle) zögern nicht, sich kreischend auf einen zu stürzen und einem das Gesicht zu zerkratzen, sobald sie sich bedroht fühlen. Wer nicht klug genug ist, rechtzeitig den Rückzug anzutreten, wird erleben, wie der angreifende Vogel in letzter Sekunde nach oben abdreht, um den Kopf des Eindringlings mit Schnabel und Klauen zu attackieren.

Statt auf ihrem Nest zu sitzen, flattern die beiden Altvögel erregt auf und ab. Ein streitlustiger Pinguin hat die Freifläche zwischen Subkolonie 14B und dem Territorium der Skuas überquert, greift die Elternvögel immer wieder an und hindert sie daran, sich auf dem Nest niederzulassen. Als ich mich nähere, lässt der Pinguin von den Skuas ab, quäkt mich übellaunig an und verschwindet. Ich bin nahe genug am Nest, um einen Blick auf die Eier erhaschen zu können, bevor einer der Altvögel hoch auffliegt, wieder herabstößt und sich auf dem Nest niederlässt, um die Eier weiter zu bebrüten. Sie haben eine hübsche rundliche Form und einen warmen grünen Grundton, die Schale ist mit dunklen Fleckchen überzogen, die aussehen, als hätte jemand sie mit heftigen Pinselschwüngen darauf gekleckst. Jackson Pollock trifft auf ovoide Leinwand, wenn man so will. Ich freue mich insgeheim, dass sie nicht zu Schaden gekommen sind.

Die Adélie-Kolonie schüttelt die Trägheit ab, die nach dem Sturm herrschte. Nun, da ich vertrauter mit dem Terrain bin und die Arbeitsabläufe zur Routine geworden sind, kann ich mich auch ein bisschen umsehen und einzelne Vögel beobachten, während ich Daten erhebe. Ich spaziere langsam durch die Subkolonien, suche nach markierten Individuen und den letzten, noch nicht wieder aufgetauchten GLS-Tags. Ich habe, seit wir hier sind, trotz aller Bemühungen noch kein einziges dieser Dinger entdeckt. David hingegen kommt in regelmäßigen Abständen zurück in die Hütte und legt schweigend, aber triumphierend einen der winzigen Datenträger auf seinen Schreibtisch. Immerhin gibt es damit einen weniger, den wir noch finden müssen, aber ich ärgere mich trotzdem über mich selbst. Ich muss an meinem Suchbild arbeiten, dem visuellen Reizmuster, das ich vor meinem inneren Auge sehe, wenn ich die

GLS-Tags suche. Grant hat die Koordinaten des vergangenen Jahres bekommen und geplottet (die British Antarctic Survey, die die Geräte zur Verfügung stellt, hat die fotoperiodischen Daten für uns in geografische Standorte »übersetzt«). Die Daten belegen, dass die Vögel am Rande des Meereises überwintert haben, weit im Norden, im Zwielicht, wo die Eis- und Tageslichtverhältnisse optimal für Pinguine auf der winterlichen Jagd sind.

Die Reaktionen der Adélies auf uns variieren zwischen Aggression über Neugier und Vorsicht bis hin zu schläfrigem Desinteresse. Besonders scheu zeigen sich die Jungvögel. Sie sind zwischen zwei bis vier Jahren alt, brüten aber nicht und besuchen die Kolonie nur, um sich auf die kommende Saison vorzubereiten. Sie kehren seit ihrem Schlupf zum ersten Mal in die Kolonie zurück und schießen aus den Wellen wie Champagnerkorken, die aus einem Flaschenhals knallen. Die Unterseite ihrer Flügel nimmt einen zarten Rosaton an, da die Blutgefäße dicht unter der Haut sich weiten, eine Folge der körperlichen Verausgabung. Sie besuchen die Kolonie in Zweier- oder Dreiergrüppchen – einige wirken ängstlich, der Lärm und das Getriebe in dieser Stadt der Pinguine verunsichert sie sichtlich –, manche treten selbstbewusster auf, aber alle sind unglaublich neugierig und energiegeladen, trotz der Anstrengungen, die es gekostet hat, hierherzukommen. Es sind vor allem diese Neulinge, die erschreckt krächzen, wenn ich mich nähere, um dann schleunigst das Weite zu suchen und mich misstrauisch aus sicherer Entfernung zu beäugen. Sie zucken nervös mit den kurzen Flügeln und erinnern mich dabei ein bisschen an Damen des Viktorianischen Zeitalters, die sich Luft zufächeln, um nicht in Ohnmacht zu fallen.

Die vorwitzigen und neugierigen Exemplare habe ich besonders gern. Es sind die Pinguine, die ich manchmal entdecke, wenn ich kurz innehalte und mich umschaue, während ich auf der Suche nach markierten Vögeln bin oder am Rand der Kolonie entlangspaziere. Mit nur wenigen Schritten Abstand folgt mir manchmal ein Vogel, hält an, wenn ich anhalte und läuft weiter, wenn ich mich wieder in Bewegung setze, offenbar bemüht, mit mir Schritt zu halten. Vielleicht haben wir gerade nur zufällig dasselbe Ziel, und der Vogel läuft mir nicht wirklich hinterher. Fest steht, dass ihm meine Gegenwart keine Angst macht und dass er fasziniert oder möglicherweise auch verärgert über meine Anwesenheit ist. Manchmal rennt einer von ihnen auf mich zu, hält abrupt vor meinen Stiefelspitzen inne, hebt langsam den Kopf und starrt mir ernst ins Gesicht, die Augen geweitet, der Blick gereizt oder neugierig.

Eine ganze Bandbreite möglicher Reaktionen erlebe ich an diesem Abend, als ich auf dem Rückweg zur Hütte bin und einigen ankommenden Reisegruppen von Junggesellen begegne. Statt über den Weststrand, den Hauptzugang zur Kolonie, kommt die erste Gruppe über die Landzunge an der Backdoor Bay, und watschelt jetzt hangabwärts auf die kehligen Rufe ihrer Artgenossen am Ufer zu. Die Vögel bahnen sich gerade vorsichtig einen Weg über den scharfkantigen Schotter unterhalb der Kiwi-Schutzhütte, als sie mich entdecken und vor Schreck erstarren. Ich mache einen großen Bogen um die Gruppe, während die Adélies langsam die Köpfe drehen und jeden meiner Schritte voller Argwohn verfolgen. Sie sehen aus wie die Zuschauer eines Rennens in Zeitlupe. Sobald ich weit genug entfernt bin, wenden sie sich wie auf ein lautloses Kommando hin von mir ab und trotten weiter den Hügel in Richtung Kolonie hinab, die Flügel weit gespreizt und ihrer Entrüstung lauthals Luft machend. Ich fühle mich wie ein schmuddeliger Störenfried, der eine Zusammenkunft der lokalen Elite gestört hat. Und jetzt, wo man mich außer Hörweite wähnt, zerreißt man sich schockiert den Schnabel über mich. Eine weitere Gruppe kommt mir entgegen, die Vögel schlittern auf dem Bauch über ein schmales Schneefeld hügelabwärts. Sowohl die Pinguine als auch ich erstarren, sobald sie mich entdecken, für einige Sekunden. Doch dann löst sich eines der Tiere aus der Gruppe und kommt zögernd auf mich zu, fünf Schritte, zehn Schritte, bis sich der kurze Abstand zwischen uns halbiert hat, und wir sehen einander an. Über Artgrenzen hinweg treffen sich unsere Blicke, wie tief der Graben zwischen uns auch sein mag, wie unterschiedlich die Art, wie wir auf diese Welt schauen. So verweilen wir für einen Moment, der Pinguin und ich: Er schlägt leicht mit den Flügeln, wie ein Schmetterling in der sanften Abendbrise. Und ich stehe ganz still da und nehme all das in mich auf: die Vögel und das Meer, das Eis und den Himmel, und das grenzenlose Panorama um mich herum, während sich unser beider Realitäten kurz vereinigen. Dann macht der Pinguin kehrt, um gemächlich wieder zu seinen Artgenossen zu trotten, und der Bann ist gebrochen. Er schließt sich seiner Gruppe an, und sie rutschen gemeinsam nach Pinguinart die letzte Hälfte der Schneewehe hinunter zur Kolonie, während ich hangaufwärts zur Hütte gehe, um mir dort ein sehr prosaisches Abendessen zuzubereiten.

Kapitel 10

Heute ist Post für uns gekommen. Auf dem Weg den Abhang hinauf bläst mir der Wind schneidend ins Gesicht, und ich lege eine kurze Pause im Wanigan ein. Ich entdecke fünf Pakete, die mysteriöserweise dort für uns deponiert wurden. Meine Päckchen kommen von meiner Stiefmutter und sind gefüllt mit Dingen, die mir das Leben hier ein bisschen angenehmer machen, und um die ich sie gebeten habe: noch mehr Kaffee, Gummibärchen, noch stärkeren Sonnenschutz, ein paar Zeichenutensilien.

»Was hast du bekommen?«, frage ich David später, nachdem ich die Sachen in die Hütte geschafft habe und noch einmal kurz draußen war. »Verfrühte Weihnachtsgeschenke?«

»Och, ein bisschen Schokolade und ein paar Zeitschriften.« Kurze Pause. »Und eine Schachtel mit verschimmelten Brownies.«

»Mmm, die mag ich mal liebsten«, sage ich.

»Prima, sie sind da drüben, greif ruhig zu.« Er deutet auf den Mülleimer, wo die Brownies bereits unter Essenresten, Haarresten und Orangenschalen begraben sind.

»Ach so«, sage ich. »Na ja, es ist die gute Absicht, die zählt.«

Es geht auf Mitte Dezember zu, und während der vergangenen Woche war das Wetter mild. Der Himmel ist tagsüber klar und blau, die Temperaturen steigen meist bis knapp über den Gefrierpunkt. Die sanfte Brise aus dem Norden hält sich in dem Vakuum, das entsteht, wenn die heulenden Südwinde ausbleiben, die vom Kontinent und über den Ostantarktischen Eisschild fegen. Es gibt also auch keine nennenswerte Windkühle. Nicht nur unsere Lebensmittel, auch der Boden rund um die Kolonie beginnt zu tauen. Hänge, die vor einer Woche steinhart gefroren waren, geben jetzt mit schmatzenden Geräuschen unter unseren Stiefeln nach, die zuvor feste oberste Schicht hat sich in eisigen Matsch verwandelt. Der Pony Lake vor Shackletons Hütte ist zwar noch dick vereist, doch wenn die Sonne am höchsten steht, entstehen an den Rändern, wo das Eis auf das Ufer aus dunkler vulkanischer Erde stößt, schmale Areale aus schlammigem Schmelzwasser.

In den vergangenen Tagen sind unzählige neue Pinguine zur Kolonie gestoßen, vielleicht eine Konsequenz des vorigen Wetters mit seinen Auswirkungen auf das Packeis, das vom Sturm weit in den Norden abgetrieben wurde. Die B-REF-Kolonie ist so um etwa 25 Prozent gewachsen, für den Rest der Kolonie scheint dies ebenfalls zu gelten. Bei den Neuankömmlingen handelt es sich um verspätete ältere Brutvögel, die von ungünstigen Meereisbedingungen oder den großen Eisbergen an der Rückkehr gehindert wurden, außerdem um die zwei- bis vierjährigen nicht brütenden Vögel, die vor der Rückbeanspruchungsperiode hierherkommen, in der Pinguine, die ihre Eier verloren haben, für eine Weile zur Kolonie zurückkehren. Ob alt oder jung, brütend oder nicht brütenden: Die Kolonie hatte sich innerhalb kürzester Zeit in den chaotischen, lärmenden Ort der anlaufenden Brutsaison zurückverwandelt, den wir vorfanden, als wir vor einem Monat ankamen. Überforderte junge Neuankömmlinge irren nervös durch die bereits besetzten Bereiche der Kolonie und weichen geschickt Schnabelhieben und Flügelschlägen der wütenden Nestbesitzer aus, eine endlose Tirade verärgerten Keckerns hinter sich herziehend. Überall in der Kolonie beobachten wir außerdem zu spät eingetroffene Männchen, die stolz aufgereckt auf ihren neuen Nestern stehen – die ästhetische Qualität dieser Konstrukte variiert, mal sind es adrette Arrangements aus Steinen ähnlicher Größe, mal eilig zusammengeschobene Haufen unansehnlicher Bröckchen – und ekstatische Balzrituale vollführen, in der Hoffnung, noch ein Weibchen anzulocken, bevor die Saison für sie endgültig gelaufen ist. Kap Royds wird einmal mehr zur Bühne einer großen Brautschau.

Bis zum Eintreffen der Nachzügler hatten sich die Pinguine, die nach dem Sturm übrig geblieben waren, dem ernsthaften Geschäft des Ausbrütens gewidmet. Die meisten Paarungen haben schon vor geraumer Zeit stattgefunden, und letztlich haben nur diese frühen Paare eine realistische Chance, ihre Küken vor Ende des Sommers tatsächlich noch aufzuziehen. Ihre Eier waren gelegt, die Weibchen schon im Meer verschwunden, um dort zu jagen und anschließend zurückgekommen, um ihre Partner abzulösen, die dann ebenfalls auf die Jagd gehen und ihre Energiereserven auffüllen konnten. Jetzt halten die Weibchen geduldig die Stellung auf den Nestern. Sie hecheln, das warme Wetter setzt ihnen zu. Der Schlupf der Küken steht kurz bevor.

Als ich am nächsten Morgen erwache, rüttelt der Wind an meinem Zelt – es gab einen erneuten Wetterumschwung, heute ist es wieder stürmisch. Die Temperaturen sind über Nacht von 0° auf –6 °C gefallen. Bis auf Hüfthöhe herrscht unter einem klaren blauen Himmel dichtes Schneegestöber, das von einem Sturm weiter im Süden kommt, ein weiterer Bodenblizzard. Ich freue mich nach der stickigen Wärme der vergangenen Tage über dieses frische Wetter. Leider ist es zu windig, um nach markierten Pinguinen Ausschau zu halten, aber um die Mittagszeit werde ich so unruhig, dass ich es nicht länger im Rac-Tent aushalte, mich anziehe und nach draußen gehe, um mich den Elementen zu stellen. Als ich gerade aufbreche, taucht ein Hubschrauber auf und setzt Katie Dugger vom Kap Bird bei uns ab. Ihr Einsatz ist in diesem Jahr sehr kurz, sie kehrt rechtzeitig zu den Feiertagen zu ihrem Mann nach Oregon zurück, zu Beginn des neuen Jahres wird sie eine Lehrtätigkeit aufnehmen. Gerade hat sie den Staffelstab am Kap Bird an einen Projektmitarbeiter der Neuseeländer übergeben, an Kerry Barton. Katie begrüßt mich mit gewohnt breitem Grinsen, als sie mit einem Haufen Ausrüstung aus dem Helikopter steigt. Ich umarme sie, ich freue mich darüber, in den nächsten Tagen im Camp ein bisschen Gesellschaft zu haben.

Dank des Zusammenspiels von Sonne und umherwehendem Schnee wird es ein sensationell schöner Nachmittag. Jeder Kiesel, jeder Gesteinssplitter hebt sich scharf und plastisch gegen die Miniatur-Schneewehen ab, die sich dahinter gebildet haben. Sämtliche Fußspuren, mochten sie von Pinguinen oder von Menschen stammen und gestern noch den unberührten Eindruck der Landschaft stören, hatte der Schnee eingeebnet und der darüberstreichende Wind geglättet. Vor uns liegt eine fantastisch gewellte Ebene, die das Sonnenlicht wie ein Prisma in den verschiedensten Winkeln einfängt und reflektiert, ähnlich der windbewegten Oberfläche eines Sees an einem wolkenlosen Tag.

Unten an der Kolonie ebbt das lärmende Chaos der vergangenen Tage plötzlich ab, die Pinguine, die hier waren, um sich auf das kommende Jahr vorzubereiten, verschwinden zu Hunderten wieder im Meer. Die einzigen, die jetzt noch ankommen, sind die aktiv brütenden Vögel. Vor zwei Tagen entdeckte ich einen schwer verletzten Pinguin – offensichtlich den Überlebenden eines Seeleopardenangriffs – der sich mühsam an den Strand und anschließend in die Kolonie schleppte. Das Tier konnte weder stehen noch gehen, an der Seite des Rumpfs klaffte eine tiefe Wunde. Wann immer es eine Pause machte, bildete sich eine rote Pfütze unter ihm. Das rechte Bein hing nutzlos herab, der rechte Flügel stand in einem merkwürdigen Winkel ab. Es kroch langsam über den von Schnee und Schotter bedeckten Boden, eine herzzerreißende Persiflage der gesunden Pinguine, die über den Schnee flitzten, und flink auf Bauch und Brust rodelnd zu ihren Nestern gelangten.

Der verletzte Pinguin trug ein Metallband, und betroffen stellte ich fest, dass es einer der Vögel der B-REF-Subkolonie war, Nummer 1091, ein Weibchen. Ihr Partner, Nummer 1096, bebrütete verlässlich die beiden Eier, die sie um den 26. November herum gelegt hatte. Mittlerweile hat er seit fast drei Wochen keine Nahrung zu sich genommen, während er darauf wartete, dass seine Gefährtin von ihrem Fischzug zurückkehrt. Dort sollte sie sich eine Fettschicht anfressen, sich an Fisch und Krill gütlich tun und sich von den Strapazen der Paarung und der Eiablage erholen. Nun sieht es so aus, als wäre alle Mühe vergeblich gewesen. Das Männchen wird das Nest bald verlassen müssen, um nicht zu verhungern. Es wird zwischen seinem Leben und dem der im Schutz der Eierschalen schnell heranwachsenden Küken entscheiden müssen, während der kurze antarktische Frühling verstreicht. Ich kann nur erahnen, wie starke Schmerzen sie haben muss und würde ihr gern beistehen und ihr Leiden verkürzen – als palliative Maßnahme für Pinguine sozusagen. Ich muss wieder an meine Schwester und ihr erbärmliches Ende denken, an die Momente, in denen sie aus ihren morphinschweren Träumen erwachte und plötzlich wieder ganz klar war. Konnte ein Pinguin sich einen Begriff vom Konzept der Zukunft machen? Wahrscheinlich nicht, dennoch ließ sich dieses schwer verletzte Tier nicht davon abbringen, wieder zu seinem Nest und seinem Partner zurückzukehren.

Als ich gestern in der Kolonie meine gewohnte Runde auf der Suche nach markierten Vögeln machte, sah ich sie wieder. Offenbar wollte sie sich einfach nicht geschlagen geben, jetzt, wo sie die Kolonie erreicht hatte und ihr Nest nicht mehr weit weg war. Ich entdeckte sie in der Nähe der B-REF-Subkolonie, sie hatte sich vom Strand bis hierher in eine der angrenzenden Subkolonien geschleppt, wo sie sich nun ausruhte. Weiter würde sie vielleicht nicht kommen, dachte ich bei mir. Aber möglicherweise irrte ich mich auch. Trotz ihrer tiefen Wunde erschien sie mir heute wieder etwas wacher als am Tag zuvor, auch das rechte Bein konnte sie ein wenig bewegen. Trotzdem kam sie nicht anders voran, als mühsam auf dem Bauch kriechend, dabei hatte sie Schlagseite nach links, wie ein havariertes Schiff. Ein paar Stunden später tauchte sie schließlich tatsächlich auf dem Hügel auf, auf dem B-REF liegt. Sie blieb, nur wenige Meter entfernt von ihrem treuen Gefährten, erschöpft liegen, die weiße Brust verkrustet mit Blut. Dort würde sie jetzt vielleicht sterben. Beinahe zu Hause.

Heute erzähle ich David und Katie beim Mittagessen von dem verwundeten Vogel, es gibt vegetarische Burger mit geschmolzenem Käse auf gerösteten Brotscheiben aus dem Ofen, dazu Butter und Senf – im Moment unser nachmittäglicher Lieblingsimbiss, diktiert vom Inhalt unserer langsam abtauenden Kühltruhe. David und ich essen das Gericht heute zum dritten Mal in Folge. Er kaut bedächtig und schluckt seinen Bissen herunter, bevor er sich zu meiner Geschichte äußert.

»Du wirst vielleicht noch staunen«, sagt er dann.

»Das hoffe ich«, antworte ich. »Aber sie hat viel Blut verloren.«

Sein Optimismus überrascht mich. Zwar hat er diesen speziellen Pinguin nicht mit eigenen Augen gesehen, trotzdem hat er viel Erfahrung und war sicher schon häufiger als ich Zeuge solcher natürlichen Dramen.

Und tatsächlich sitzt die schwer Versehrte an diesem Nachmittag auf ihrem Nest, und ihr Partner, 1096, ist ins Meer zurückgekehrt. Sie verrichtet ihre Aufgabe nicht eben effizient, denn ihr Körper hat immer noch Schlagseite nach links und ihr Bein steht in einem unnatürlichen Winkel ab; eines der Eier liegt daher teilweise frei, statt am warmen, nicht befiederten und extra stark durchbluteten sogenannten Brutfleck am Bauch des Vogels, wo es eigentlich hingehört. Aber: Sie sitzt auf ihrem Nest, nachdem sie für die kurze Strecke hierher zwei Tage gebraucht hat – normalerweise ein Weg von 10 bis 15 Minuten. Ich bin wirklich erstaunt. Vielleicht wird es dem Pärchen gelingen, ein oder zwei Küken großzuziehen, und ich werde noch mehr staunen. Ich wäre allerdings schon beeindruckt, wenn sie diese Saison überlebt. Doch das Leben hier ist zäh, und allein die Tatsache, dass die Pinguine sich diesen Lebensraum erobert haben, ist Beweis genug für ihre beeindruckende Resilienz.

1091 ist also noch am Leben, während im Rest der Kolonie das Leben seinen gewohnten Gang geht. Nachdem ich das Pinguinweibchen eine Weile beobachtet habe, gehe ich zur Subkolonie 10AB, um dort nach markierten Vögeln zu suchen. Plötzlich nehme ich ungewohnte Laute wahr, wie ein fernes, leises Pfeifen: Es sind die ersten Pinguinküken, die sich in ihren Schalen auf den Schlupf vorbereiten. Die Küken artikulieren die ersten Laute, wenn die Eischale Risse bekommt und sie eben erst anfangen, sich den Weg nach draußen zu bahnen. Ganz sicher wird in diesem Moment ein Ei mit einem wenige Zentimeter großen Loch von einem Altvogel vorsichtig in einem nahen Nest gedreht. Der Schnabel des Kükens stakt heraus, es atmet zum ersten Mal die eisige Luft der neuen Welt. Das Geräusch kommt aus mehreren Richtungen, aus etlichen verschiedenen Eiern. Ich stelle mir jetzt vor, dass sie überall in der Kolonie sind, die Pinguinküken, die noch für ein bis zwei Tage sicher und geborgen in den Schalen ihrer Eier sind, aber schon nach ihren Eltern rufen und sich auf ihren großen Tag vorbereiten.

Mit Katie im Camp ist David plötzlich sehr viel offener und kommunikativer. Er will von ihr wissen, wie es am Kap Bird gelaufen ist, und am zweiten Tag – wir räumen nach dem Frühstück gerade ein bisschen auf, Katie rollt ihren Schlafsack zusammen und verstaut ihn in einer Ecke der Hütte, ich mache das Geschirr sauber, wir befüllen unsere Datenbanken und fegen wie jeden Tag vulkanischen Schotter zur Tür hinaus – eröffnet David mir, dass er für uns und die Crew vom Kap Crozier Pläne für die Tage nach Weihnachten hat: Wir fahren gemeinsam zur entlegenen Beaufort-Insel im Rossmeer, 20 Kilometer nördlich von der Ross-Insel, um die GLS-Tags des letzten Jahres zu bergen und in der dortigen Adéliepinguin-Kolonie nach markierten Tieren Ausschau zu halten.

Das ist mir neu. Offenbar bringt uns einer der Eisbrecher der US-Küstenwache dorthin, die gerade in der Gegend unterwegs sind. Sie sind auf dem Weg nach Süden, um für die einmal im Jahr anreisenden Versorgungsschiffe eine Fahrrinne durch den McMurdo-Sund zu schaffen.

Katie und ich sitzen nach dem Abendessen noch ein bisschen zusammen auf der Terrasse und nippen jede an einem Glas Whiskey. Sie erzählt mir von ihren Plänen für die Feiertage, sagt mir, wie sehr sie sich darauf freut, ihren Mann bald wiederzusehen und berichtet mir, was sie im kommenden Semester an der Universität tun wird. Dann geht es noch um gemeinsame Bekannte aus der Welt der Ornithologie.

Es ist wieder ein atemberaubend schöner Abend, die Sonne steht noch hoch am Himmel.

»Wie läuft es denn mit David?«, fragt sie mich. »Er ist nicht besonders gesprächig, was?«

»Ha«, erwidere ich trocken. »Er hat heute schon mehr gesagt, als in den ganzen letzten Wochen.«

»Na ja«, sagt Katie, »wenn es dich tröstet: Er verhält sich im Feld gegenüber allen seinen Kollegen so. Er war heute nur so redselig, weil er ein neues Gesicht gesehen hat.«

»Schon klar, alle wissen, was David für ein Typ ist – seine Undurchschaubarkeit ist Teil des Rätsels, das ihn umgibt. Trotzdem hätte ich nicht gedacht, dass er so extrem verschlossen ist«, erwidere ich bedrückt.

»Ach«, versucht sie mich zu trösten, »nimm das nicht persönlich. Er und ich würden sicher überhaupt nicht mehr miteinander reden, wenn ich hier arbeiten würde.« Angesichts von Katies Mitteilsamkeit und Davids Introvertiertheit muss ich ihr recht geben. Wahrscheinlich geben er und ich doch kein so schlechtes Team ab.

Und dass es zwischen Menschen, die längere Zeit isoliert an entlegenen Orten leben und arbeiten, zu Konflikten und Spannungen kommt, ist auch kein Phänomen der Moderne. Obwohl man es heutzutage nicht gern thematisiert, finden sich in den Aufzeichnungen der frühen Entdecker des Goldenen Zeitalters etliche Zeugnisse für zwischenmenschliche Reibereien bis hin zu Hass und offener Abneigung zwischen den Teilnehmern. Der Chirurg Eric Marshall, ein Mitglied der Nimrod-Expedition an den Südpol, schrieb zum Beispiel über Shackleton, sein Führungsstil gleiche dem »eines alten schreckhaften Weibes«[25], während sein Kollege Frank Wild Eric wünschte, er möge »in eine tausend Fuß tiefe Gletscherspalte stürzen«[26].

Mittlerweile sind die emotionalen Belastungen, denen Menschen während der Expeditionen in die Polarregionen ausgesetzt sind, Gegenstand formeller wissenschaftlicher Untersuchungen. Unter anderem erhofft man sich davon Erkenntnisse, die auch bei der Vorbereitung von Astronauten für Missionen im Weltraum von Nutzen sein könnten: die Antarktis als ein irdischer Mars. Vor allem aber sollen die Ergebnisse der Studien dazu beitragen, Personal besser auf die besonderen Herausforderungen einzustimmen, die das Leben in der Antarktis mit sich bringt. Im Jahr 1984 steckte der Kommandant der argentinischen Forschungsstation Almirante Brown die Basis in Brand, kurz bevor das letzte Versorgungsschiff der Saison ablegte. Wie sich herausstellte, war es der verzweifelte Versuch, zu verhindern, eine weitere Wintersaison dort verbringen zu müssen. Forscher, die sich mit den negativen Folgen für die mentale Gesundheit beschäftigen, die die Arbeit an entlegenen Standorten in der Antarktis mit sich bringt, haben die kleinen und großen Ärgernisse und Irritationen beschrieben, die den Stresslevel im Camp nach oben schießen lassen:

»Stellen Sie sich vor, Sie treffen sich mit jemandem zum Mittagessen. Ihnen wird wahrscheinlich nicht auffallen, wie Ihr Gegenüber isst. Aber wenn Sie mit derselben Person sechs Monate lang jeden Tag am Tisch sitzen, wird die Art und Weise, wie sie ihr Essen verzehrt, Sie irgendwann wahnsinnig machen«[27], sagte Larry Palinkas von der University of Southern California.

In einem Artikel, der in der medizinischen Fachzeitschrift *The Lancet* erschien, wiesen er und sein kanadischer Co-Autor Peter Suedfeld darauf hin, dass »zwischenmenschliche Konflikte und Spannungen die stärksten Stressoren während polarer Expeditionen sind«.[28] Als besonders drastischen Fall führen sie die Greely-Expedition an, eine Gruppe von Wissenschaftlern und Entdeckern, die in den 1880er Jahren in die Arktis aufbrach. Unter der Mannschaft soll es zu Meuterei, Selbstmord und sogar zu Kannibalismus gekommen sein … Ursache hierfür waren wohl vor allem persönliche Konflikte und ein mangelhafter Führungsstil. Beispiele für diesen »polaren Wahnsinn« gebe es laut Palinkas auch auf modernen Forschungsstationen, und er beschreibt einen Vorfall, bei dem ein Mannschaftsmitglied einen Kollegen mit einem Rohr verprügelte. »Auf der Station hatte man offenbar für den Rest des Winters die Devise ausgegeben ›If you've got a gripe, use a pipe‹«, so Palinkas.[29]

Wie ich die Einwohner von McMurdo einschätze, hätte man sich hier nicht mit einer einfachen mündlichen Anweisung begnügt. Jemand hätte sich bestimmt die Mühe gemacht, das Ganze wie eine offizielle Vorschrift aussehen zu lassen und einen ordentlichen Aushang am Schwarzen Brett vor dem Hauptquartier angebracht.

Angesichts solcher Horrorgeschichten erscheint mir Davids hartnäckiges Schweigen schon wieder wie eine harmlose Marotte. Es steckt sicher auch keine Niedertracht dahinter, vielmehr ist es sein introvertiertes Wesen und die vielen Gedanken, die er sich fortwährend um logistische und intellektuelle Aspekte des Forschungsprojekts macht. Und wer weiß schon, welche meiner Eigenheiten ihm auf die Nerven gehen? Jeder Mensch, mit dem ich zu tun habe, erwähnt irgendwann meine Sturheit, vielleicht ist das ja meine große Schwäche? Und ich bin auch nicht immer gut darin, die Signale meiner Mitmenschen richtig zu deuten. Wahrscheinlich versucht David fortwährend, mir auf subtile Weise zu signalisieren, dass er lieber etwas anderes essen würde, dass ich die Daten besser anders eintragen sollte oder dass es einen besseren Aufbewahrungsort für unser Klopapier gibt, und ich ignoriere seine Botschaften einfach und mache alles so wie immer. Wenigstens sind wir beide ordentlich und respektieren die Privatsphäre des anderen. Während einer Feldstudie auf einer kanadischen Insel, in deren Zuge wir eine Kolonie von Seevögeln beobachteten, hatte ich einen Kollegen, der regelmäßig unter Nasenbluten litt. Ständig fand ich seine vollgebluteten Taschentücher auf dem Esstisch in unserer Hütte, neben den verrottenden Exemplaren von Insekten und Pflanzen, die er halb verarbeitet dort liegen ließ. Als er in meinem Bett schlief und sich an meinem Münzvorrat für den Waschsalon vergriff, als ich für ein paar Tage nicht auf der Insel war, feuerten wir ihn schließlich. David muss ich zugutehalten, dass er sich in keiner Weise sexistisch mir gegenüber verhält, eine Wohltat auf einem Kontinent, auf dem es Frauen bis in die 1970er oder 1980er Jahre hinein noch nicht einmal möglich war, auf britischen oder australischen Forschungsstationen zu arbeiten. Die erste Frau des US Antarctic Program war etwas früher dran und nahm ihre Arbeit Ende der 1960er Jahre auf – allen Diskriminierungen zum Trotz. »Frauen werden hier nicht als Wissenschaftlerinnen wahrgenommen, sondern als Frauen«, hieß es in einer schriftlichen Reaktion auf eine neuere Studie über Geschlechterbarrieren in der Antarktisforschung, deren Ergebnisse im Jahr 2019 publiziert wurden.[30] Und im Jahr 2022 ergab eine Umfrage der National Science Foundation, dass 72 Prozent der Frauen – also beinahe drei Viertel der Befragten – der Ansicht sind, dass sexuelle Belästigung in der Antarktis ein Problem sei. Es gibt von unabhängiger Seite bestätigte Berichte über dezidiert frauenfeindliches Verhalten an entlegenen Einsatzorten in der Antarktis: Frauen wurden wiederholt obszön beschimpft, körperlich angegriffen oder von ihren Vorgesetzten in Anwesenheit ihrer Kollegen gedemütigt, ein unerträglicher Missstand.

So etwas ist mir in dieser Saison zum Glück erspart geblieben. Für David, der immer so mit sich selbst beschäftigt ist, bin ich einfach nur ein weiteres Paar helfender Hände, um die Aufgaben im Camp besser bewältigen zu können. Von der Teamentwicklungstheorie weiß man, dass effektive Teams ein gemeinsames Ziel brauchen, in unserem Fall ist das die Erhebung qualitativ einwandfreier Forschungsdaten. Außerdem müssen die Teammitglieder dazu in der Lage sein, die jeweiligen Stärken und den Arbeitsstil ihrer Kollegen anzuerkennen, was besonders wichtig ist, wenn man so stark voneinander abhängig ist wie David und ich. Während ich all diese Aspekte abwäge, wird mir klar, dass ich Glück hatte, diesem Kollegen zugeteilt worden zu sein.

»Ich lese gerade über Mertz«, erzähle ich Katie, und nippe an meinem Whiskey.

»Mertz, wie der Gletscher?«, fragt sie.

»Mertz wie Xavier Mertz, der Schweizer, nach dem der Gletscher benannt ist«, antworte ich.

Er ist auf Mawsons Australasiatischer Antarktisexpedition ums Leben gekommen.« Ich gönne mir noch ein Schlückchen. »Die Geschichte geht mir wirklich an die Nieren.«

»Warum das?«, fragt Katie mich.

»Wegen des unglaublichen Leids, das darin geschildert wird. Ich bin gerade an der Stelle, an der es drei Wochen her ist, dass sie ihren Gefährten Belgrave Ninnis verloren haben, der in eine Gletscherspalte gestürzt ist. Nur noch Mertz und Mawson sind am Leben, sie versuchen, zur Basis zurückzukommen, die immer noch einen Monat entfernt ist. Es ist wahnsinnig kalt – mit Temperaturen um 0 °Fahrenheit und darunter – und sehr windig. Sie haben fast keine Lebensmittel mehr und töten die übrigen Hunde, um zu überleben. Außerdem haben sie ihren Zeltboden verloren, sie schlafen also direkt auf dem Schnee, ihre Schlafsäcke werden nicht mehr trocken, und die beiden sind so durchnässt und ausgezehrt, dass ihnen die Haut irgendwann in Fetzen abgeht.

»Igitt«, stößt Katie hervor. »Igitt! Was soll das heißen?«

»Moment, ich lese dir die Stelle vor, dann hörst du es in Mawsons eigenen Worten.« Ich gehe in die Hütte und hole meine Ausgabe von *The Home of the Blizzard*. Das Buch ist schon an der richtigen Stelle aufgeschlagen. »Die Haut schälte sich von unseren Körpern, darunter blieb eine extrem dünne Schicht, die leicht aufplatzte und an vielen Stellen wundgescheuert war. Eines Tages rief Mertz ›einen Moment‹, griff nach meinem Ohr und hielt mir dann eine perfekte Abformung desselben aus Haut entgegen. Ich konnte mit seinem Ohr dasselbe tun. Da wir unsere Kleider nie ablegten, sammelten sich die abgelöste Haut und die Haare in unserer Unterwäsche und unseren Socken, und wir mussten sie regelmäßig entfernen.«[31]

»Uuuuh«, stöhnte Katie auf.

»Mertz wird zusehends schwächer«, erzähle ich weiter. »Er wird inkontinent, fällt ins Delirium, schließlich stirbt er in seinem Schlafsack. Kurz vor seinem Tod beißt er sich im Wahn eine Hälfte seines kleinen Fingers ab.«

Katie starrt mich wortlos an, ihr Glas wie gelähmt halb erhoben.

»Später«, fahre ich fort »als Mawson allein auf dem Weg zur Basis ist, lösen sich irgendwann seine Fußsohlen ab. Er muss die rohe Haut mit Lanolin einreiben, bandagiert die Fußsohlen fest und versucht, alles mit seinen Socken zu fixieren. Ich kann nicht mehr aufhören, daran zu denken.«

»Ich denke es, wäre besser, wenn du dieses Buch nicht weiterliest«, sagt Katie jetzt, das ungläubige halbe Lächeln wirkt jetzt wie eingefroren.

»Gestern habe ich entdeckt, dass mein Nagelknipser von einer Firma namens Mertz stammt«, antworte ich nur.

Kapitel 11

Zwei Tage, nachdem ich die Küken in ihren Eiern habe piepen hören, entdecke ich die ersten geschlüpften Exemplare dieser Saison. Am selben Tag beobachte ich, wie eines der Küken von einer Skua geraubt wird. Die Raubmöwe landet inmitten mehrerer Pinguinnester und schlägt zu, bevor die Eltern die Chance haben, zum Angriff überzugehen. Die Skua packt das Küken am Kopf und fliegt damit davon. Eben noch saß es mit seinem Geschwister im Nest, sorgsam vor der Sonne beschattet von seinem Elterntier, jetzt wird es von einem marodierenden Raubvogel getötet und verzehrt, dazwischen liegt nicht einmal eine Minute. Es ist mir unbegreiflich. Wie kann so etwas so schnell gehen? Gerade noch gesund und voller Leben, landet man im nächsten Moment im Magen eines anderen Wesens. Die Skuas müssen unglaublich scharfe Augen haben. Das winzige, frisch geschlüpfte Küken wurde im Bruchteil einer Sekunde entdeckt, und der Vogel ging sofort zum Angriff über, als das Elterntier sich nur kurz vom Nest erhob, um die Position zu wechseln. Der Anblick ist schwer zu ertragen – mit ihren wackelnden kleinen Köpfen, den zitternden Flügelchen und den weichen Daunenfedern sind die Pinguinküken der Inbegriff von Zartheit und Verletzlichkeit. Aber auch die Skuas werden eines Tages sterben und in der Nahrungskette aufgehen, und auch sie haben Küken, die versorgt werden müssen. An kaum einem anderen Ort wie in einer Seevogelkolonie – besiedelt von jedweder Art – wird einem so bewusst, wie brutal die Natur sein kann. Kein Aspekt des Lebens bleibt einem verborgen, nichts wird einem erspart: Partner verlieren oder verlassen einander, Eier und Küken werden von Skuas oder den jeweils dort aktiven Fressfeinden geraubt, Küken werden von ihren Eltern im Stich gelassen und verhungern. Selbst erwachsene Pinguine, die, wie die meisten Seevögel, nach Erreichen der Geschlechtsreife sehr alt werden können, sind nicht gefeit gegen einen frühen Tod, sei es durch Unfälle oder den Angriff eines Räubers. Bestes Beispiel ist unser Vogel Nummer 1091, nicht der einzige Pinguin, den ich mit gebrochenen Gliedmaßen und schweren Verwundungen durch die Kolonie habe wanken sehen. Gestern ist mir tatsächlich ein einbeiniger Pinguin begegnet, sein Stumpf ist schon lange verheilt, er hinkte zwischen den Nestern umher wie ein Pirat mit Holzbein. Pinguine sind wirklich erstaunlich zäh. Tod und Vergänglichkeit sind aber nur eine Seite der Medaille, und so beobachtet man in Seevogelkolonien auch viel Bewegendes wie Balzrituale und Paarungen, das Brüten und Schlüpfen der Jungen, und wie das Leben sich selbst zu feiern scheint.

1091 hat bis heute durchgehalten. Sie sitzt immer noch auf dem Nest und bebrütet ein Ei, das andere wurde von einer weiteren Skua geraubt. Mittlerweile kann sie sich schon wieder aufrichten, indem sie ihren Schnabel zu Hilfe nimmt, sie balanciert dann auf dem Hinterteil und beiden Beinen, wie ein kleiner Dreifuß.

Früh am Abend beginnt es heftig zu schneien, dicke Flocken, die mit dem nachlassenden Wind zu Boden segeln. Es ist der schwerste Schneefall, den wir bisher erlebt haben, aber das eigentlich Bemerkenswerte ist das Ende des Niederschlags. Das dichte Schneetreiben lässt innerhalb von nur wenigen Minuten nach, und als die Wolken in Richtung Norden abziehen, sieht es aus, als würde eine riesige Hand einen grauen Vorhang beiseiteziehen, hinter dem die Royal Society Range an der fernen Küste von Victoria Land zum Vorschein kommt. Zu meiner Linken und direkt vor mir glitzern die Gletscher unter der Sonne, während rechts die wattig finstere, opake Wand des sich zurückziehenden Blizzards steht, und all das spielt sich gleichzeitig innerhalb meines Sichtfeldes ab.

Heute Abend fliegen wir wieder nach McMurdo, um 19 Uhr sollen wir abgeholt werden. Katie, David und ich warten ungeduldig auf den Hubschrauber, er hat sich bereits um eine halbe Stunde verspätet. Ein verspäteter Helikopter sorgt bei den wartenden Passagieren hier immer für ein banges Gefühl: Werden wir stranden, weil die Wetterbedingungen irgendwo zu ungünstig sind? Hat der Dispatcher unseren Flug vergessen? Ist der Hubschrauber unterwegs abgestürzt? All diese Szenarien liegen durchaus im Bereich des Möglichen, besonders das schlechte Wetter und der Absturz. Vor allem Katie ist beunruhigt, übermorgen, am 18. Dezember geht ihr Flug von McMurdo ab. So würde sie gerade noch rechtzeitig zu Weihnachten zu Hause sein, vorausgesetzt, es gibt keine weiteren Zwischenfälle, die sie unterwegs aufhalten. Sie wird mit einer LC-130 ausgeflogen, ein Flugzeug mit Skiern und wohl das langsamste, was von McMurdo aus dieser Tage noch startet. Das bedeutet, der Flug bis nach Christchurch dauert mindestens acht Stunden, wenn die LC-130 nicht kehrtmachen muss. Ich hingegen freue mich auf eine kurze Pause vom Leben im Camp, und David hat im Crary Lab ein Meeting anberaumt, zu dem er pünktlich erscheinen will.

Endlich kommt der Hubschrauber, offenbar wurde er während eines Drop-offs draußen bei den Trockentälern durch schlechtes Wetter aufgehalten – den Ausläufern unseres abendlichen Blizzards. Ich habe immer noch den Schlüssel zu meinem Zimmer im Gebäude 155. Ich gehe also nach unserer Ankunft direkt dorthin, um überrascht festzustellen, dass meine Unterkunft schon von drei Männern besetzt ist. Die drei haben nichts dagegen (eher im Gegenteil), dass ich für eine Nacht auf der letzten freien Pritsche bei ihnen schlafe, und sie fragen mich unentwegt über die Pinguine und Kap Royds aus, während ich auspacke. Es ist eine Wohltat, mit diesen Fremden zu sprechen, ihre entspannte Freundlichkeit schenkt mir eine kurze Atempause, bevor ich mich für 24 Stunden in die Betriebsamkeit von McMurdo stürze.

Ich nehme im Gemeinschaftsbad am Ende des Flurs eine wunderbar lange Dusche. Nachdem ich saubere Kleidung angezogen, mir die Haare getrocknet und meine schmutzigen Klamotten in die Waschmaschine befördert habe, gehe ich auf ein Glas Wein ins Coffee House. Ich genieße jede einzelne dieser profanen Aktivitäten, sie erscheinen mir nach dem kargen Leben im Camp wie ein Luxus. Dann geht es in die Bibliothek, um dort in der mitternächtlichen Stille meine E-Mails zu checken. Ich schaue noch im Crary Lab vorbei und hole aus unserem Bereich einige Ausrüstungsgegenstände, die wir im Camp brauchen werden. Zumindest diesen Punkt kann ich von der Liste meiner Aufgaben für den morgigen Tag streichen.

Molly Millers Forschungsmannschaft ist gerade eben erst vom Feldeinsatz am Beardmore-Gletscher nach McMurdo zurückgekehrt. Es sind dieselben Leute, mit denen wir Anfang November, vor nun bald sechs Wochen, von Neuseeland hierhergeflogen sind. Die Kollegen, die mir hier im Gebäude begegnen, sehen wild aus, ihre Augen glänzen, ihre Klamotten starren vor Schmutz, sie sind von der Sonne verbrannt, und ihr Haar steht in alle Richtungen ab. Alle haben viel erlebt und viel zu erzählen, sie sind die perfekte Verkörperung des milden Wahnsinns, den ein längerer Aufenthalt in der Wildnis mit sich bringt. Mir wird klar, dass ich wahrscheinlich genauso aussehe, wenn ich vom Kap Royds nach McMurdo zurückkomme. Ein Wunder, dass meine Zimmergenossen mich so freundlich aufgenommen haben!

Als ich endlich in mein Zimmer zurückkomme, lege ich mich sofort ins Bett, finde aber dank eines viel zu prallen Kissens, meines schmerzenden Nackens, eines zu späten Kaffees in der Bibliothek, der Aufregung darüber, wieder hier zu sein, den hervorstakenden Bettfedern und nicht zuletzt des ausgiebigen Schnarchens der drei Männer erst gegen drei Uhr morgens in den Schlaf. Völlig zerschlagen schleppe ich mich am nächsten Morgen in die Kombüse, um mir dort ein frühes Mittagessen zu gönnen. Als ich gerade in der Schlange vor der Essensausgabe stehe, kommt eine fröhlich wirkende Frau mit kurzem rotem Haar auf mich zu.

»Hi«, sagt sie. »Ich bin Jennifer.«

Ich starre sie schweigend an, ich kaue gerade noch an einem Keks, den ich mir unterwegs geschnappt habe. Meine Manieren lassen zu wünschen übrig, denke ich kurz. Dann halte ich mir zugute, dass ich der Zivilisation den Rücken immerhin noch nicht so konsequent den Rücken gekehrt habe wie manche Exzentriker hier, die sich ihre Mahlzeiten ohne Umweg über einen Teller direkt aufs Tablett schaufeln lassen. Andererseits wischen wir unser Geschirr am Kap Royds mit Papiertüchern ab, statt es zu spülen, um Wasser und Gas zu sparen. Ich sollte also nicht zu hart mit meinen Mitmenschen ins Gericht gehen, die hier am Rande der Welt leben.

Die Frau sieht meinen leeren Blick. »Ich komme diese Woche mit euch zum Kap Royds«, sagte sie.

Ich schlucke einen Bissen meines Kekses herunter. »Ach, tatsächlich«, antworte ich, »Warum?«

»Ich habe ein Autoren-Stipendium von der NSF, ich recherchiere gerade für ein Buch zum Thema Eis.«

»Oh, das ist ja toll«, sage ich. »Das hat mir niemand gesagt. Okay, wir fliegen heute Abend um 19 Uhr. Wir sehen uns später bei Helo Ops zum Wiegen. Nach dem Mittagessen muss ich unsere Vorräte auffüllen. Gibt es irgendetwas, was du besonders gern isst?«

Jennifer wartet mit ihrem Haufen Gepäck bereits bei Helo Ops, als David und ich ankommen. Während dieser kurzen Abstecher in die Siedlung bekomme ich ihn fast nie zu Gesicht – unsere Wege trennen sich an der Landestelle des Helikopters, und wir sehen uns erst zur vereinbarten Zeit am selben Ort wieder. Als Assistentin bin ich für einen Großteil der logistischen Aufgaben zuständig, mit einem der stationseigenen Trucks fahre ich unsere Vorräte bis zum Helikopter-Landeplatz. Ich mache das aber gern allein, denn es ist unkomplizierter, als sämtliche Aufgaben unter uns beiden aufzuteilen und zu koordinieren. Außerdem habe ich so die Chance, McMurdo ein bisschen genauer kennenzulernen. Diesmal habe ich meine Alkoholvorräte aufgefüllt, mit ein paar Flaschen Wein und, wenn auch etwas widerstrebend, mit einer Flasche Jägermeister. Ich wollte etwas weniger Anspruchsvolles als den Whiskey, von dem ich mir nach dem Abendessen sonst ein kleines Glas gönne. Die schwindenden Vorräte des Ladens gaben allerdings nicht viel her, außer dem Jägermeister gab es nur noch süß-klebrige Retro-Spirituosen wie Crème de Menthe, Limoncello oder Crème de Banane.

Der Rückflug ist atemberaubend. Die bislang vorherrschenden Winde aus dem Süden haben sich gelegt, in der Folge ist der McMurdo-Sund voller Packeis, das aus dem Norden in die Bucht gedrückt wird. Der Ozean präsentiert sich als blendend weiße Ebene, die sich von der Meereiskante bis zu den gletscherbedeckten Bergzügen am nördlichen Horizont erstreckt. Selbst der Himmel erscheint heute weiß, zart verschleiert von schmalen Feldern aus Zirruswolken. Trotz der wunderschönen Eindrücke breitet sich nach der Landung Erschöpfung in mir aus. Ich spüre jetzt, wie schlecht ich geschlafen habe, außerdem habe ich nach den aufregenden Besuchen in der Station immer einen kleinen Durchhänger. Noch dazu rebelliert mein Magen – wahrscheinlich liegt es am Schmelzwasser, vielleicht auch an der um diese Jahreszeit nur noch rudimentär funktionierenden Outdoor-Tiefkühlung für unsere Lebensmittel. Jedenfalls fühle ich mich nicht gut.

Aber während ich mich in der letzten Nacht schlaflos auf meiner Matratze hin- und herwälzte wurde mir klar, dass meine Zermürbung nicht nur körperlicher, sondern auch mentaler Natur ist. Während der Frühling in den Sommer überging, spürte ich meinen Widerstand gegen den Zauber der Antarktis schwinden. Ich verbrachte immer mehr Zeit damit, die unendlichen Weiten diese Wildnis still zu betrachten, sie in mich aufzunehmen, bis ich mich ganz durchdrungen von ihnen fühlte. Mittlerweile lasse ich den Abend nach getaner Arbeit auf den kalten vulkanischen Felsen sitzend in einem meditativen Trancezustand ausklingen, und ich könnte ewig in das Nichts des eisgefüllten McMurdo-Sunds starren, das sich bis zum Transantarktischen Gebirge erstreckt, während mein Bewusstsein sich langsam auflöst. Oft frage ich mich, was wohl passieren würde, wenn wir nicht immer wieder nach McMurdo zurückkehren und den Bann damit jedes Mal aufs Neue brechen würden? Würde ich zu einer leeren Hülle werden, der Mensch, der ich einst war, aufgezehrt von all dieser Reinheit und Leere? Sich dieser Landschaft zu unterwerfen gleicht der Hingabe an eine Art erlesenen Wahnsinns, der einem bald sehr viel willkommener erscheint als die engen Grenzen, die Vernunft und gesunder Menschenverstand einem setzen. Fühlt sich so der berüchtigte polare Wahnsinn an, hat es bei den anderen auch so begonnen?

Nachdem ich über einen Monat lang, bedingt durch das ununterbrochene Tageslicht, auf einer Welle der Euphorie gesurft bin, wird mir klar, dass der abrupte Absturz droht. Seit wir hier sind, wird die Liste meiner Aufgaben täglich länger, jeden Abend gehe ich ein wenig später zu Bett, um morgens ein bisschen früher aufzustehen. Es gibt einen wissenschaftlichen Begriff für die physiologischen Folgen ununterbrochenen Tageslichts (oder auch fortwährender Dunkelheit). Man nennt dieses Phänomen »free run«, der Melatonin-Spiegel weicht dabei sukzessive vom gewohnten zirkadianen Rhythmus ab, die Schlaf-Wach-Zyklen sind irgendwann etwas länger als die gewohnten 24 Stunden. Lässt man diesem Prozess seinen Lauf, geht man irgendwann zur Frühstückszeit zu Bett und wacht auf, wenn es Zeit für ein spätes Mittagessen ist. In der Folge gibt es weniger Tiefschlafphasen, man döst einen Großteil der Zeit nur leicht. Kein Wunder, dass ich das Gefühl habe, mir würde langsam die Kontrolle entgleiten. Ich fühle mich wie ein Skifahrer, der ungebremst in immer höherem Tempo einen Abhang hinuntersaust. Das immerwährende Tageslicht hat etwas zunehmend Unerbittliches, und ich kann nichts dagegen tun. In McMurdo nennt man die damit einhergehende Schlaflosigkeit umgangssprachlich auch »big eye«, und viele Überwinterer haben den berüchtigten »Antarctic stare« und glotzen mit glasigen Augen und herunterhängendem Kiefer in die unbestimmte Ferne.

Dieser Ort zehrt mich aus, zugleich wächst in mir die irrationale Überzeugung, dass ich nie wieder nach Hause will. Dort erwarten mich Hektik, banale Ablenkungen, Komplexität und die Langeweile bedeutungsloser befristeter Jobs. Ich wünschte, ich könnte einen Teil meines Minutenkontingents am Satellitentelefon dazu nutzen, um meine Schwester anzurufen und ihr von alldem zu erzählen, wie ich es hin und wieder von südamerikanischen Telefonzellen aus getan habe, als ich in diesem Teil der Welt unterwegs war. In diesem Augenblick schmerzt ihre Abwesenheit besonders, ich greife verzweifelt nach einer Realität, die nicht länger existiert.

Gibt es also für jemanden wie mich einen besseren Platz auf der Welt als diesen? Die Schlaflosigkeit rührt aber nicht nur vom Melatonin-Entzug her: Ich bleibe Abend für Abend auch länger wach, aus Furcht, an diesem perfekten Ort etwas zu versäumen. Als hätte ich Angst, ich könnte meine Erleuchtung verschlafen.

Es stellt sich heraus, dass Jennifer Kinderbücher schreibt, und ganz anders als ich es von einer Vertreterin dieses Genres erwartet hätte – ich hatte mir eine irgendwie ernsthaftere Person vorgestellt –, bringt sie Schwung in unser Leben im Camp. Ihr Trip zum Kap Royds ist eine Art Pilgerfahrt. Sie hat vor einiger Zeit ein Buch über Ernest Shackleton geschrieben, Zielgruppe waren junge Erwachsene. Einer Laune folgend, hatte sie beschlossen, seinem historischen Quartier einen Besuch abzustatten, während sie auf einen Flug an den Pol wartete.

Am Morgen nach ihrer Ankunft begleite ich sie zur Hütte, danach gehen wir gemeinsam zur Kolonie. Ich weise sie auf die ASPA-Zutrittsbeschränkungen hin und zeige ihr, welche Bereiche sie nicht betreten darf. Zwar hat sie eine Erlaubnis, hier zu arbeiten, die besonders geschützten Zonen sind für sie dennoch tabu. Jennifer bemerkt sofort, wie sehr sich das Terrain der Kolonie vom umliegenden Gelände unterscheidet, und ich erkläre ihr, dass der Boden dort zu einem großen Teil aus einer zementharten, über viele Jahrhunderte angewachsenen Schicht Guano besteht. Auf der Beaufort-Insel, wohin wir nach den Feiertagen fahren sollen, ist diese von Vögeln produzierte Bodenschicht angeblich ein bis zwei Meter dick. Sie besteht allerdings nicht ausschließlich aus den Ausscheidungen der Pinguine: In der obersten Schicht stecken an vielen Stellen auch die winzigen, verwesenden Kadaver toter Küken aus den vorhergehenden Jahren. Hier sieht es daher selbst um diese Jahreszeit, in der die Sterblichkeitsrate niedrig ist, aus wie im Mausoleum. Überall stößt man auf die vertrockneten Reste der verstorbenen Küken der letzten Saison, halb im Boden vergraben liegen die Kadaver der letzten zehn bis zwanzig Jahre: Im rauen antarktischen Klima dauert es sehr lange, bis organisches Material zersetzt wird. Ich erkläre unserer Besucherin, dass auch in dieser Saison etliche Küken sterben werden, ihre Überreste werden ebenfalls in den natürlichen Zyklus eingehen und zu Erde werden.

»Das klingt ja alles wie aus irgendeinem Zombiefilm«, sagt Jennifer nur.

Während wir durch die Kolonie wandern, fällt mir auf, dass die Küken jetzt in immer rascherer Abfolge zu schlüpfen scheinen, obwohl nur ein einziger Tag vergangen ist. Der Prozess synchronisiert sich zusehends, was der gesamten Kolonie einen Vorteil bringt: Räuber werden durch das Überangebot an potenziellen Beutetieren verwirrt. Ich höre die schrillen Stimmchen der Küken jetzt überall in der Kolonie. Ihre Laute erinnern an das pfeifende Geräusch, das eine leicht verstopfte Nase erzeugt: hoch und so zart, dass man nie sicher ist, ob man tatsächlich etwas gehört hat oder ob der Laut aus den Tiefen des eigenen Körpers kommt. Und in der Subkolonie B-REF sitzt 1091 immer noch auf ihrem Nest. Während ich sie beobachte, stemmt sie sich mit Hilfe ihres Schnabels kurz auf die Beine und ich sehe, dass nun beide Eier verschwunden sind. Sie ist zu langsam und zu eingeschränkt durch ihre Verletzungen, um sich vor den geschickten Nachstellungen der Skuas zu schützen. Ich nehme an, sie wird auf ihrem Nest sitzen bleiben und versuchen, wieder zu Kräften zu kommen, während sie auf die Rückkehr ihres Partners wartet.

Vor Shackletons Hütte machen wir halt und genießen den Blick über das Packeis, das sanft von der Morgensonne beschienen wird. Da heute kein Südwind weht, wird es von den Strömungen und der Brise aus Norden auf die Küste zugetrieben. Die Schollen drängen sich immer dichter zusammen, bis sie aussehen wie Festeis, auf dem wir uns bedenkenlos bewegen könnten. Jenseits der beiden kleinen Hügel, die den Zugang zur Kolonie bilden, entdecken wir im Wasser plötzlich eine schwarze Gestalt, die sich messerscharf vor dem weißen Hintergrund abzeichnet: Es ist ein Schwertwal, der zwischen den Eisschollen auf Jagdzug geht. Wir gehen zu einem Felsvorsprung und beobachten die kleine Gruppe, die Richtung Norden zieht: Ein ausgewachsenes Männchen und ein Weibchen, ein junges Männchen und ein Kalb. Das Junge folgt den Alttieren mit lebhaften, eleganten und übermütigen Sprüngen, mit der typischen Euphorie junger Schwertwale. Die Rückenflossen dieser Art sind von so dunklem Grau, dass sie beinahe schwarz wirken, und die schmale tropfenförmige weiße Zeichnung über den Augen weist in kühnem Schwung nach oben, charakteristisch für Typ-C-Schwertwale, den Ökotyp, den man im Rossmeer am häufigsten antrifft. Diese Tiere durchstreifen die Gewässer unterhalb des Packeises, im südlichen Rossmeer ernähren sie sich wahrscheinlich vorwiegend vom Riesen-Antarktisdorsch.

Ich muss daran denken, dass die Antarktis oft nicht nur als höchste, trockenste, windigste und entlegenste Region der Erde beschrieben wird, sondern auch als weitgehend unberührt. Das ist bis zu einem gewissen Punkt richtig und gilt vor allem für den südlichen Teil des Rossmeeres, dem unzugänglichsten Teil der Weltmeere. Die Geschichte des Antarktisdorschs, der in den wohlhabenden Ländern als Schwarzer Seehecht vermarktet wurde, ist jedoch ein anschauliches Beispiel dafür, dass sich selbst die Antarktis den Eingriffen des Menschen nicht entziehen kann.

In den Abendstunden oder an Schlechtwettertagen liest David ein Buch mit dem Titel *In a Perfect Ocean.*[32] Es fiel mir ins Auge, weil auf dem Cover Daniel Pauly als Co-Autor geführt wird.

Pauly ist ein renommierter Wissenschaftler und Experte für Fischerei, er lehrt an der University of British Columbia, in einem Fachbereich, den auch ich für meine Promotion in Erwägung gezogen hatte. Es war Pauly, der den Begriff der »shifting baseline«[33] prägte. Er beschreibt ein Phänomen, das einem intergenerationellen Gedächtnisverlust gleichkommt: Jede Generation von Biologen, so wie jede Generation von Menschen insgesamt, betrachtet den Zustand der Natur zu Beginn ihrer Karriere bzw. zur Zeit ihrer Kindheit und Jugend als Normalzustand, als »Baseline«. Er beschrieb zudem den zerstörerischen Prozess des Abfischens der marinen Nahrungsketten von »oben nach unten«, oder »Fishing Down Marine Food Webs«[34]. Man erbeutet zuerst große, langlebigere und leichter zu vermarktende Arten, bis die Bestände erschöpft sind. Dann geht man über zu immer kleineren, kurzlebigeren Arten. Dies führt dazu, dass vor allem Meerestiere der höheren trophischen Stufen aus vielen heutigen Weltmeeren verschwinden.

Es kommt sukzessive zu schleichenden, aber schwerwiegenden ökologischen Verlusten, einem »langsamen Verschwinden der Arten«[35], wie Pauly es nannte. Alle Biologen können von persönlichen Erfahrungen mit dieser Art von Verlust berichten. Bei mir sind es

Drei Adéliepinguine überqueren am Kap Royds das Festeis (Meereis, das fest mit dem Land verbunden ist). Sie sind während eines Eisabbruchs auf dem Weg zu einer offenen Stelle im McMurdo-Sund. Etwa 60 Kilometer entfernt, jenseits des Sunds, liegt die mächtige Royal Society Range, ein Abschnitt des Transantarktischen Gebirges.

Ein Lagerschuppen am Rande von Snowmound City auf dem Ross-Schelfeis, knapp fünf Kilometer entfernt von der McMurdo-Station. Im Hintergrund Schüler der Snow School, die sich gerade am Bau verschiedener Schutzarchitekturen aus Schnee versuchen.

Ein Bell 212 mit Versorgungsgütern wird am Kap Royds entladen.

Ein Adéliepinguin am Kap Royds. Pinguinflügel sind starr und paddelförmig, perfekt geeignet für ein Leben im Wasser.

Ein Adéliepinguin, der am Kap Royds eben an Land gegangen ist, das Gefieder noch feucht und glänzend. Bemerkenswert ist der auf den ersten Blick besonders kurz wirkende Schnabel. Dieser ist fast bis zur Spitze befiedert, eine Anpassung an das Leben in extremer Kälte.

Balzende Adéliepinguine, im Hintergrund der gefrorene McMurdo-Sund. Die stromlinienförmige Körperform reduziert den Wasserwiderstand auf ein Minimum, Pinguine sind rasante Schwimmer.

Eine Gruppe Kaiserpinguine, die auf dem gefrorenen Pony Lake eine Verschnaufpause einlegt. Diese Spezies kommt nicht oft an Land.

Zwei neugierige Kaiserpinguine auf dem Pony Lake.

Eine Südpolarskua. Die Respekt einflößenden Vögel verteidigen ihre Nistreviere äußerst aggressiv gegen Eindringlinge.

Ein Skua-Paar in seinem Revier am Rande der Adélie-Kolonie am Kap Royds. Von hier aus gehen die Vögel auf Raubzug, sie erbeuten Pinguineier und -küken. Wie viele Mitglieder der Möwenfamilie sind sie beim Futter nicht wählerisch, sie jagen Fisch und Krill, verschmähen aber auch Aas oder Robbenplazentas nicht.

Die Hütte am Kap Royds nach einem Sturm –
das Schlafzelt der Autorin steht links vom größeren Rac-Tent,
das als Hauptunterkunft und Wohnbereich dient.

Shackletons historisches Basislager am Kap Royds. Die Hütte
wurde in England entworfen und gebaut, anschließend zerlegt und
als Bausatz per Schiff in die Antarktis geschafft.

Adéliepinguine, auf dem Weg nach Kap Royds über das offene Packeis.

Die Brutphase am Kap Crozier. Der brütende Vogel sitzt stets knapp außer Reichweite des Schnabels seiner Nachbarn. Bei den weißen Spritzern handelt es sich um Guano; Adéliepinguine sind darauf bedacht, ihre Nester nicht zu verunreinigen.

Der Ausblick von Süden über die Pinguinkolonie am Kap Royds, dahinter der McMurdo-Sund. Die Kolonie befindet sich gerade im Übergang von der Brutphase zur Schlupfphase, einige Vögel brüten noch, während andere bereits die frisch geschlüpften Küken bewachen. Rechts unten im Bild der Strom aus Schmelzwasser, der vom Pony Lake in Richtung Ozean abfließt.

Das Rutschen auf dem Bauch ist für Pinguine die schnellste Art der Fortbewegung auf Eis und Schnee. Diese Pinguine sind auf dem gefrorenen Meer in der Nähe von Kap Royds unterwegs. In mittlerer Distanz erkennt man die offenen Wasserflächen des McMurdo-Sunds.

Adélie-Elternvogel mit einem noch jungen Küken.

Adéliepinguine ziehen in einer erfolgreichen Saison ein bis zwei Küken groß. Die Farbe frisch geschlüpfter Küken changiert zwischen Dunkelgrau und hellem Silbergrau.

Besucher, die am Kap Royds den Blick auf das Transantarktische Gebirge genießen. Das Festeis ist abgebrochen, die Temperaturen sind aber immer noch so niedrig, dass die Oberfläche des Ozeans sofort wieder beginnt zuzufrieren.

Porträt eines Adéliepinguins im Hochsommer.
Gut zu erkennen sind der für die Art charakteristische weiße Augenring und der dicht befiederte Schnabel.

Die neuseeländische Scott Base auf der Ross-Insel. Die dunklen Flecken jenseits des Presseisrückens sind Weddellrobben. Sie sammeln sich gern an Stellen, an denen sie durch Risse im Eis schnell wieder ins Meer gelangen können.

Ein Skua-Paar, nach dem Scheitern ihrer Brut haben sie ihr Revier verlassen.

Im Einsatz in der Adélie-Kolonie auf der entlegenen Beaufort-Insel im Rossmeer.

Das Camp am Kap Royds an einem schönen Sommertag, im Hintergrund lugt der Gipfel des Mount Erebus durch die Wolken.

David umrundet auf Skiern den Bug des russischen Schiffs Kapitan Khlebnikov, einem Eisbrecher aus Sowjetzeiten, der zum Touristenschiff umfunktioniert wurde.

Das Kiwi-Wanigan und das Zeltlager einer Besuchergruppe (aus Expeditionszelten und Scott-Zelten) nach einem nächtlichen Blizzard.

Ein Adéliepinguinküken, kurz vor der Abnabelungsphase, in der es sich mit anderen Küken zu großen Gruppen zusammenschließt. Es zeigt die typische Birnenform eines wohlgenährten jungen Pinguins. Das dichte Daunengefieder hält das Kleine warm, selbst, wenn es mit Guano verunreinigt wird, ein Malheur, das sich zu diesem Zeitpunkt in der Saison oft nicht vermeiden lässt.

Die Autorin, eisigen Temperaturen am Kap Crozier trotzend, ohne die Vorzüge eines dichten Daunengefieders.

Vorräte werden von der Adélie-Kolonie auf dem Hügel mit dem Schlitten bis zur Hütte am Kap Crozier geschleppt. Im Hintergrund Trümmer des Mega-Eisbergs B-15A.

Die Autorin und Rachael Orben bei einem Besuch des »Kenn Borek Air«-Hauptquartiers am Flugfeld Willy Field.

die Meerenten, die ich in meiner Kindheit an der Küste von British Columbia zu Tausenden beobachtete. Heute sind die Schwärme klein geworden, und ich fürchte, die Art wird noch zu meinen Lebzeiten verschwinden. Pauly würde mir entgegnen, dass meine persönliche Wahrnehmung nicht die Baseline ist, auf die wir uns heute beziehen sollten. Wir müssten weiter zurückgehen. Oft sind die Berichte indigener Völker die einzige Quelle, will man sich ein Bild über den Zustand der Natur in vorindustrieller Zeit machen. So berichtete Dave Elliot, ein Ältester des Stammes der Saanich (W̱SÁNEĆ), der an der Küste von British Columbia siedelte: »Es kamen so viele [Vögel], dass sie den Himmel verdunkelten. Die Schwärme ließen die Sonne verschwinden, wie hinter einer riesigen schwarzen Wolke.«[36] Viele glauben nicht an derlei Berichte, Pauly hingegen sieht darin einen gangbaren Weg, um historische Datenlücken zu schließen.

In *In a Perfect Ocean* stützt er sich daher auf historische Anekdoten, um sich ein Bild davon zu machen, wie der Nordatlantik aussah, bevor der industrielle Fischfang und die Jagd auf die Wale einsetzten, und seine Beschreibung des einst unerschöpflichen natürlichen Reichtums dieser Gewässer erinnert mich an den der heutigen Antarktis. Aber auch die Gewässer der Antarktis blieben nicht verschont von der industriellen Fischerei und dem Walfang, gelitten haben vor allem die Bestände rund um die Antarktische Halbinsel, aber auch die im Rossmeer. Bis heute entnimmt die kommerzielle Fischerei entsprechend der vereinbarten Quoten einen Teil der Bestände im nördlichen Rossmeer. Dies hat nicht zuletzt Auswirkungen auf die Populationsdynamiken der Antarktisdorsche im McMurdo-Sund, ihrem südlichsten Verbreitungsgebiet.

Alle Fischerei-Aktivitäten, auch die Jagd auf den Krill, werden von der »Kommission zur Erhaltung der lebenden Meeresschätze der Antarktis« koordiniert, einer Regulierungsinstanz, die aus dem Antarktisvertrag hervorging. Ihre Bestimmungen und Richtlinien sind allerdings vage und vorsichtig formuliert, auf der Website werden gern Floskeln und Begriffe wie »ökosystembasiert«, »aktuellste wissenschaftliche Daten« oder »Ziel einer nachhaltigen Fischerei« gebraucht.[37] Dennoch hat die CCAMLR, so die englische Abkürzung, offenbar der kommerziellen Jagd auf den Riesen-Antarktisdorsch zugestimmt, ohne auf Basis wissenschaftlicher Erhebungen sicherzustellen, dass die Unternehmen ihrer eigenen Definition von Nachhaltigkeit gerecht werden. Historisch gesehen hat der kommerzielle Fischfang am anderen Ende des Kontinents rund um die Antarktische Halbinsel einige Seefischarten derart stark dezimiert, dass sich die Jagd auf sie irgendwann nicht mehr lohnte und sich die Bestände auch Jahrzehnte später noch nicht erholt haben. Tatsächlich werden David und ich im darauffolgenden Jahr einen Artikel über dieses Thema schreiben, der im Wissenschaftsjournal *Fish and Fisheries* erscheint.[38] Zwischen 1960 und 1980 schrumpfte die Finnwalpopulation rund um die Antarktische Halbinsel auf 20 Prozent der ehemaligen Größe, die Meeressäuger sind bis heute selten.

Zuerst war ich überrascht, dass ein Antarktisexperte wie David sich die Zeit für ein Buch über die Geschichte des Atlantiks nimmt. Es stellte sich heraus, dass ihn vor allem die Kontraste interessierten und dass er das Buch als Warnung verstand: Die Antarktis bietet den Menschen die Chance, aus den Fehlern der Vergangenheit zu lernen. Obwohl der Mensch auch hier beträchtliche Schäden angerichtet hat, gibt es im Meer immer noch Unmengen an Krill, Pinguine kommen zu Hunderttausenden an Land, um zu brüten, die Populationen von Walen, Robben und bestimmten Vogelarten wie den Königspinguinen – die man wegen ihres Fetts und ihrer Federn jagte – erholen sich langsam wieder.

Als ich David zum ersten Mal auf das Buch angesprochen habe, setzte er vorsichtig seine Kaffeetasse auf dem Schreibtisch ab und gab seine gewohnte Reserviertheit einen Moment lang auf; schließlich kennt und liebt er diesen Ort schon seit Jahrzehnten.

»Das Rossmeer ist das letzte intakte marine Ökosystem der Erde«, erklärte er leidenschaftlich. »Es ist also der letzte Ort, an dem man studieren kann, wie ein marines Ökosystem wirklich funktioniert.«

Ab dem kommenden Jahr sollte David sich als einer der engagiertesten Fürsprecher für den Schutz des Rossmeeres vor Fischerei und industrieller Ausbeutung etablieren. Außerdem wurde er zur treibenden Kraft hinter der globalen wissenschaftlichen Kampagne, die 2016 in die Entscheidung der Mitglieder des Antarktisvertrages münden sollte, einen erheblichen Teil der Region zum bis dahin größten Meeresschutzgebiet der Erde zu erklären. Im Bemühen, die Antarktis stärker ins Bewusstsein der Welt zu rücken, drehte man im Zuge ebenjener Kampagne auch die preisgekrönte Dokumentation *The Last Ocean*. »Man kann kein Heilkundiger des Ozeans sein, wenn man nicht weiß, wie ein gesunder Patient aussieht«, sagt David in dem Film.

Und an dieser Überzeugung hat sich bis heute nichts geändert. »Meereswissenschaftler überall auf der Welt ziehen oft die falschen Schlüsse, wenn es um die Mechanismen mariner Ökosysteme geht; aus dem einfachen Grund, dass sie sich auf geschädigte Systeme beziehen. Und alle anderen Ozeane auf der Welt sind schwer geschädigt.«

Es ist klar, was er damit meint: Für David ist es ein Glücksfall, hier, am Kap Royds, an der Erforschung eines nahezu perfekten Meeres arbeiten zu dürfen.

Am nächsten Tag kommt eine weitere Gruppe von der Scott Base, diesmal sind es etwa zwanzig Studenten der University of Canterbury, begleitet werden sie von Paul Rogers – der sich besonders aufmerksam um seine weiblichen Schützlinge kümmert. Bei ihm ist ein weiterer AFT-Guide namens Rob, der gerade versucht, die Scott Base per Funkgerät zu erreichen. Ich frage ihn nach dem Zustand der Meereisrouten in Richtung der Basis, vor allem nach den wieder zugefrorenen Gezeitenrissen im Meereis in der Nähe von Kap Barne. Es ist Aufgabe der AFT- und der FSTP-Guides, regelmäßig die Sicherheit der Eisrouten zu überprüfen und Informationen über frische oder sich verändernde Risse im Eis umgehend an die Basis weiterzugeben. Rob sagt, es habe sich seit der letzten Bohrung zu Beginn des Frühjahrs nichts verändert, damals war die Eisdecke noch dick. »Es gibt eine Stelle, wo der Wert bei unter einem Meter liegt, aber überall sonst ist das Eis wirklich massiv«, sagt er. Diese Information erhalte ich, während wir zurück zur Hütte gehen, da ich Rob zu einem kurzen Rundgang und einer heißen Schokolade eingeladen habe. Ich erzähle David die Neuigkeit, während ich das Wasser aufsetze, in Gedanken schon meinen nächsten Ausflug mit den Langlaufskiern planend.

»Wie bitte? Ich hab dir gestern doch gesagt, dass das Eis trägt – und du verlässt dich lieber auf diesen Typen, nur weil er ein paar Funkgeräte um den Hals hängen hat?«, sagt er schroff und gestikuliert in Robs Richtung, während er mich unter den dichten Brauen hervor wütend anstarrt. Erst denke ich, er macht nur Spaß, aber bei David kann man nie wissen.

»Du hast nicht ausdrücklich gesagt, dass es okay ist; du hast irgendwas Unverständliches gebrummt«, gebe ich zurück.

Ich bin mir sicher, dass David fest davon überzeugt ist, mir eine ausführliche Auskunft erteilt zu haben, aber obwohl wir jetzt schon eine Weile zusammenleben, bleibt mir seine Art zu kommunizieren manchmal ein Rätsel. Ich denke über meinen eigenen, wenig emotionalen Kommunikationsstil nach – genau wie David bin ich ein sehr nüchterner Typ und laufe vor allem dann zu Hochform auf, wenn es um Details meiner Arbeit und um klare Fakten geht. Ich frage mich, ob er mich trotz unseres engen Zusammenlebens manchmal auch als schwer durchschaubar empfindet. Jennifer und ich gehen hinunter zur Kolonie, und ich lasse sie am Rande der ASPA-Grenze zurück. Am der B-REF-Subkolonie am nächsten gelegenen Skua-Nest beobachte ich eine Gruppe aus drei jungen Pinguinen, die die Raubmöwe so lange drangsalieren, bis sie vom Nest auffliegt und sich zurückzieht. Bevor Katie nach Hause aufgebrochen ist, erzählte sie mir noch, dass sie am Kap Bird Pinguine beobachtet hatte, die Skua-Nester stürmten und die Eier zertrampelten. Das Skua-Nest an der Subkolonie 11/12, ganz oben am Kap Royds, wurde aufgegeben. Die anderen Skua-Pärchen schlagen sich allerdings wacker, Pinguinangriffe hin, saisonale Wetterextreme her. Im Moment nehmen die Raubmöwen vor allem Pinguinnester mit frisch geschlüpften Küken ins Visier – kleine Küken sind leichter zu erbeuten als Eier, die pausenlos bebrütet werden.

Nicht alle Skua-Territorien grenzen an Pinguinkolonien, und die Art macht außerdem Jagd auf andere Meereslebewesen wie Krill oder den Antarktischen Silberfisch *Pleuragramma antarcticum*. Allerdings habe ich hier noch nie eine Skua auf Fischzug gehen sehen, obwohl ich sie regelmäßig beobachte, wenn sie hinaus auf den McMurdo-Sund fliegen. In den 1980er Jahre war die Skuapopulation am McMurdo-Sund extrem groß. David und andere Kollegen schätzten die Zahl der Vögel auf etwa 15 000. Die hohen Zahlen waren vermutlich vor allem auf die offene Müllkippe der McMurdo-Station zurückzuführen, in Benutzung seit den frühen Tagen der Operation Deep Freeze in den 1950er Jahren. Die Skuas plünderten dort nach Belieben, als Beleg dienen die unzähligen weggeworfenen Hühner-, Rinder- und Schweineknochen, die man rund um die Nester der Vögel fand. Seit die Müllhalde in den 1990er Jahren stillgelegt worden war, gingen die Zahlen zurück, und die Skuas ernährten sich wieder vorwiegend natürlich – außer, es gelang einer der Raubmöwen hin und wieder, einen McMurdo-Bewohner so zu erschrecken, dass er sein Tablett fallen ließ oder ihn auf andere Weise davon zu überzeugen, dass es eine gute Idee war, sie zu füttern.

Eine besonders abstoßende (und zugleich faszinierende) Ernährungsgewohnheit der Skuas besteht darin, rund um den Pony Lake vor Shackletons Hütte die halb gefrorenen Kadaver der toten Pinguinküken vom letzten Jahr aus dem tauenden Eis zu ziehen. Der Vorgang ist langwierig, ist der Leckerbissen nach langem Gezerre freigelegt, ruft der Vogel aufgeregt nach seinem Partner. Obwohl das Ganze auf den ersten Blick eklig erscheint, merke ich bald, dass die Küken oft aussehen, als wären sie eben erst gestorben. Wahrscheinlich sind sie während des kälteren Wetters, das im letzten Jahr schon Anfang Februar hier einsetzte, sofort nach ihrem Tod eingefroren. Um diese Zeit beginnen die Küken langsam, das Gefieder der Erwachsenen auszubilden.

Der Pony Lake selbst sieht hingegen wirklich mit jedem Tag abstoßender aus. Seit die Temperaturen um den Gefrierpunkt liegen, zieht sich das Eis an den Rändern immer weiter zurück, und mittlerweile ist das westliche Ufer gesäumt von einer mindestens einen Meter breiten Fläche offenen Wassers, wenn die Sonne während des Tages am höchsten steht. Dieses Wasser hat die Farbe von sehr starkem, ein wenig schlammigem Tee. Am Boden erahnt man Teppiche fluoreszierender Algen, dazwischen schweben die Überreste längst gestorbener Küken. schleimige Matten aus Bakterien und blaugrünen Algen schwimmen auf der Wasseroberfläche wie gigantische Hautfetzen. Bis jetzt überdeckt der strenge Geruch der Pinguinkolonie den des Sees noch, aber ich habe keinen Zweifel daran, dass sich das ändern wird, wenn die mittlere Temperatur im Laufe der Saison weiter ansteigt.

Aber selbst dieses bizarre Gewässer ist auf seine Weise schön. Bezeugt wird dies nicht zuletzt durch die rührenden Lobeshymnen auf das Cyanobakterium, von denen sich im vergilbten Gästebuch des Kiwi-Wanigan jede Menge finden. Ich habe in letzter Zeit hin und wieder ein bisschen darin geblättert, wenn ich dort eine Pause machte, um etwas Kleines zu essen oder mich kurz vor dem schneidenden Wind in Sicherheit zu bringen. Über die Organismen, die den Pony Lake besiedeln, wurde jedenfalls mehr geschrieben als über jedes andere Thema, das den unzähligen Besuchern während der Jahre als erwähnenswert erschien – hin und wieder hatten sie ihre Einträge mit charmanten Handzeichnungen ergänzt. In einem frühen Text aus den 1980er Jahren heißt es zum Beispiel:

> 26. Nov.–19. Dez. Schön, wieder hier zu sein, und die Algen (den Schleim!) in diesen Teichen beobachten zu können … Es handelt sich um »Blaualgen« (obwohl sie gar nicht alle blau aussehen, die meisten hier sind orangerot). Wissenschaftlicher Name *Cyanobacteria* aus der Familie der *Oscillatoriaceae* (hört, hört!). Zum ersten Mal wurde diese Spezies anhand von Proben untersucht, die 1912 im Zuge von Shackletons Expedition genommen wurden. Wir sind zurückgekommen, um dieselben Gewässer sehr viel genauer in Augenschein zu nehmen und wollen diese Wesen zu Hause in Neuseeland nachzüchten. Diese Arten wurden am Pony Lake, Green Lake, Coast Lake und am Blue Lake zum ersten Mal entdeckt und beschrieben. Die mikroskopisch kleinen Pflanzen sind die am weitesten verbreitete Lebensform auf dem ganzen Kontinent (ein guter Grund, in die Antarktis zu reisen …).
>
> PS: Sind wenig begeistert von der Person, die ihren Kackbeutel unter einem Stein mitten in der Backdoor Bay liegen gelassen hat.

Ich grüble darüber nach, ob man hier wirklich von »Pflanzen« sprechen kann, wie der anonyme Autor dieser Zeilen. Seit sie geschrieben wurden, hat das wissenschaftliche Klassifizierungssystem einige grundlegende Veränderungen erfahren, und Cyanobakterien werden mittlerweile den Bakterien zugeschlagen, und nicht den Algen. Sie als »Wesen« zu bezeichnen, kommt der Sache also sogar ein bisschen näher. Auch die taxonomische Einordnung der Flechten hat sich geändert, eine weitere pflanzenartige Lebensform am Kap Royds. Der Autor oder die Autorin dieses Eintrags hätte sie sicher ebenfalls als Pflanzen bezeichnet, mittlerweile wissen wir, dass es sich um eine merkwürdige hybride Lebensform handelt, bei der sich Pilze in einer Symbiose mit Cyanobakterien oder Algen vergesellschaften, die Photosynthese betreiben.

Flechten sind wohl mit das Zäheste, was die Evolution auf diesem Planeten hervorgebracht hat, und einige Arten siedeln auch hier erfolgreich. Ihre Nährstoffe beziehen sie aus winzigen Partikeln von Pinguinguano, die der Wind verteilt; viele sind so obskur, dass sie nicht einmal einen umgangssprachlichen Namen haben, sondern nur unter ihrem lateinischen Doppelnamen firmieren. Zu den auffälligsten Arten am Kap Royds zählt *Xanthoria elegans*, die in lebhaften Tönen zwischen Siena und Kadmiumorange schillert und einige Arten von *Candelaria* und *Candelariella,* die auf dem schwarzen Geröll aussehen wie Kleckser gelber Warnfarbe. Die Flechten sind in dieser ansonsten so monochromen Landschaft eine willkommene Abwechslung für das Auge. Sie scheinen die nördliche oder die Leeseite von Felsen zu bevorzugen, wo sie viel Sonnenlicht einfangen und die Feuchtigkeit des umherdriftenden Schnees optimal absorbieren können, während sie etwas besser vor der zerstörerischen Kraft der Winde geschützt sind.

Flechten sind die am weitesten verbreitete pflanzenähnliche Lebensform am Kap Royds, und es verblüfft mich über die Maßen, dass hier tatsächlich auch echte Pflanzen in Form von Moosen wachsen: Überall in der Kolonie und der näheren Umgebung stößt man auf die dunkelgrünen kleinen Kissen von *Bryum*, in manchen Bereichen ist der Bewuchs fast schon üppig. Nicht zufällig nannte Shackletons Mannschaft einen von Moosen und Algen dicht besiedelten Bereich zwischen ihrer Wetterstation und der Backdoor Bay die Green Parade. Wenn der Herbst kommt, schwimmen die Pinguine in Richtung Norden bis an den Rand des Packeises, die

Skuas fliegen noch viel weiter in den Norden, manche von ihnen sogar bis zum Nordpazifik. Aber die Moose und Flechten müssen ausharren, ihre Präsenz und leuchtende Farbigkeit ist ein lebendiger Beweis für die Durchsetzungskraft des Lebens, das selbst an so unwirtlichen Orten wie der Küste der Ross-Insel besteht, wo das halbe Jahr über Dunkelheit herrscht und die Temperaturen bis unter −50 °C sinken können.

Der Hubschrauber kommt, um Jennifer mitzunehmen und bringt uns im Austausch dafür einen pulitzerpreisgekrönten Wissenschaftsautor. Cal ist ein großer, enthusiastischer Mann mit glattem dunklem Haar, das ihm oft in die Augen fällt. Auch er ist dank eines Stipendiums der NSF hier und wird drei Tage bei uns bleiben. Ich bringe unseren gesammelten Müll und den letzten vollen Toiletteneimer an Bord des Hubschraubers, Jennifer hat sich großzügig bereit erklärt, alles sicher nach McMurdo zu bringen.

Ich stelle fest, dass ich sie vermissen werde – ihre Gesellschaft in den vergangenen Tagen hat mir gutgetan, sie war eine aufmerksame und angenehme Gesprächspartnerin, interessiert an einer großen Bandbreite von Themen, von Kinderliteratur bis hin zu den Feinheiten des Antarktisvertrages. Aber sie hat es nie übertrieben. Cal hingegen redet wie ein Wasserfall, mir schwant nichts Gutes. Ich kann nur hoffen, dass auch er bald feststellt, wie segensreich die Stille sein kann, vor allem an einem Ort der Leere und Weite wie diesem. Drei Tage sind eine lange Zeit, wenn man sie in Gesellschaft eines Menschen verbringt, der einfach nicht aufhören kann zu reden.

An diesem Nachmittag zieht es sich zu, es wird grau und drückend. Dräuende Wolken von der Farbe schmutziger Laken verhüllen die Gipfel der Berge, in der Ferne berühren sie scheinbar fast die Meereiskante jenseits des McMurdo-Sunds. Wegen des bedeckten Himmels ist es auch nicht mehr so warm wie in den vergangenen

Tagen. Die Lufttemperaturen liegen knapp unter dem Nullpunkt, während ich meine gewohnte Runde drehe und nach markierten Vögeln suche. Kälte ist allerdings ein relativer Begriff, wie der feuchte Schimmer auf den Felsen der Kolonie beweist, die ihre gespeicherte Wärme an die nachmittägliche Luft abgeben. Auch ist es nicht kalt genug, um zu verhindern, dass ich bei meinem Skiausflug nach der Arbeit ins Schwitzen gerate. Diesmal schaffe ich es fast bis ans Kap Barne, eine dunkle, bucklige Landzunge, die aus dem Meereis in Richtung Süden ragt. Auf jeder meiner Langlauftouren stoße ich ein Stückchen weiter vor, und jedes Mal glaube ich, Kap Barne diesmal wirklich zu erreichen, bislang allerdings ohne Erfolg. Wenn ich schließlich aufgebe und kehrtmache, sieht es immer so aus, als wäre ich dem Kap wieder nicht näher gekommen als am Tag zuvor, als würde es sich mir auf magische Weise entziehen und minimal zurückweichen, sobald ich ihm zu nah komme, wie ein fantastisches Naturphänomen aus *Alice im Wunderland.*

Cal verschwendet derweil keine Zeit damit, seine Sachen auszupacken und bietet uns an, das Abendessen zuzubereiten. Er tischt uns eine seltsame Mischung aus Produkten aus unserer provisorischen Tiefkühltruhe auf, die schnell gegessen werden müssen: halb aufgetauter Lachs, Spargel, Hash Browns, dazu ein paar Käsetortellini. David zauberte gestern ein Menü aus angetauten grünen Bohnen und Shrimps, zum Nachtisch gab es matschige Erdbeeren in Sirup. Sobald die Mahlzeit auf dem wackligen Klapptisch steht, greifen David und Cal zur Gabel und leeren ihre Teller zügig und ohne eine Miene zu verziehen, wohingegen ich lustlos in meinem Essen stochere und feststelle, dass ich wieder meinen Appetit verliere. Obwohl unsere Lebensmittel auch im halb gefrorenen Zustand noch eine Weile haltbar sind, leidet die Konsistenz dennoch zusehends unter den suboptimalen Lagerungsbedingungen, alles ist unappetitlich verklumpt und hat an Farbe und Geschmack eingebüßt.

Aber immerhin sind wir nicht wie die Skuas – oder viele der Entdecker des Goldenen Zeitalters – auf gefrorenes Pinguinfleisch angewiesen oder müssen uns auf Notrationen beschränken, um nicht zu verhungern. Eine der zahllosen grausamen Anekdoten aus der Antarktis, die sich um das unerschöpfliche Thema Hunger drehen, stammt von Shackleton, der in *South* – seinem Buch über die legendäre Imperial Trans-Antarctic Expedition von 1914 bis 1917 – von einem Mann berichtet, der »über eine Stunde lang den Schnee an einer Stelle durchwühlte, an der er einige Tage zuvor ein Stückchen Käse hatte fallen lassen, in der Hoffnung, noch ein paar Krümel zu finden. Belohnt wurde er schließlich mit einem Stückchen, so groß wie sein Daumennagel, und er war durchaus der Meinung, dass diese Ausbeute die Mühe wert gewesen sei.«[39] Nachdem ihr Schiff, die *Endurance*, gesunken war, saßen Shackleton und seine Crew auf dem Eis fest. Sie ernährten sich vorwiegend von Robbenfleisch, hin und wieder erlegten sie einen Kaiser- oder einen Adéliepinguin, außerdem teilten die Männer sich einen kleinen Vorrat Hunde-Pemmikan, wie man die Kekse nannte, die eigentlich für die Schlittenhunde gedacht waren. Thomas Orde-Lees, ebenfalls Expeditionsmitglied und seines Zeichens Lagerverwalter, schrieb wehmütig in sein Tagebuch: »Man wünscht sich hier, man bekäme ebenso so regelmäßig eine Mahlzeit vorgesetzt wie der Hund zu Hause … Als der Koch kürzlich einen alten rußigen Tuchfetzen, an dem ein bisschen Pemmikan klebte, wegwarf, war sofort ein Mann zur Stelle, der den Stoff an sich riss und den wohlschmeckenden, wenn auch schmutzigen Rest davon abkratzte und verzehrte.«[40] Gestrandete Expeditionen töteten Hunderte von Pinguinen, um im herannahenden Winter nicht umzukommen. Während der schwedischen Antarktisexpedition von 1901 bis 1903, die von Otto Nordenskjöld angeführt wurde, erlegte eine verzweifelte Gruppe von drei Männern an die 700 Pinguine, um bis zum nächsten Frühjahr zu überleben. Eine größere Gruppe ihrer Reisegefährten, die, nachdem ihr Schiff gesunken war, in der

Nähe der großen Adélie-Kolonie auf der Paulet-Insel am Rand des Weddellmeeres festsaß, erlegte 1100 Vögel, die Männer schliefen auf den verwesenden Häuten der toten Vögel.

Angesichts solcher Zumutungen muss ich zugeben, dass unsere angetauten Lebensmittel ein zwar unappetitliches, aber doch überschaubares Problem darstellen. Um mir etwas zu gönnen, habe ich mir bei unserem letzten Ausflug nach McMurdo außerdem ein Joghurt-Set aus der Neuseeland-Abteilung des BFC mitgenommen und das Produkt auch unserer Bestellliste hinzugefügt.

Alle paar Tage mische ich nun also neuseeländisches Vollfett-Milchpulver mit heißem Wasser an und füge die Joghurt-Kulturen hinzu. Ich wickle das Gefäß in einen meiner Pullover ein, um es länger warm zu halten und platziere es auf dem Regalbrett oberhalb des Gasofens. Wenn ich den Deckel schließlich aufschraube und ein essbares Ergebnis vorfinde, erfüllt mich das angesichts der spartanischen Bedingungen, unter denen wir leben, mit einer gewissen Befriedigung. Meinen selbst gemachten Joghurt zu verzehren, ist für mich ein wundervoller kleiner Luxus.

Während wir nach dem Abendessen aufräumen, unterhalte ich mich mit Cal, es geht um kanadische Politik. Ich stelle fasziniert fest, dass er einerseits politisch außerordentlich gebildet (er war als wissenschaftlicher Berater der Regierung tätig) und weltgewandt (er hatte in jüngerer Zeit viele Jobs im Ausland, während derer er einige clevere Bücher über Wissenschaft und Gesellschaft veröffentlichte), andererseits aber überraschend unbedarft ist (er erzählt mir, dass er bis zur Promotion Nordamerika niemals verlassen hat). Das Gespräch plätschert lebhaft dahin, berührt immer neue abwegige Themen, doch irgendwann droht sein Wortschwall mich zu überwältigen, und ich stehle mich zur Tür hinaus und ziehe mich früh in meinen Schlafsack zurück.

Auf dem Weg hinaus werfe ich einen kurzen Blick auf die Wetterstation, die Temperatur ist auf −3,5 °C gefallen. Ich vermute, dass uns ein Wetterumschwung bevorsteht. Die Winde aus dem Süden streifen mein Gesicht nur als leichte Brise, aber ich ahne, dass sie ein Sturmtief im Gepäck haben. Die Wolken am Horizont leuchten heute in einem satten Violettton. Die Farbe erinnert mich an exotische Blüten, wenigstens rede ich mir das ein, visuell ausgehungert, wie ich mich an diesem Ort fühle, an dem die einzige Vegetation aus an Felsen klebenden Flechten besteht. Während ich in meinem Zelt noch ein wenig lese, höre ich hin und wieder Davids brummende Stimme, die Cals endlosen Redefluss interpunktiert. Ich setze meine Ohrstöpsel ein und finde seit langem wieder einmal vor drei Uhr morgens in den Schlaf.

Kapitel 12

Heute ist der längste Tag des Jahres. Für uns, die wir im Land des Lichts leben, spielt das allerdings keine Rolle. Ich sitze mit meinem Frühstück – eine große Tasse starker Kaffee, dazu Instant-Haferbrei, angereichert mit Butter und braunem Zucker – auf der provisorischen Veranda, als mein Blick auf den Kalender fällt, den jemand an eine der hölzernen Wandstützen gepinnt hat, und da steht es: Wintersonnwende, 21. Dezember. Zu Hause werden die Tage ab jetzt langsam wieder länger, und es geht auf das Frühjahr zu.

Hier hat der Sommer seinen Höhepunkt erreicht, in der Kolonie herrscht Hochbetrieb, da die Pinguine jetzt immer häufiger auf Jagdzug gehen müssen, um ihre Jungen zu versorgen. Das bleibt auch den Seeleoparden nicht verborgen, die neuerdings am Kap Royds auftauchen. David hat erst gestern einen der Räuber entdeckt, während er die Küstenlinie beobachtete, es war der erste, den wir in dieser Saison hier antreffen. Seeleoparden gelten zu Recht als besonders gefährliche Fressfeinde der Pinguine. Die beeindruckenden Kreaturen bringen über eine halbe Tonne auf die Waage und können ihr Maul so furchterregend weit aufsperren wie sonst nur Reptilien. Dasselbe Individuum, ein großes Weibchen, hat sich heute Morgen wieder gezeigt, es zog parallel zum Ufer seine Bahnen, den schlangenartigen Kopf aus dem Wasser gereckt, und hielt Ausschau nach seiner nächsten Mahlzeit, vorzugsweise einem Pinguin.

Obwohl Seeleoparden sich für gewöhnlich von kleineren Beutetieren wie Pinguinen, jungen Robben, Tintenfisch, Fisch und sogar Krill ernähren, greifen die Räuber gelegentlich auch Menschen an. In *South* berichtet Ernest Shackleton von einem Zwischenfall, bei dem ein Seeleopard auf eine Eisscholle sprang und ein Mannschaftsmitglied angriff. Die ausgehungerten Männer erschossen den Seeleoparden kurzerhand und aßen ihn auf, inklusive der unverdauten Fische, die man in seinem Magen fand. Jahrzehnte später hatten auch der Kanadier Gareth Wood und zwei weitere Mitglieder seines Teams während ihrer »In the Footsteps of Scott«-Expedition eine unheimliche Begegnung. Die Männer waren auf dem Meereis von ihrer Basis am Kap Evans nach Kap Royds unterwegs, der Anbruch der Polarnacht stand kurz bevor. Im Zwielicht eines Apriltages im Jahr 1986 überquerten sie einen frisch zugefrorenen Riss in der Backdoor Bay. Gareth Wood führte die Gruppe an. »Gareth klopfte mit der Spitze seines Stiefels gegen die dünne Eisdecke, um zu prüfen, ob sie ihn trug«, berichtete das Expeditionsmitglied Steve Broni später, »als plötzlich ein Seeleopard durch das frische Eis brach. Das Nächste, woran ich mich erinnere, ist, dass er flach auf dem Rücken lag. Dann hörte ich ihn schreien und sah, dass diese riesige Kreatur ihn am Bein gepackt hatte.«[41]

»Der Seeleopard musste uns schon einige Zeit gefolgt sein [unter dem Eis, wie diese Tiere es auch bei Pinguinen tun]. Ich erinnere mich an den Kopf mit den riesigen Fangzähnen, wie eine monströse Schlange, die plötzlich vor mir auftauchte«, schrieb Gareth später über das Erlebnis. »Ich kippte nach hinten, ich spürte, das etwas an mir zog … Es war wie in einem japanischen Horrorfilm. Hätte ich mein linkes Steigeisen nicht ins Eis gerammt, hätte das Tier mich mit Sicherheit ins eisige Wasser gezerrt.«[42]

Steve gelang es, den Seeleoparden mit heftigen Tritten seiner Steigeisen kurz zu verjagen, aber der griff ein zweites Mal an, schoss erneut aus dem Wasser, ließ seinen Kiefer um Gareths Stiefelschaft zuschnappen und versuchte einmal mehr, ihn in Richtung des Risses im Eis zu zerren. Gareths Kollegen setzten ihm erneut mit den Steigeisen zu, und schließlich gab er auf und zog sich, eine Blutspur hinter sich herziehend, wieder ins Wasser zurück. Gareth überlebte, unterhalb des Knies hatte er eine tiefe Bisswunde erlitten.

Mitte 2003 ging die Meeresbiologin Kirsty Brown von der Rothera-Station der British Antarctic Survey mit ihrer Schnorchelausrüstung ins Wasser, um ihre Forschungsausrüstung zu warten, als ein Seeleopard sie packte und mehrere Minuten lang unter Wasser hielt. Sie ertrank und war damit das erste bestätigte menschliche Todesopfer dieser Tierart.

Der Polarfotograf Paul Nicklen dokumentierte hingegen Begegnungen mit Seeleoparden, die eher romantischer Natur waren: Während eines Tauchgangs traf er auf ein mächtiges Seeleopardenweibchen, das ihn nicht angriff, sondern Eselspinguine erlegte und sie ihm zärtlich kredenzte, als hielte sie ihn für einen potenziellen Partner – oder für eine merkwürdige, neue maritime Kreatur, die nicht dazu in der Lage war, sich ihr eigenes Futter zu beschaffen. Während meiner Einsätze rund um die Antarktische Halbinsel kam es häufiger vor, dass Seeleoparden meinem Schlauchboot folgten. Sie tauchten wie hypnotisiert unmittelbar hinter dem laufenden Propeller her. Stoppte ich das Schlauchboot, katapultierten sie sich aus den Fluten, um das Gefährt und seine Insassen genauer in Augenschein zu nehmen. Ihr Verhalten, das zwischen territorialer Gebärde, Jagdtrieb und unschuldiger Neugier oszillierte, faszinierte und ängstigte mich damals gleichermaßen. Egal, ob sich die Seeleoparden eher räuberisch oder verspielt geben, ich bin doch erleichtert, dass wir am Kap Royds sicheren Abstand zu diesen Tieren halten können und uns nicht an der Meereiskante oder gar im Wasser aufhalten müssen. Ein natürliches Risiko weniger, dem man sich in dieser Wildnis aussetzt, während man arbeitet.

Als ich an diesem Tag auf dem Rückweg zum Mittagessen die Anhöhe erklimme, treffe ich vor Shackletons Hütte auf eine kleine Gruppe von Neuseeländern. Ihr dunkelgrünes Hägglunds-Fahrzeug parkt draußen auf dem Meereis am Fuß des Abhangs in der Backdoor Bay. Ich mache kurz halt, um sie zu begrüßen, schließlich frage ich sie, ob sie mich bis zum Kap Barne mitnehmen würden, dann könnte ich mit den Langlaufskiern nach Royds zurückfahren. Der Wind weht mit 20 Knoten aus südlicher Richtung, und ich hätte keine Lust, die ganze Strecke dagegen anzukämpfen. Eine entspannte Skitour mit Rückenwind, es sind etwa fünf Kilometer, wäre hingegen genau das Richtige für einen Sonntagnachmittag. Die Kiwis sind auf einem halbtägigen Ausflug und sagen, dass sie mich gern mitnehmen können.

Zurück in der Kolonie treffe ich David. Er wirkt wenig begeistert, als ich ihm von meinen Ausflugsplänen erzähle. Er will mich offensichtlich nicht gehen lassen, es mir aber auch nicht so unverblümt sagen. Das Problem ist weniger der Skiausflug als die Tatsache, dass man in Mactown bald Wind von meinem Alleingang bekommen wird, da Leute von der Station involviert sind. Ich schlage vor, die Sache mit MacOps abzusprechen, aber David erwidert, dass man mir sicher nicht erlauben wird, mich allein vom Camp zu entfernen.

»Okay, ich kontaktiere MacOps, ich melde mich per Funk bei ihnen ab«, sage ich schließlich. »Wenn sie ablehnen, lasse ich es bleiben, aber wenn sie einverstanden sind, ist es nicht deine Verantwortung.«

Diese Lösung scheint David einigermaßen zufriedenzustellen, ich gehe also zurück zur Hütte und schalte das Funkgerät an. Am anderen Ende meldet sich ein amüsiert klingender Typ namens Ted, der mir vorschlägt, es später bei einem lokalen Check-in bei David zu belassen. Er wünscht mir einen angenehmen Ausflug.

»Danke, Ted«, verabschiede ich mich. »Kap Royds, over und out.« Dann packe ich meine Sachen zusammen.

Die Kiwis sind abfahrbereit, als ich meinen Rucksack gerade mit allem vollgestopft habe, was ich unterwegs brauchen werde:

Wasser, jede Menge Schokolade und Bumper Bars, eine Thermoskanne mit Kaffee, Kamera und Objektive, zusätzliche Handschuhe und Fäustlinge, meine Sturmhaube und eine zusätzliche Mütze, ein extra Unterhemd, das UKW-Funkgerät inklusive Ersatzbatterien, Sonnenbrille, Sonnencreme. Unter meiner Skihose und der Jacke trage ich bereits wie gewohnt etliche Kleidungsschichten. Wir laden meine Langlaufskier und die Stöcke hinten in das Hägglunds-Fahrzeug und folgen dann der markierten Route über das Meereis in Richtung des kollabierten Vulkankegels von Kap Barne, der sich in der Ferne abzeichnet. Es ist dieselbe Route, die auch Gareth Wood und seine Männer nahmen, als der Seeleopard sie angriff, doch das Eis ist um diese Jahreszeit viel dicker und selbst für einen Seeleoparden undurchdringlich. Die Fahrt dauert keine 30 Minuten, und unterwegs reden wir jede Menge Blödsinn. Einer der Neuseeländer, Euan, wird mit neun anderen auf der Scott Base überwintern und behauptet, er würde alle seine Kollegen verabscheuen, bis man ihn schließlich zwingt zuzugeben, dass er sie im Grunde doch ganz nett findet. Die Kiwis halten am Kap Barne und helfen mir sogar dabei, meine Skier auszuladen. Wir winken uns zum Abschied zu, und sie fahren weiter Richtung Süden. Ich habe das Gefühl, sie schon sehr viel länger zu kennen als nur eine halbe Stunde, wie es so oft der Fall ist, wenn man Menschen mitten in der Wildnis begegnet.

Wirklich merkwürdig, denke ich, während ich zusehe, wie ihr Gefährt langsam in der Ferne verschwindet, Richtung Kap Evans und Scotts Hütte. Ich bin 5 Kilometer entfernt vom Camp und damit dem einzigen Menschen, der außer mir dort noch lebt, und über 35 Kilometer weit weg von McMurdo: Ich bin völlig isoliert am Kap Royds und habe trotzdem das Bedürfnis, mich noch weiter in die Wildnis und Einöde zurückzuziehen.

Und dass ich hier, wo schon Menschen gestrandet sind und monatelang unter härtesten Bedingungen um ihr Überleben kämpften, ganz entspannt ein paar schöne Stunden verbringen darf, empfinde ich als Privileg. Im Winter 1935/36 warteten beispielsweise der Amerikaner Lincoln Ellsworth und sein kanadischer Pilot Herbert Hollick-Kenyon sechs Wochen lang in den Ruinen von Little America, der ersten US-Station auf dem Kontinent, auf die Rettungsmannschaft. Ihnen war beim Versuch, die Antarktis zu überfliegen, der Treibstoff ausgegangen. Elf Tage hatten sie gebraucht, um die Strecke von der Notlandestelle bis zu der verlassenen Basis zu Fuß zurückzulegen, ihre Schlitten im Schlepptau. Ellsworth hatte Erfrierungen an den Füßen erlitten. Der Autor Jason Anthony schrieb später »unter Ellsworth' Bett klebte ein alter Kaugummi und er überlegte zwei Tage lang, ob die antarktische Kälte das Ding gut genug konserviert hatte, um es gefahrlos kauen zu können«.[43]

Ich ziehe meine dick gefütterten blauen Moon Boots aus und schnüre sie am Rucksack fest. Dann schlüpfe ich in die Skistiefel, befestige sie an den Skiern, und es geht los. Obwohl der Himmel über mir wolkenlos blau ist, schneit es ein bisschen. Es sind die Ausläufer eines Schneesturms, der sich während des Vormittags im Süden rund um Little Razorback Island zusammengebraut hat. Träge treibt der Wind die Flocken in Richtung Norden vor sich her. Ich habe vorhin noch zu Euan gesagt, dass ich zusehen muss, dass das Wetter mich nicht einholt.

»Keine Sorge«, hatte er geantwortet. »Das Ding ist träge, das hängt dort schon ewig rum.«

Den Schneesturm im Rücken, der mich und die Flocken vor sich herschiebt, gleite ich in Richtung des Camps. Ich fühle mich winzig in dieser endlosen Weite, aber es ist ein durchaus tröstliches Empfinden; als würde die Erkenntnis, wie marginal meine Existenz ist, auch meine Ängste, Sorgen und meinen Kummer auf ein erträgliches Maß schrumpfen lassen. Denn wenn ich unbedeutend bin, gilt das auch für meinen Schmerz, und so ist alles, was mir in diesem Moment zu tun bleibt, mich auf den Wind, die Kälte und die Kraft meiner Muskeln zu konzentrieren, die mich rasch über das Meereis in Richtung meines sommerlichen Zuhauses am Rande einer Pinguinkolonie im Schatten des Erebus tragen.

An der nächsten Landzunge, an der ich eine Pause einlege, mache ich Fotos von einem unerschrockenen Weddellrobben-Jungtier, das sich mit seinen Artgenossen an einer Stelle versammelt hat, an der das Eis aufgrund eines Gezeitenrisses etwas dünner ist. Ich erinnere mich an den Ratschlag unserer Meereis-Sicherheitstrainerin Susan, den sie uns vor sechs Wochen gab: Robben seien stets ein guter Indikator für Schwachstellen im Eis. Ich halte also die Augen offen und Ausschau nach den schneebedeckten Atemlöchern der Tiere. Die Robben halten ihre Atemlöcher offen, indem sie die Ränder immer wieder abnagen. Deswegen bevorzugen sie auch Bereiche entlang von Gezeitenrissen – es ist schlichtweg gebissschonender. Im Crary Lab von Mactown liegt in einem Schaukasten ein Robbenschädel, und es besteht keinerlei Verwechslungsgefahr mit den daneben platzierten Schädeln von Seeleopard und Krabbenfresser: Man erkennt die Art sofort an ihren extrem abgenutzten Zähnen, eine Folge dieses typischen Verhaltens.

Ich lasse die Robben hinter mir und fahre etwa einen Kilometer weiter über schneefreies Eis.

Ich bin froh über den Rückenwind, denn der Sturm hinter mir rückt spürbar näher. Die vereiste Fläche aus eigener Kraft zu überqueren, wäre sehr mühsam gewesen. Die Skier klappern, während die Böen mich über die Buckel und Unebenheiten der Oberfläche schieben, die sich gebildet haben, als das Meer hier vor Monaten zugefroren ist. Meine Oberschenkel schmerzen von der Anstrengung, die Langlaufskier parallel ausgerichtet zu halten. Die Farbe des Eises gleicht der des Himmels nach einem Frühlingssturm, ein überirdisch helles, milchiges Blau.

Nachdem die strapaziöse Eisfläche hinter mir liegt, frischt der Wind auf und wirbelt mit trockenem Flüstern Wolken aus feinem Schneepulver über das Meereis, es ist das einzige Geräusch in etlichen Kilometern Umkreis. Ich passiere ein Grüppchen auf dem Bauch rodelnder Adéliepinguine, ich überhole die Vögel und bleibe stehen, um sie vorbeiziehen zu lassen. Stattdessen machen sie ebenfalls halt. Ein paar von ihnen rappeln sich hoch und kommen neugierig auf mich zugewatschelt. Aus der Ferne nähert sich eine weitere Gruppe von etwa zehn Tieren, der Wind schiebt sie vor sich her, Schnee stiebt auf. Sie stoppen kurz und setzen sich dann alle gemeinsam wieder in Bewegung in Richtung Kap Royds, feiner weißer Nebel umhüllt ihre dahinsausenden dunklen Gestalten. Ich warte kurz ab, zögere, folge ihnen und schließe auf. Den letzten Kilometer nach Kap Royds legen wir gemeinsam zurück, die Pinguine auf den Bäuchen rodelnd auf einer Seite der markierten Route, ich auf meinen Skiern auf der anderen Seite. Rasant zischen wir über den Schnee, den Wind im Rücken, feine weiße Schneepartikel stieben auf und umgeben uns wie eine leuchtend weiße Aura.

Kapitel 13

Heute ist der bislang wärmste Tag des Jahres, dem Datum nach der Sonnwende durchaus angemessen. Während eines Funkgesprächs mit Kap Bird erzählt ein neuseeländischer Kollege David, dass viele Pinguinnester, die bislang erhöht und trocken lagen, jetzt von Schmelzwasser umspült werden, während die Vögel versuchen, inmitten der Fluten zu brüten.

Zum Teil liegt das daran, dass die Kolonie am Kap Bird sich über die Jahre beinahe verdoppelt hat. Ein Teil der Pinguine ist daher gezwungen, Nester an eher ungeeigneten Standorten zu bauen, unterhalb der Hügel, auf denen sich sonst neue Subkolonien entwickeln. Man hatte den Teilnehmern vor Beginn des Projekts die Lektüre von Davids Buch *Adélie Penguin: Bellwether of Climate Change* empfohlen. Der Titel könnte nicht treffender sein, beobachtet man heute, was mit den Pinguinen an diesem Ort geschieht. Trotz ihrer Isoliertheit bleibt auch die Antarktis nicht verschont von den Folgen des Klimawandels, und die Adélies sehen sich während der Brutsaison immer häufiger mit höheren Durchschnittstemperaturen konfrontiert. Auf kurze Sicht werden die steigenden Temperaturen vorerst wohl dafür sorgen, dass es in der klimatisch und geografisch extremen Lage, in der das Rossmeer liegt, im Winter noch mehr Meereis gibt, wovon die Adéliepinguine wahrscheinlich vorübergehend profitieren. Adéliepinguine sind »pagophil«, ein aus dem Griechischen hergeleiteter Fachbegriff, der so viel bedeutet wie »das Eis liebend«. Beschrieben werden damit Organismen, die während ihres kompletten Lebenszyklus oder saisonal auf Eis angewiesen sind. Schwindet das Meereis – wie aktuell auf der anderen Seite des Kontinents entlang der sich rasant erwärmenden Antarktischen Halbinsel –, ist dies problematisch. Das Meereis ist Teil des marinen Habitats der Pinguine, sowohl physisch, als Ort, der ihnen Schutz vor Jägern bietet, und wo sie sich ausruhen können, als auch biologisch, denn unter dem Eis lebt der Krill, auf den die Pinguine Jagd machen. Aus der Sicht eines Pinguins ist die Beziehung seiner Art zum Eis allerdings etwas komplizierter, denn ihre Kolonien gründen die Vögel bevorzugt an Orten, an denen der Wind das Meereis abtreibt, wie hier am sturmumtosten Kap Royds. Pinguine laufen eben nicht gern, je kürzer der Weg zum Meer und zur nächsten Mahlzeit, desto angenehmer. Zunehmende Winde und die hohe Verfügbarkeit offener Wasserflächen in der Nähe der Kolonien sind eine wichtige Ursache dafür, warum die Adéliepopulationen überall, außer an der Spitze der Antarktischen Halbinsel, gewachsen sind. Dort wird die Art von den weiter im Norden lebenden Eselspinguinen abgelöst, die wenig Eis rund ums ganze Jahr präferieren. Der Weltklimarat geht davon aus, dass das Meereis des Rossmeeres erst ganz zuletzt abschmelzen wird. Irgendwann wird diese Region also der letzte Rückzugsort der Adélies sein.

Trotz meiner Mütze und der Sonnencreme, die ich in immer neuen Schichten auftrage, fühlt sich meine Nase am Nachmittag verbrannt an. An Tagen wie heute muss ich mich immer wieder daran erinnern, auch die unwahrscheinlichsten Stellen beim Eincremen nicht zu vergessen, sei es die Unterseite meiner Nase bis hinein in die Nasenlöcher oder die Außen- und Innenseiten meiner Ohren, falls ich die Mütze zwischendurch absetze. Außerdem trage ich eine Gletscherbrille, um mich vor Schneeblindheit oder langfristigen Schäden an der Hornhaut zu schützen, ein Risiko, das mit der höheren UV-B-Strahlung während des saisonalen Ozonlochs noch weiter ansteigt.[*4] Abgesehen vom Ozonloch ist die ungebremste Sonneneinstrahlung, die von Eis und Schnee reflektiert wird, natürlich schon für sich ein gesundheitliches Risiko. In seinen Memoiren beschrieb Mawson die Symptome der Schneeblindheit als schmerzhaft und sehr unangenehm, behandelt wurde sie mit der damals gebräuchlichen Medikation: winzige, lösliche Tabletten aus Zinksulfat und Kokain, die man sich unter die Augenlider schob. Raymond Priestley (später Sir Raymond Priestley), Mitglied von Scott's Northern Party, berichtete, die Schneeblindheit sei ein »unerträglicher« Zustand und zähle zum Schlimmsten, was die Gruppe durchgemacht habe. »Von allen Erfahrungen, die wir in diesen zwei Jahren durchlitten haben, [inklusive einer nicht geplanten Überwinterung in einer Schneehöhle, während derer man sich von Robben- und Pinguinfleisch ernährte], waren die 24 Stunden Schneeblindheit die schlimmste.«[44] Heutzutage kuriert man Schneeblindheit mit Augenruhe und leichten Schmerzmitteln wie Ibuprofen oder Paracetamol aus. Glaubt man Priestley, dürften diese Maßnahmen allerdings kaum ausreichend sein.

Cal verlässt uns am frühen Nachmittag, einen Tag später als geplant, da der Hubschrauber am Abend zuvor wegen des starken Windes nicht starten konnte. Er ist der geschwätzigste Mann, den ich je getroffen habe – vielleicht das karmische Gegenmittel zu David? Außerdem furzte er häufiger als jeder Mensch, den ich je getroffen hatte. Nicht offen und ungeniert, nein, aber nachts, wenn er auf dem Boden der Hütte eingeschlafen war, hörte ich oft ein dumpfes Grollen, das klang wie ein fernes Gewitter. Nachdem Cals

*4 Das Antarktische Ozonloch, verursacht durch den Einsatz von Fluorkohlenwasserstoffen, zum Beispiel in Kühlmitteln oder für Spraydosen, wurde 1985 von Wissenschaftlern entdeckt, die mit der British Antarctic Survey zusammenarbeiteten. Die internationale Übereinkunft zum Verbot dieser Inhaltsstoffe, das Montreal-Protokoll, trat 1987 in Kraft. Seither erholt sich die Ozonschicht zusehends. Das Montreal-Protokoll gilt als ein glänzendes Beispiel für erfolgreiche globale Kooperation angesichts drohender Umweltschäden.

Helikopter abgehoben hat und in Richtung McMurdo verschwindet, wenden David und ich uns um und gehen langsam zur Hütte zurück, unsere Blicke treffen sich kurz. Ich lächle ihn vorsichtig an, und er nickt mir zu, bevor wir nach drinnen gehen und uns einmal mehr dem Trost der Stille hingeben.

Überall schlüpfen jetzt bald die Küken, und wir machen uns daran, die ersten Pinguine mit sogenannten »time-depth recorders« oder TDR zu versehen, kleinen Geräten, die sowohl Zeitwerte als auch die Tauchtiefe der Vögel aufzeichnen. Ich halte dazu den erwachsenen Pinguin fest, der still in meinen Armen liegt wie ein praller Football oder eine dicke glatte Handtasche, während David das Aufnahmegerät und einen Funksender an den Federn am Rücken anbringt. Er sichert alles vorsichtig mit kurzen Streifen Tesafilm, die er von einer Rolle abreißt, er arbeitet schnell und konzentriert, jeder seiner Handgriffe sitzt. Wir machen das, um herauszufinden, wo die Vögel auf Beutezug gegen, während sie ihre Jungen großziehen. Dies ist Teil der Studie, die der genaueren Beschreibung des marinen Habitats dienen soll, das die Pinguine der Kolonien am Kap Royds, am Kap Bird und am Kap Crozier bewohnen.

Die Daten, die man bisher mit Hilfe einiger mit Funksendern versehener Exemplare gewinnen konnte, deuten darauf hin, dass die Kap-Royds-Pinguine ganz in der Nähe, in den Gewässern westlich der Ross-Insel jagen, während ihre Artgenossen vom Kap Crozier auf deren östlicher Seite nach Nahrung suchen, zunehmend weitere Bögen beschreibend, in deren Zentrum das Kap Crozier liegt. Während die Küken heranwachsen, erschöpft sich der Vorrat in den östlichen Jagdgründen, und die Crozier-Pinguine sind gezwungen, noch weitere Wege in Kauf zu nehmen. Die Populationen von Kap Royds und Kap Bird hingegen meiden die leer gefischten Bereiche entweder oder haben es nicht nötig, so weit entfernt von ihren Kolonien nach Futter zu suchen.

Es gibt einen Trick, um einen Pinguin richtig festzuhalten. Stellt man es geschickt an, gibt es wenig Gegenwehr und Gezappel, was gleichermaßen gut für Vogel und Forscher ist. Ohne zu viel Druck auszuüben klemme ich mir das Tier unter den linken Arm und umschließe mit der rechten Hand sanft, aber bestimmt seine Füße. Sein Kopf ragt jetzt hinter mir unter meiner Armbeuge hinaus. Später versehen wir einen weiteren Pinguin mit TDR und Funksender und injizieren den Neuankömmlingen unserer Referenzgruppe PIT-Tags. Die am besten geeignete Stelle dafür ist die lockere Haut zwischen den Schultern. TDR und Funksender bleiben hingegen nur für ein bis zwei Tage am Pinguin befestigt. Wir nehmen dem Vogel die Geräte wieder ab, sobald er zum Nest zurückkehrt, und beglücken danach den nächsten seiner Artgenossen damit. Die winzigen PIT-Tags sind hingegen permanent, und wenn einer der Pinguine damit über die Wiegebrücke läuft, wird der winzige Mikrochip mit seiner individuellen ID ausgelesen. Am Ende der Saison geben uns die gesammelten Daten Aufschluss darüber, welche Menge an Futter der jeweilige Vogel für seine Küken mitgebracht hat; außerdem können wir Gewichtsschwankungen der erwachsenen Vögel während der Sommersaison nachvollziehen, ein Indikator dafür, wie schwierig es für sie war, Futter zu finden.

Trotz aller Umsicht trage ich an diesem Tag einige Schrammen davon: Einer der Vögel wehrte sich heftig gegen meinen Griff, wandte immer wieder den Kopf um und zwickte mich wütend, was trotz der drei Schichten Bekleidung, die ich trug, ziemlich wehtat. Er zielte auf die empfindliche Stelle oberhalb der Armbeuge, als wüsste er instinktiv, dass er mir so am schmerzhaftesten zusetzen konnte. Es mag überraschen, aber der Schnabel der Adélies ist trotzdem nicht die Waffe der Wahl, wenn es ernst wird: Die Flügel mit ihrer harten knochigen Außenkante sind sehr viel effektiver, und an diesem Nachmittag, als wären die blauen Flecken über der

Armbeuge nicht schon genug, kassiere ich den wohl schlimmsten Flügelhieb der Saison.

Ich mache, nachdem wir alle Tags gesetzt haben, gerade meine Runde, und halte Ausschau nach markierten Vögeln, als ich einem einzelnen Pinguin am Rande einer der Subkolonien zu nahe komme. Er (ich bin mir sicher, dass es sich um ein Männchen handelt, diese enorme Aggressivität lässt sich nur durch einen Überschuss an Testosteron erklären) schießt auf mich zu, wie es die jungen, unverpaarten Pinguine häufig tun, aber statt es dabei bewenden zu lassen, mich lauthals zu beschimpfen und mir mit der Brust warnend gegen das Schienbein zu rempeln, schnappt sich dieses Exemplar einen Zipfel meines Parkas und beißt sich so vehement fest, dass ich ihn auf die Zehen lupfe, als ich erschrocken nach hinten taumle. Dann fängt er an, mit den Außenkanten seiner Flügel meine Beine zu bearbeiten. Ich habe auch schon zuvor hin und wieder einen Flügelhieb abbekommen, aber niemals wurde ich mit solcher Inbrunst angegriffen, und mit erstaunlicher Zielsicherheit malträtiert der Pinguin meine Schienbeine und Kniescheiben. Es tut so weh, dass ich eine gefühlte Minute lang einfach nur dastehe, keuchend und wie paralysiert, während mir Tränen in die Augen schießen und sein ohrenbetäubendes Geschrei droht, mir das Trommelfell zu zerfetzen. Ich versuche ein paarmal, ihn abzuschütteln, auf einem Bein stehend, das andere mit dem wütenden Tier daran verzweifelt schwingend. Endlich lässt er von mir ab, wendet sich um und kehrt mit einem wütenden Fauchen wieder in sein Territorium zurück, die Kopffedern empört gesträubt, die Augen vor Wut über meine Unverfrorenheit starr geweitet. Als es Abend wird, schmerzt die untere Hälfte meines rechten Beins immer noch.

Ein angreifender Adéliepinguin ist ein durchaus beeindruckender Anblick: Der Vogel richtet sich zu voller Größe auf – und wirkt locker 50 Prozent größer als in der friedfertigen Haltung, in der er für gewöhnlich auf seinem Nest kauert –, sträubt die Federn auf seinem Scheitel zu einem kriegerischen Schopf und stößt einen ohrenbetäubenden Eselsschrei aus. Zugleich reißt er die dramatisch weiß umringten Augen auf und vermittelt seinem Gegenüber so den überzeugenden Eindruck vollständiger geistiger Umnachtung; als würde man vom entsprungenen Patienten einer Pinguin-Nervenheilanstalt angegriffen. Und all das ist mehr als nur Imponiergehabe: Mit ihren knochigen flachen Schwimmflügeln können die Vögel so fest zuschlagen, dass hin und wieder Blut fließt, wenn es zu Auseinandersetzungen zwischen Artgenossen kommt. Trotz ihrer eher geringen Größe verfügen sie über ein erstaunlich kühnes Naturell.

James Murray, der Biologe der Nimrod-Expedition, schrieb, während er sich am Kap Royds aufhielt, dass der Adéliepinguin »während der Brutsaison sehr selbstbewusst auftritt. (...) Läuft man zwischen den Nestern umher, wird man von allen Seiten mit kräftigen Schnabelhieben attackiert. Die meisten Vögel bleiben ruhig auf ihren Nestern sitzen, aber die streitsüchtigeren kommen auf einen zugerannt und oft genug wird man von ihnen überrumpelt. Zu unserem Schutz tragen wir hohe Fellstiefel, die bis weit über das Knie reichen. Manche der Vögel sind aber schlau genug, um zu erkennen, dass es keinen Sinn hat, sich an den Fellstiefeln abzuarbeiten, und sie greifen von hinten an, springen an einem empor, und schnappen mit dem Schnabel nach der weichen Haut über dem Stiefelrand, während sie mit den Flügeln schlagen. Und es ist wahrlich kein Vergnügen, wenn eine dieser kleinen Furien sich an einem festgebissen hat und wild mit den kräftigen Flügeln wirbelt. Einmal stolperte ein Mann und stürzte mitten in eine Kolonie von Adélies, und bevor er sich hochrappeln und sich in Sicherheit bringen konnte, waren die Vögel schon über ihn hergefallen, und richteten ihn übel zu.«[45] Wie in einer Antarktis-Version von Hitchcocks *Die Vögel*.

Später sehe ich das arme Weibchen Nummer 1091 wieder. Sie hat die Referenzkolonie und ihr Nest verlassen, nun steht sie unbeholfen in der Subkolonie 3A drüben am Zugang zum Ozean und schläft. Sie ist auf dem Weg zurück in die See; ich hoffe für sie, dass ihr verletztes Bein ihr dort nicht mehr so schaffen machen wird.

Kapitel 14

Noch zwei Tage bis Weihnachten. Der Weihnachtsmann der National Science Foundation sollte heute mit dem Helikopter eingeflogen werden, aber das Wetter hatte sich am späten Vormittag verschlechtert.

Ich: »Machen wir an Weihnachten irgendwas Besonderes? Nehmen wir uns den Tag frei?«

David: »Warum? Glaubst du etwa an dieses ganze Jesus-Baby-Ding?«

Ich: »Nein.«

David: »Warum willst du den Tag dann feiern? Warum hat Weihnachten eine Bedeutung für dich?«

Ich: »Also, für mich ist es eine Zeit, die ich mit Freunden und der Familie verbringe, die ich nutze, um mich zu entspannen, gut zu essen und über das vergangene Jahr nachzudenken. Es ist die Zeit, in der man feiert, dass die Tage ab jetzt wieder länger werden.«

David: »Wir feiern am Kap Royds kein Weihnachten.«

Der Schnee weht über die gefrorene Landschaft, und aus dem Lautsprecher meines Laptops erklingt leise das »Blumenduett« aus Leo Delibes' Oper *Lakmé*, während ich die gestern gesammelten Daten eingebe. Die Stimmen der Sängerinnen klingen wie ein ätherischer Kontrapunkt zum hysterischen Heulen des Sturms, als wollten sie seine urtümliche Kraft besänftigen. Einmal mehr stelle ich fest, wie sehr diese Art von klassischer Musik uns beide beruhigt. David wippt weniger manisch mit dem Bein, offenbar seine Standardreaktion auf schlechtes Wetter, und ich kann konzentriert am Laptop arbeiten, ohne alle paar Minuten aufzuspringen und zwanghaft die Vorräte auf den Regalbrettern neu zu ordnen.

Am frühen Abend hat sich das Wetter ein wenig beruhigt, und ich gehe hinunter zur Kolonie, um die tagesaktuellen B-REF-Daten herunterzuladen. Vogel 1096 ist zu seinem jetzt leeren Nest zurückgekehrt. Er hat die beiden jungen Pinguine hinausgeworfen, die es sich dort gemütlich gemacht hatten, aber seine Partnerin 1091 ist wieder im Meer. Er hat sich zusammengekauert und wartet auf ihre Rückkehr.

Inmitten der Kolonie balgen sich Skuas um den feuchten, frisch abgetrennten Kopf eines Pinguins, wieder hat ein Seeleopard zugeschlagen. Die Raubmöwen haben den Kopf wohl eben erst aus dem Wasser gefischt. Ich wende mich ab und gehe zurück zur Hütte, wo David eben unsere allabendliche Funk-Rückmeldung bei MacOps erledigt und anschließend die Kollegen am Kap Crozier kontaktiert. Während des Gesprächs erwähnt Grant, dass es bei ihnen vor dem Abendessen noch einen kleinen Umtrunk geben wird.

Als ich an diesem Morgen erwache, wird mir bewusst, dass Heiligabend ist.

Nach dem Frühstück und nachdem ich alle morgendlichen Pflichten erledigt habe, setze ich mir meine Kopfhörer auf, um zur Kolonie zu gehen. Ich starte die Musik, als ich zur Tür hinausgehe: Kubanischer Hip-Hop, die Band heißt Orishas, Viola hatte den Track im November mit mir geteilt. Es ist ein beschwingter, energiegeladener Song, die Art von Musik, die einem das Gefühl gibt, es gäbe einen Soundtrack für das eigene Leben. Ich erklimme die Anhöhe, hinter der unser Rac-Tent in einer Senke liegt und halte plötzlich inne. Etwas an dieser Musik gibt mir plötzlich das Gefühl, diesen Ort zum allerersten Mal zu sehen, und ich staune angesichts all der wilden Erhabenheit: zu meiner Linken der himmelhoch aufragende Mount Erebus, zu meinen Füßen der schneebedeckte Abhang, in der Ferne das glitzernde Weiß des gefrorenen McMurdo-Sunds, das sich bis zum Barne-Gletscher erstreckt, um am fernen Horizont nahtlos in den kontinentalen Eisschild überzugehen. Zu meiner Rechten dominiert das kalte Ultramarinblau des offenen Ozeans, über allem wölbt sich ein Himmel, dessen zartes Azur an die Flügel eines tropischen Schmetterlings erinnert.

Die Schönheit des Panoramas trifft mich mit fast physischer Wucht, und ich breite die Arme aus und schicke einen wortlosen Schrei in diese Welt hinaus, in der mich kein Mensch hören kann. Ich bin versucht zu behaupten, dass all das hier unbeschreiblich ist, aber das stimmt nicht. Man kann Details beschreiben, indem man sich einzelnen Phänomen zuwendet: der Silhouette der zerklüfteten dunklen Vulkanfelsen, die sich scharf gegen den blassen Himmel abzeichnen; dem spiegelglatten Ozean, in der Farbe changierend zwischen Milch und Rotkehlchen-Eiern, dazwischen die reinweißen, schwebenden Schollen des Packeises; der perfekten Form der Royal Society Range, die über dem McMurdo-Sund aufragt. Doch jeder dieser visuellen Eindrücke verlangt nach eigenen Worten, nach einem Augenblick der Versenkung, nach einer persönlichen Beziehung zu seinem Betrachter, nach einer Art von Sakrament, um wenigstens einen winzigen Teil seiner Bedeutung und seiner Schönheit erfassen zu können. Mag sein, dass unsere ganze Welt so beschaffen ist, aber nur hier, in den leeren Weiten der Antarktis, werden wir uns bewusst, dass vielleicht jeder Lebensmoment einer winzigen Meditation gleicht. Es ist nicht so, als würden unserer Sprache die Worte fehlen, um die Antarktis zu beschreiben. Es gibt zahllose Wörter, die sich eignen, um das Gesehene zu Papier zu bringen. Harte Wörter wie Quarz und Granit und grell; weiche Wörter wie Flüstern und Säuseln; gefällige Wörter, die von goldenem Licht und Tropfen von Schmelzwasser erzählen. An Wörtern fehlt es also nicht. Vielleicht ist es nur so, dass diese Landschaft so weit jenseits unserer gewöhnlichen Alltagserfahrung liegt, dass wir neue sprachliche Kombinationen schaffen müssten, um den Nagel auf den Kopf zu treffen, und es würde so lange dauern, alles angemessen zu beschreiben, dass man ebenso gut hierher zurückkommen könnte.

Plötzlich fühle ich mich gelöst, befreit. Ich setze beschwingt meinen Gang zur Kolonie fort in dem Bewusstsein, dass, was auch immer mich bisher am Camp-Leben gestört oder frustriert hat, ab jetzt bedeutungslos ist. Alles, was ich will, ist Dankbarkeit und Freude darüber zu empfinden, dass ich hier und jetzt an diesem Ort sein darf. Und sollte ich nie wieder nach Kap Royds zurückkehren, will ich mich dann an kleinliche Diskussionen, an feuchte Socken und banale Ängste erinnern? Oder nicht doch lieber an die übernatürliche Schönheit der Antarktis?

Während des abendlichen Funkgesprächs macht das Gerücht die Runde, der Eisbrecher *Polar Star* der US-Küstenwache würde heute Abend hier ankommen und damit beginnen, einen Kanal durch das Packeis bis nach McMurdo freizulegen, damit ab dem kommenden Monat die Versorgungsschiffe mit Treibstoff und Bedarfsgütern zur Station gelangen können.

Jetzt ist es schon beinahe Mitternacht, also bald Weihnachten, aber der Eisbrecher ist nirgends zu entdecken. Schließlich mache ich mit meiner Suche nach markierten Pinguinen Schluss für heute und gehe die Anhöhe hinauf. Von dort aus kann ich tatsächlich bis zur eisigen Start- und Landebahn von McMurdo im Süden sehen, 35 Kilometer entfernt. Ich mache ein paar winzige Flugzeuge in der Ferne aus, dahinter liegt das weiße Nichts des Kontinents. Ich sitze auf dem Boden neben einem primitiven Steinhaufen, einem sogenannten Cairn, den jemand vor Jahrzehnten hier aufgeschichtet hat, gebe mich der absoluten Stille um mich herum hin und wünsche mir und der Welt, als es schließlich Mitternacht wird, fröhliche Weihnachten.

Kurz bevor mich die Kälte zurück zum Rac-Tent zwingt, höre ich plötzlich einen sich wiederholenden Verschlusslaut, fern wie ein Flüstern, in der Stille aber dennoch klar vernehmbar. Zuerst denke ich, es sind vielleicht kleine Wellen, die gegen die Unterseite der Eiszunge schlagen, die noch fest mit dem Uferlinie verbunden ist. Aber die See ist vollkommen still, es herrscht Windstärke 0 auf der Beaufortskala. Ich begreife, dass es sich um ein lautes Geräusch handelt, das aber sehr weit entfernt ist, und die Quelle irgendwo weit draußen auf See liegt: Ich höre Wale atmen. Ich suche den Ozean mit dem Fernglas ab, kann aber zwischen den Eisschollen nichts entdecken, nicht einmal den feinen Sprühnebel, den die Wale ausstoßen.

Als ich mich eben umwende, um zurückzugehen, schält sich ein weiteres Geräusch aus der Stille, es klingt fast, als wären Schneemobile aus McMurdo auf dem Weg hierher. Es ist mittlerweile 1.30 Uhr am Morgen, aber ich bin neugierig und sehe trotzdem nach, und da ist die *Polar Star*, die in der Ferne auf das Meereis zusteuert, um damit zu beginnen, die Fahrrinne bis nach McMurdo freizulegen. Zwischen Schiff und Uferlinie entdecke ich nun auch die träge dahinziehenden Wale, deren Atemstöße ich zuvor gehört habe. Es ist eine um die zehn Tiere starke Gruppe von Schwertwalen, die gemächlich zwischen den Schollen schwimmt und darauf wartet, im Fahrwasser des Eisbrechers in den McMurdo-Sund vordringen zu können. David hat mir bereits von diesem Verhalten berichtet: Diese Wale haben begriffen, dass sie sich über den künstlichen Wasserweg neue, bisher ungenutzte Jagdgründe erschließen können. Es ist so ruhig, dass ich das Schiff selbst noch in der Hütte höre, obwohl es etwa zehn Kilometer von der Küste entfernt ist.

Der Weihnachtstag beginnt wie alle anderen Tage auch. Ich markiere weitere Vögel von B-REF mit Metallbändern, danach fangen wir in der Wiegebrücken-Kolonie nacheinander elf Pinguine ein, ich halte unsere Kandidaten fest, während David ihnen die PIT-Tags injiziert. Als es früher Nachmittag wird, sind meine Handschuhe, mein Parka und meine Hosen über und über mit Pinguindreck verschmiert. Mein linker Handrücken ist geschwollen und blau, eine besonders kräftige Pinguindame hat mich am Morgen mit heftigen Flügelschlägeln abgestraft. Meine Knie trugen ohnehin schon die schmerzhaften Spuren der Attacke von vor einigen Tagen; nun setze ich ihnen noch weiter zu, indem ich auf Knien über den felsigen Untergrund rutsche, um mich an auf ihrem Nest hockende Elterntiere anzuschleichen und die widerwilligen Probanden einzufangen. Meine Hände sind übersät von frischen Kratzern und den Spuren von Schnabelhieben. Wir applizieren noch ein paar TDR, was die Anzahl der Blessuren weiter erhöht.

Als wir gerade mit der Arbeit in unserer Subkolonie fertig sind, sehe ich, wie vier Gestalten in McMurdo-Parkas den Hügel hinab auf uns zukommen. Es stellt sich heraus, dass es sich um den Weihnachtsmann der National Science Foundation und seine Elfen handelt, die uns doch ein paar Geschenke vorbeibringen.

»Frohe Weihnachten!«, ruft uns einer von ihnen entgegen, als sie nahe genug sind. Sie scheinen nichts vom Weihnachtsembargo am Kap Royds zu wissen. »Hallo!«

Da aufgrund des schlechten Wetters keine Helikopter starten dürfen, erledigen sie die Weihnachtsbesuche jetzt mit dem Schneemobil. Es ist ein zusammengewürfelter Haufen aus einem Satellitentechniker der NASA (Erik 1); einem Mikrobiologen, der Bodenhefen in den entlegenen Antarktischen Trockentälern studiert (Rusty); dem Brandschutzbeauftragten von McMurdo (Erik 2) und schließlich dem Weihnachtsmann persönlich (James, der die Carhartt-Kluft der Außenbereichsarbeiter von McMurdo trägt, außerdem einen ziemlich authentischen grauen Vollbart und einen grell orangefarbenen Haarschopf, extra gefärbt für seinen großen Auftritt).

»Wir haben euch ein paar Pakete mitgebracht!«, sagt James, nachdem wir uns alle mit Handschlag begrüßt haben. »Die Sachen sind oben im Rac-Tent. Dürfen wir uns die Pinguine mal anschauen?« David und ich willigen ein, bringen die Männer bis an den Rand der ASPA-Grenze und bitten sie, diese nicht zu übertreten. Begeistert fangen sie an, Fotos zu schießen, während wir zurückgehen, um unser Tagwerk zu beenden. Wir sammeln ein paar Futterproben, halten noch ein wenig Ausschau nach markierten Vögeln und beschließen dann, dass es für heute reicht.

Als wir fertig sind, haben sich unsere Besucher an den Pinguinen sattgesehen, und ich lade sie auf ein heißes Getränk in die Hütte ein. Längere Fahrten mit dem Schneemobil sind eine zugige Angelegenheit, und die Männer scharen sich im Rac-Tent um den Ofen, um sich ein bisschen aufzuwärmen. Ich mache heiße Schokolade, James zaubert eine Flasche Armagnac aus seinem Parka, und ich hole den Jägermeister vom Regal. Obwohl sich unsere Gäste darüber lustig machen (»Jägermeister? Im Ernst?«) gönnen sich alle ein Schlückchen. Die Stimmung ist festlich und fröhlich, wir werden schnell warm miteinander, wie es hier draußen meistens ist, unsere kleine Runde ist kein bisschen weniger weihnachtlich als ich es von zu Hause kenne. Ich habe eine Einladung für das NASA-Labor im Crary 205 bekommen, und außerdem ein paar neue Freunde gefunden, mit denen ich mich auf einen Drink an der Bar treffen kann, wenn ich das nächste Mal in Mactown bin (also schon morgen, wenn das Wetter hält).

Nachdem die Männer weg sind, packen David und ich die drei Päckchen aus, die sie uns mitgebracht haben. Pünktliche Paketzustellung am Weihnachtstag, besserer Service als zu Hause. Eine der Schachteln kommt von der Kombüse aus McMurdo, sie ist gefüllt mit Schokolade, Gebäck und anderen Köstlichkeiten, inklusive Eierlikör, Kartoffelchips von Pringles (im Feld sehr beliebt, weil sie in ihrer Verpackung beim Transport nicht kaputt gehen können) und vier völlig zermatschte und überreife Avocados, die bedauerlicherweise sofort in den Mülleimer wandern. Sowohl David als auch ich haben je ein Päckchen von außerhalb bekommen. Meines ist von meiner Stiefmutter: noch mehr Schokolade und Kekse, dazu eine Karte, in der ein Brief steckt. David öffnet sein Päckchen langsam und konzentriert.

»Mehr Brownies?«, frage ich ihn.

»Nein, Kekse«, antwortet er. »Und diesmal nicht verschimmelt.«

Zum Abendessen krame ich den Coleman-Campingofen aus der Ecke und bereite ein paar Stubenküken bei 300 °C zu – die höchste Temperatur, die der Ofen in unserer kalten und zugigen Hütte halten kann. Ich koche die frischen Kartoffeln, die ich aufgespart habe, und bereite uns eine leckere üppige Soße zu. David gibt keinen Kommentar zu den Stubenküken ab, und ich muss zugeben, dass die Monate in der Tiefkühlung, das langsame Abtauen in der Schneewehe und schließlich die langwierige Zubereitung ihnen kulinarisch wirklich nicht gutgetan haben. Aber wir beide lassen uns die Kartoffeln und die Soße schmecken und gönnen uns an diesem Abend ein zusätzliches Glas Rotwein. Und so haben wir schließlich doch noch Weihnachten gefeiert.

Kapitel 15

Am Boxing Day fliegen wir ein weiteres Mal nach McMurdo, um neue Vorräte zu holen, geplant ist diesmal eine Übernachtung. Unser Helikopter holt uns kurz nach elf Uhr am Kap Royds ab, eine gute Zeit, um in die Stadt zu fliegen, sich dort um den Nachschub an Vorräten zu kümmern und alles zu erledigen, was sonst so ansteht. Gifford, unser Bordmechaniker, teilt mir mit, dass unser Rückflug für den nächsten Tag relativ spät gebucht ist, tatsächlich erst gegen Abend. Ich bin froh über diese zusätzliche Zeit (normalerweise bleiben uns sonst nur etwa 24 Stunden). So wird aus dem hektischen Marathon, den ich sonst absolviere, tatsächlich ein entspannter Aufenthalt.

Mactown kehrt nach den zwei Weihnachtsfeiertagen am 25. und 26. Dezember eben erst wieder zum Alltag zurück, die Einwohner wirken verschlafen und träge. Was meine Unterkunft angeht, scheint sich endlich eine dauerhafte Lösung gefunden zu haben: Als ich den Schlüssel abhole, teilt man mir mit, dass ich ab sofort ein festes Zimmer mit einem allein mir zugewiesenen Bett bekomme, etwas, worum ich mich schon seit November bemühe. Jetzt, wo ich nicht jedes Mal aufs neue einem Schlafplatz nachjagen muss, wenn ich nach McMurdo komme, fühlt es sich an, als hätte ich das Maximum an Verbindlichkeit und Stabilität erreicht. Ich teile mir Raum 220 mit Sarika und Marian, zwei bodenständigen Frauen aus Mittelamerika, die in ihren Dreißigern oder frühen Vierzigern sein mögen. Sie sind begeistert darüber, sich das Zimmer mit jemandem zu teilen, der mit Pinguinen arbeitet, obwohl sich das vielleicht noch ändern wird, wenn der Gestank in meiner Kleidung erst beginnt, auszudünsten und sich im Raum festzusetzen. Wie dem auch sei: Es ist gut, hier ab jetzt einen festen Schlafplatz mit einem frisch gemachten Bett vorzufinden, inklusive der Gelegenheit, neue Menschen kennenzulernen. Es ist, wie in ein neues Apartment zu ziehen, nachdem man lange auf Reisen war.

McMurdo sieht jetzt ganz anders aus, als während der »milden« Tage nach dem Sturm Ende November. Statt haushoher Hügel aus zusammengeschobenem Schnee und Seen aus Schmelzwasser prägen leere Flächen und plätschernde Abwassergräben, die entlang der Gebäude, quer über die Wege und unter provisorischen Brücken aus Brettern hindurch verlaufen, das Bild. Selbst die trostlosen Baracken, die sonst an einen Gulag erinnern, schaffen es im Sonnenschein, beinahe freundlich zu wirken.

In die Stadt zu kommen fühlt sich jetzt anders an, und mir wird bewusst, dass ich hier bereits über so etwas wie ein kleines soziales Netzwerk verfüge. Brien von der *Antarctic Sun* hat mir gemailt; er habe gehört, ich sei in der Stadt, ob ich später vielleicht Lust auf ein Bier hätte? Er sei immer noch an der Story über Kap Royds interessiert. Als ich vom Crary Lab zurück zum Gebäude 155 gehe, läuft mir Erik Richards über den Weg, der große dunkelhaarige NASA-Ingenieur, den ich erst gestern beim Weihnachtsbesuch am Kap Royds gesehen habe. Er bietet mir an, mich nach dem Mittagessen auf ein Glas Wein einzuladen. Ich nehme an, dann rufe ich über das stationseigene Telefon bei Paul Rogers auf der Scott Base an. Ich bitte ihn um ein paar Metall-Ersatzteile in metrischen Größen für meinen Rucksack – in McMurdo gibt es Ausrüstungsteile nur in imperialen Größen –, die Gurtumläufe und Schnallen sind durch die Kälte und die aggressive UV-Strahlung brüchig geworden.

Danach treffe ich mich mit Brien und einigen seiner Freunde aus Mactown zum Mittagessen. Ich frage ihn, woher er wusste, dass ich komme, und er sagt, es habe eine öffentliche Durchsage gegeben. Damit will er wohl andeuten, dass meine Ankunft durchaus einen allgemeinen Nachrichtenwert besitzt.

»Ach komm schon!«, rufe ich aus, knuffe ihn gegen den Arm, und er grinst.

Während des Mittagessens erzählt mir Brien etwas über die Geschichte der *Antarctic Sun*. Die Zeitung ist der Nachfolger einer von Ehrenamtlichen organisierten Publikation, die seit den frühen 1960er Jahren von Mitarbeitern des US-Navy-Radios herausgegeben wurde. Das war noch zu Zeiten der Operation Deep Freeze, als das Militär das Kommando in McMurdo hatte. Damals hieß das Blatt *The McMurdo Sometimez*, später *The McMurdo Sometimes*, dann *The Antarctica Sun Times*, zuletzt und bis heute *The Antarctic Sun*. Zu Beginn benutzte man noch Funkfernschreiber für die Erstellung der Texte, vervielfältigt wurden die Ausgaben mit einem Matrizendrucker – anachronistische Technologien, an die sich heute keiner mehr erinnert. In der Antarktis haben Fachpublikationen in kleinster Auflage durchaus Tradition, schon früh brachten Expeditionen und Stationen ihre eigenen Titel heraus. Manche davon gingen nur einmal in Druck, andere hielten sich ein Jahr lang oder länger. Darunter waren Blätter wie *The South Polar Times* (1902–03) von Scotts Discovery-Expedition, herausgegeben von Ernest Shackleton und illustriert von Bill Wilson; *The Adélie Blizzard* von Mawsons Australasiatischer Antarktisexpedition (1911–1914) und der *Hallett Daily Hangover* (1965) der Hallett-Station im australischen Sektor der Antarktis. Während ich meinen Teller im Spülbereich abräume, unterhalte ich mich mit einer der Frauen, die dort arbeiten. Es ist Sandwich, die ich gleich am ersten Tag kennenlernte, als wir gemeinsam vor »Ivan dem Terra Bus« in der Schlange standen.

»Wie läuft es denn so bei dir?«, frage ich sie.

»Oh, wunderbar«, antwortet sie. »Gestern sind auf dem Eis vor der Siedlung ein paar Pinguine aufgetaucht, und alle sind rausgerannt, um sie sich anzusehen, ich auch.«

Auch von anderen Mitarbeitern der Station weiß ich, dass Pinguinsichtungen zu den absoluten Highlights hier gehören, und einmal mehr wird mir klar, welch großes Glück ich mit meiner Arbeit am Kap Royds habe. Als ich mein Besteck in den Eimer mit Wasser gleiten lasse, in dem es eingeweicht wird, kommt Erik vorbei, und wir gehen hinüber zur Weinbar. Wir setzen uns an einen Ecktisch, und während wir unseren Wein trinken, erzählt er ein wenig von sich. Es stellt sich heraus, dass dies schon sein vierter Winter auf der Station ist. Ich sehe ihn ungläubig an, aber er sagt, für ihn sei das nur ein Job, und die lange Dunkelheit sei für ihn nichts Ungewohntes, er komme aus einem Städtchen in Alaska. Ich erfahre, dass das NASA-Team, das hier das ganze Jahr über stationiert ist, die von Wissenschafts- und Wettersatelliten über der Polarregion gewonnenen Daten aufzeichnet; hin und wieder unterstützt man mit Satellitendaten auch Flugzeugstarts der kalifornischen Vandenberg Air Force Base (heute Vandenberg Space Force Base). Diese Maschinen fliegen über den Ozean und erreichen über der Antarktis zum ersten Mal Land. Ich höre gespannt zu, als er mir erzählt, dass die Antennenkuppel, die man aus der Luft sieht, wenn man über McMurdo zur Landung ansetzt, die lokale NASA-Weltraum-Boden-Station MG1 beherbergt. Dennoch dauert es nicht lange, bis wir mit den weltraumbezogenen Themen die Grenzen meines Interesses und meines Verständnisses erreicht haben. Wir unterhalten uns trotzdem noch lange, über das Leben auf der Station und jenseits davon, bis Erik, der vertraglich zu festen Arbeitszeiten verpflichtet ist, sich um 22 Uhr schließlich verabschiedet, weil er am nächsten Tag früh rausmuss.

Nachdem er weg ist, mache ich einen Spaziergang zur Scott Base; über die drei Kilometer lange Schotterpiste, die die beiden Stationen verbindet, sind das etwa 30 bis 45 Minuten Fußweg. Ich rufe bei der Feuerwache an, um zu fragen, ob ich mich vor meinem Ausflug ab- und bei meiner Rückkehr wieder anmelden muss, aber man erinnert mich daran, dass sowohl die Straße als auch die Scott Base innerhalb der Grenzen liegen.

Es ist ein wunderschöner Weg, wenn man erst den hässlichsten Teil der McMurdo-Station mit seinen industriellen Lagerhallen an den rückwärtigen Ausläufern hinter sich gelassen hat. Das einzige Fahrzeug, das mir während der kommenden Stunde begegnet, ist ein Passagier-Van, der auf dem Rückweg von der Flug- und Landebahn Williams Field auf dem Ross-Schelfeis ist. Dort wird im Moment wegen der bevorstehenden Ankunft der Eisbrecher ein Großteil des Luftverkehrs abgewickelt, der sonst auf der Eislandebahn stattfindet, die jetzt vorübergehend verschwindet. Williams Field, von den Einheimischen Willy Field genannt, ist benannt nach Richard T. Williams, einem Mitarbeiter der US Navy Seabees, der ertrank, nachdem sein Traktor ins Eis eingebrochen war. Er gehörte im Januar 1956 zu den Pionieren der ersten Operation Deep Freeze. Williams starb damit zu Beginn einer neuen Ära der Antarktisforschung. Deep Freeze diente damals, noch vor Beginn des Internationalen Geophysikalischen Jahres 1957/58, der Errichtung einer permanenten Forschungsstation am McMurdo-Sund.

Willy Field kann nur von Flugzeugen mit Skiern angeflogen werden – das sind LC-130 und Twin Otters –, alle anderen Flugzeugtypen müssen nach der Stilllegung also auf die noch weiter im Landesinneren gelegene Eispiste Pegasus ausweichen, die 2016 geschlossen und durch Phoenix ersetzt wurde. Man hat mir gesagt, dass auch wir von dort aus starten werden, wenn es Zeit wird zurückzukehren. Aber daran will ich im Moment noch nicht denken. Liegt McMurdo hinter einem, wartet am Ende der Straße ein wunderschöner Panoramablick über den McMurdo-Sund. Auf der einen Seite die schwindelerregenden Gipfel des Mount Erebus, auf der anderen der Mount Discovery und die zerklüfteten Hänge des Transantarktischen Gebirges, in der Ferne die »Herbie Alley«, an der Engstelle zwischen Black Island und White Island. »Herbie«

nennt man hier die gefährlich starken Stürme aus dem Süden, die sich durch diese Lücke zwängen. Ursprung ist der US-Navy-Slang-Begriff »Hurr B«, der eine Kombination aus Hurrikan und Blizzard beschreibt. Jenseits der Inseln und der fernen Meereiskante liegt die endlose Weite des Kontinents; diesige Leere an der Stelle, wo der Himmel die Erde berührt: Die Landschaft gleicht einer weißen Skulptur, durchzogen von wenigen schwarzen vulkanischen Streifen, die dem Auge hin und wieder etwas Halt bieten.

Am höchsten Punkt der Schotterpiste, die zur Station der Neuseeländer führt, steht ein großes Schild, das von den Silhouetten einiger Keas geziert wird, einer endemischen neuseeländischen Papageienart. Darauf ist zu lesen: »Willkommen auf der Scott Base. Hauptort des Ross-Nebengebiets. Einwohnerzahl: 85« Die Ziffern für die Einwohnerzahl sind austauschbar. Das Schild hat bei einigen amerikanischen Behörden schon für Unmut gesorgt, schließlich sind territoriale Ansprüche laut des Antarktisvertrages tabu. Angesichts der permanent wachsenden Präsenz von McMurdo, die bei Lichte betrachtet nichts anderes ist als ein handfester territorialer Anspruch, empfinde ich durchaus Sympathie für die vorwitzigen Neuseeländer.

Kurz vor dem umstrittenen Schild biege ich ab, quere den Abhang und folge einem schmalen Pfad, der bis zur Station führt. Es ist nur eine kleine Ansammlung von Hütten, gestrichen in einem hässlichen Siebziger-Jahre-Grünton, der an grauen Tagen deprimierend, an sonnigen aber durchaus frisch wirkt.

Die Bescheidenheit der Gebäude nimmt sich sehr viel vernünftiger aus als die exzessiven Bauten des US-amerikanischen Gegenstücks. Vor der imposanten Naturkulisse ist die Station jedenfalls sehr viel einladender als McMurdo. Kommt man zum ersten Mal zur Scott Base, denkt man: »So sieht es also in der Antarktis aus!« Kommt man nach McMurdo, ist man versucht, Scott persönlich zu plagiieren: »Großer Gott! Was für ein grauenvoller Ort …«[46]

Ich treffe Paul in der Lounge der Station, ein großzügiger und gut ausgestatteter Bereich mit einer Küchenzeile aus Edelstahl, wo man sich heiße Getränke zubereiten kann und einer gemütlichen Leseecke mit deckenhohen Bücherregalen und einem schönen Blick auf das Eisschelf und die Berge. Direkt unterhalb der Fenster drängt das Ross-Eisschelf mit einer Geschwindigkeit von etwa einem Zehntel Kilometer pro Stunde gegen das Festland der Ross-Insel. Das sind pro Tag immerhin mehrere Meter, und das Eis faltet und türmt sich im Zuge dieses Prozesses zu massiven, fantastischen Gebilden auf. An den Rissen im Meereis, die durch die gewaltigen, in Zeitlupe wirkenden Kräfte entstehen, ruhen schwarze Gestalten. Es sind Weddellrobben. Die Tiere haben sich aufs Eis gewuchtet, um sich auszuruhen und ihre Jungen zur Welt zu bringen. Die Schwachstellen in der Eisdecke des Ozeans haben sie angelockt.

Die Kiwis lassen gerade die Weihnachtsfeiertage ausklingen, die sie am 25. und am 26. begehen. Paul zeigt mir die Heißgetränke-Station, mit einer richtigen Espressomaschine und ordentlichem Tee. Ich mache mir eine heiße Schokolade, danach bekomme ich eine Führung durch die Basis. Alles an diesem Ort ist so klein und gemütlich eingerichtet, dass man sich fühlt wie an Bord eines Schiffs. Die Gebäude sind sehr gut isoliert (anders als die zugigen Baracken von McMurdo), die Luftfeuchtigkeit ist daher extrem niedrig. Das geht so weit, dass alle hier während des Gehens immer mit einer Hand an der Wand entlangstreichen, um sich an den darin verbauten Metallteilen zu entladen und so zu vermeiden, einen schmerzhaften stärkeren elektrostatischen Schlag zu erleiden. Probleme mit statischer Aufladung gibt es auch in McMurdo, aber in der Scott Base ist es sehr viel schlimmer. Vergisst man, sich rechtzeitig zu entladen, kann es durchaus passieren, dass man irreparable Schäden an elektronischen Geräten verursacht. Die Station ist so winzig, dass der Rundgang nicht lange dauert, und so spielen wir Scrabble bis in die frühen Morgenstunden und essen Hackfleisch-Tartes, und Paul macht sich einen Spaß daraus, seine ganz persönliche elektrostatische Ladung hin und wieder an meinem Arm abzuleiten.

Spät am nächsten Nachmittag fliegen David und ich in einem Bell 212 zurück nach Kap Royds.

»Wie war es denn so?«, frage ich ihn über das Headset, als wir schon in der Luft sind.

»Öhm, gut«, antwortet er, ohne weiter ins Detail zu gehen. Und dann, eine Minute später, ganz unvermittelt: »Ich hab uns noch eine Flasche Scotch gekauft.«

Einige Kilometer von der Küste entfernt entdecken wir die *Polar Star*, die sich langsam durch das Packeis in Richtung McMurdo arbeitet. So weit ist das Schiff also nur gekommen, seit ich es an der Meereiskante von Kap Royds am Weihnachtsmorgen zum ersten Mal gesehen habe. Der Anblick des Eisbrechers hoch aus der Luft macht mir einmal mehr bewusst, welche enormen Ausmaße der McMurdo-Sund hat. Vor dem Hintergrund der riesigen Eisfläche und der mächtigen Berge, die dahinter aufragen, wirkt das stattliche Schiff geradezu lächerlich klein. Es schmerzt mich zu sehen, wie die weiße Leinwand des gefrorenen Ozeans von der dunklen gezackten Linie durchschnitten wird, die der Eisbrecher hinter sich herzieht. Es fühlt sich an, als würde die Reinheit der Antarktis beschmutzt, als wäre ich Zeuge eines Angriffs auf ihre Unberührtheit. Ganz praktische Bedenken hege ich außerdem, da ich fürchte, der Eisbrecher könnte demnächst auch die Route unbenutzbar machen, die uns mit McMurdo, der Scott Base und dem Rest der Welt verbindet. Das würde heißen: keine Besuche mehr an den Wochenenden.

Ich muss an die E-Mails von Grahame Sydney denken, die ich heute heruntergeladen habe. Auch er ist der Antarktis verfallen, und hat schon mehrere Artikel über seinen Aufenthalt verfasst, die in verschiedenen neuseeländischen Tageszeitungen erschienen sind.

Er schrieb mir bescheiden, an den Texten sei nichts Außergewöhnliches, aber ich glaube, dass er es in den folgenden Zeilen ziemlich gut auf den Punkt bringt:

> Man sieht auf die Uhr, und stellt fest, dass es 4 Uhr ist, aber man hat keine Ahnung, ob 4 Uhr am Nachmittag oder 4 Uhr am Morgen, außer wenn die Sonne über White Island steht. Dann ist es Nacht.[47]

Und:

> Die Natur macht einem hier unmissverständlich klar, dass dies kein Ort für uns Menschen ist, und dass unsere Gegenwart auf diesem weißen Kontinent nur kurz währen kann, da wir hier so wenig willkommen und heimisch sind wie auf der Oberfläche des Mondes.[48]

Als wir am Kap Royds ankommen, erwartet uns ein atemberaubend schöner Sommerabend. Um 22 Uhr sitze ich in einem Stuhl auf unserer kleinen Veranda und genieße eine der schönsten Aussichten der bisherigen Saison. Ich bin unschlüssig, ob ich in meinen Schlafsack kriechen oder das herrliche Licht ausnutzen, mir meine Kamera schnappen und noch einmal hinunter zur Kolonie gehen soll. In solchen Nächten scheint es ein Frevel zu sein, überhaupt zu Bett zu gehen. Dank des permanenten Lichts macht der Schlafmangel einem kaum zu schaffen, man kann einfach immer weitermachen, getragen von einer Welle aus Adrenalin und Serotonin.

Es ist völlig windstill, aber sehr kalt. Ich fühle mich dennoch wohl, dank meiner Fleece-Hosen und langen Unterhosen, den beiden Polypro-Unterhemden, einem mitteldicken Shirt, einer Windjacke samt Steppweste und der Mütze. Ich sitze einfach nur da, bewegungslos, und zähle die Geräusche, die die Stille hin und wieder stören, wie in einer Meditationsübung. Leise dringt das Schnattern der Pinguine über die Anhöhe. Hinter mir, in der Hütte, summen unsere Batterien, die wir gerade am Solarmodul aufladen. David raschelt hin und wieder mit seinen Papieren, irgendwann putzt er sich die Zähne. Abgesehen davon erschallt alle paar Minuten der Ruf einer Skua, oder ich höre aus dem Inneren meines Körpers, der eben mein Abendessen verdaut, ein leise tickendes Geräusch. Das ist auch schon alles – Vögel, Batterien und Körpergeräusche, ansonsten ist dieser makellose Abend völlig still, so, als ob die Antarktis den Atem anhalten würde.

Die See unterhalb hat eine milchig-blau-weiße Tönung, die Wasseroberfläche ist glatt wie ein Spiegel. Angesichts all dieser Erhabenheit auch nur an Schlaf zu denken, gleicht einem Sakrileg. Etwas weiter draußen treibt ein breites Band aus Meereis, von der Abendsonne in rosafarbenes Licht getaucht. Es steht in perfektem Kontrast zu dem schimmernden Blauton, der das Meer, den Himmel und die Gipfel der Royal Society Range jenseits des Wassers durchflutet. Die Farben sind in ihrer Schönheit zurückhaltend, mit dem harten Schwarz und Weiß der gletscherbedeckten Vulkanlandschaft erzeugen sie einen Zustand subtiler Balance. Es fällt mir schwer zu begreifen, dass dies derselbe Ort ist, an dem noch Ende November so heftige Stürme getobt haben.

Kapitel 16

Das Wetter der vergangenen Tage war wechselhaft. Nach dem wunderschönen Abend, an dem wir aus Mactown zurückkamen, stiegen die Temperaturen wieder über den Gefrierpunkt, zu warm für die Pinguine. Gestern wurden am Kap Royds 2 °C gemessen, an geschützten Stellen der Kolonie war es wahrscheinlich noch wärmer. Pinguine kauerten sich über ihre Küken. Ihre Schnäbel waren weit aufgerissen und hechelnd, in dem Versuch, sowohl sich als auch ihrem Nachwuchs ein wenig Abkühlung zu verschaffen. Heute ist der Himmel grau bedeckt. Noch ist es windstill, doch die Kollegen am Kap Crozier berichten, dass über die Hänge des Mount Terror heftige Winde pfeifen, vielleicht schlägt also auch bei uns das Wetter bald um. Wie den Mount Erebus benannte James Clark Ross auch den Mount Terror nach einem der beiden Schiffe seiner Expedition. Es waren dieselben Schiffe, mit denen Sir John Franklin im Anschluss in die Arktis aufbrach, um dort nach der Nordwestpassage zu suchen. Die Franklin-Expedition endete katastrophal, sowohl die *Erebus* als auch die *Terror* gingen verloren.

Es wäre jedenfalls begrüßenswert, wenn die Temperaturen wieder sinken würden. Kälte ist für die Pinguinküken kein Problem, mit ihrem grauen dicken Daunengefieder und den isolierenden Fettschichten sind sie bestens geschützt. Es ist die Wärme, die ihnen gefährlich werden kann. Außerdem tauen unsere in der Schneewehe eingelagerten Lebensmittel immer schneller auf. In der Hütte ist es jetzt zu warm, um dort Verderbliches aufzubewahren. Ich muss immer wieder an den Anfang der Saison zurückdenken, als es hier drin so kalt wurde, dass innerhalb kürzester Zeit alles gefror, was sich nicht in unmittelbarer Nähe des Gasofens befand.

David und ich gehen gemeinsam hinunter zur Kolonie, und mir wird bewusst, dass schon über die Hälfte unserer Zeit hier verstrichen ist. Wir unterhalten uns darüber, was die Pinguine gefressen haben – das heißt, ich teile ihm meine Beobachtungen mit, und er reagiert hin und wieder mit einem Brummen. Mittlerweile habe ich mich an diese Eigenheit gewöhnt und lasse mich nicht davon aus dem Konzept bringen. Die Pinguine bleiben im Moment nie lange aus, wenn sie abwechselnd auf Beutefang gehen, und die fast fluoreszierende Farbe ihrer Exkremente lässt darauf schließen, dass sie in der Nähe der Kolonie an der Unterseite des nahe gelegenen Packeises Eiskrill erbeuten, kleine, garnelenähnliche Krustentiere mit dem lateinischen Namen *Euphausia crystallorophias*. Diese Krill-Art sammelt sich dort in großen Schwärmen, um die blühenden Algenteppiche unter den Eisschollen abzuweiden. Unsere Datenerhebungen zu den Ernährungsgewohnheiten lassen darauf schließen, dass die Küken gut versorgt sind, die Elterntiere scheinen unzählige der roten Wirbellosen zu erbeuten, mit denen sie den hungrigen Nachwuchs füttern. Die ganze Kolonie ist jetzt gesprenkelt mit roten Kotspritzern, purpurfarben verunreinigtes Brust- und Bauchgefieder miteingeschlossen, vor dem Krill-Guano der Vögel ist hier nichts sicher. Wir überprüfen darüber hinaus den Mageninhalt verstorbener Küken, um herauszufinden, was sie gefressen haben.

Heute überrasche ich ein Skua-Paar dabei, wie es ein frisch erlegtes Adélieküken verzehrt. Es gehörte zur B-REF-Kolonie, ich muss seinen Tod also protokollieren. Die Raubmöwen zerren ihre Beute ein Stückchen weiter weg und setzen ihr Mahl fort. Das Erste, worauf sich die Vögel stürzen, ist der Mageninhalt, den sie jetzt in einer feuchten Spur hinter dem Kadaver herziehen. Es handelt sich zum größten Teil um Krill, aber ich entdecke außerdem ein paar halb verdaute Bröckchen Antarktischen Silberfisch, der hell zwischen dem Matsch aus Krill aufglänzt.

Während wir einem der Vögel einen TDR abnehmen, erzähle ich David von der Bewerbung für ein Promotionsstipendium, die ich eingereicht habe, bevor ich in die Antarktis kam.

»Wie lautet deine wissenschaftliche Fragestellung?«, will er wissen.

»Mich interessieren Fragen, wie sie in *In a Perfect Ocean* gestellt werden«, erwidere ich. »Wie die Weltmeere wohl aussahen, bevor wir damit angefangen haben, alles Essbare daraus abzufischen.« Während der Jahre, die ich in der Antarktis gearbeitet habe, bekam ich eine vage Vorstellung davon, wie die intakten Weltmeere ausgesehen haben könnten.

»Hm«, sagt David. »Gute Wahl.« Und dann spricht er über den historischen Rückgang der Bestände von Robben, Walen, Finnwalen und Pinguinen als Folge der kommerziellen Jagd und des Fischfangs, der im späten 19. Jahrhundert rund um den Kontinent und in der Subantarktis einsetzte. Nichtsdestotrotz gibt es in der Antarktis heute immer noch – oder mittlerweile wieder – so immens große Populationen an Seevögeln oder Meeressäugern, wie sonst in keinem anderen Ozean der Welt. Das würde sich schnell ändern, würde man dem Drängen der Fischerei-Lobby nachgeben, die antarktischen Gewässer für die Jagd auf Krill und den Riesen-Antarktisdorsch freizugeben. Wissenschaftler und Umweltaktivisten setzen sich daher vehement dafür ein, das Rossmeer zum Schutzgebiet zu erklären.

In der Kolonie tauchen jetzt immer mehr nicht brütende Adélies auf. Die Subkolonien platzen aus allen Nähten, dehnen sich über ihre zuvor festgelegten Grenzen hinweg aus, und es entstehen komplett neue Subkolonien. Es ist wie eine Flut aus Pinguinen, die Tiere besetzen jede Nische und jede noch so kleine Felsritze am

Kap Royds. Heute habe ich fast einhundert markierte Pinguine entdeckt, bislang mein saisonaler Rekord. Und mit jedem Tag werden es mehr. Die Vögel, die sich bereits im November oder sogar schon im Oktober eingefunden haben, umsorgen geschäftig ihre Küken oder bebrüten Eier, aus denen bald Nachwuchs schlüpfen wird. Um sie herum herrscht lärmendes Chaos, während die Sommergäste nach ihren Partnern suchen, besetzte Reviere verteidigen oder versuchen, ihren Nachbarn Steine für den Nestbau zu klauen. Kurioserweise wird keiner dieser Vögel ein Ei legen, geschweige denn Küken großziehen: Sie kommen zu spät, ihre Hormone sind nicht mehr im Takt mit den Zyklen ihrer Umwelt. Das Zeitfenster für die Eiablage hat sich längst geschlossen, bald wird es nicht mehr genügend Krill geben, das Eis wird brechen und schließlich wieder zufrieren. Dennoch ist es wichtig für ihren natürlichen Rhythmus, dass sie hierherkommen, dass sie ein Territorium besetzen, Balzrituale ausführen und ihren Bund mit einem zu spät gekommenen Partner aus einem der vergangenen Jahre erneuern und festigen. Für die jüngeren Vögel ist es schlicht von Vorteil, sich in der Kolonie zu zeigen und sich mit diesem Ort vertraut zu machen, um im kommenden Jahr dann vielleicht selbst erfolgreich zu brüten.

Die zahlreichen Nachzügler bereiten den Skuas Probleme: Die Referenz-Kolonie ist expandiert, hat sich bis in das flache Gelände ausgebreitet, wo zwei Pärchen in kleinen Mulden im Kies ihre Eier gelegt haben und nun brüten. Vor ein paar Tagen habe ich beobachtet, wie drei Pinguine – die offenbar auf der Suche nach neuen Revieren waren – wiederholt eine Skua angriffen und sie von ihrem Nest vertrieben. Die Pinguine verschwanden irgendwann, doch heute lag die Schale des einzigen Eis (das durch ein hübsches sattes Lindgrün mit dunkelvioletten und schokoladenbraunen Flecken besticht) in zwei Teile zerbrochen in der Nähe des Nests. Der Inhalt, ein sicher beinahe schon ausgereiftes Küken, war verschwunden, wahrscheinlich erbeutet von einer anderen Skua, nachdem die

Eltern sich in Sicherheit vor den marodierenden Pinguinen bringen mussten. Ich bedaure die Vögel in diesem Moment – die Mühe eines ganzen Sommers war vergebens. Ich bewundere diese wilden Räuber, die sich in dieser rauen Umwelt so zäh zu behaupten wissen. Die meisten ihrer Bruten scheinen fehlzuschlagen – die Bedingungen sind eben hart –, aber die älteste beringte Skua, die man in der Antarktis je fand, war stolze 35 Jahre alt. Diese Tiere haben also viele Jahre Zeit, um sich erfolgreich fortzupflanzen, und so den Fortbestand ihrer Art zu sichern. Es sind zudem die einzigen Wildtiere, die sich je am Pol haben blicken lassen. Gelegentlich machen sie einen kurzen Zwischenstopp an der dortigen Basis, wenn sie den Kontinent überfliegen.

Die Skuapopulation mag hier einen kleinen Rückschlag erlitten haben, im Nest nebenan läuft aber alles nach Plan. Gestern hörte ich ein Küken piepen, versteckt unter dem Gefieder eines entschlossen dreinblickenden Altvogels. Es ist das Nest, das ich nach dem Sturm fotografiert habe, auf dem damals der halb eingeschneite, stoisch brütende Vogel saß. Heute habe ich das Küken gesehen, sehr klein und sehr zerzaust, das erste seiner Art in dieser Saison. Es hockte neben einem Felsen, während seine Eltern versuchten, sich gegen eine weitere Gruppe halbstarker Pinguine zu verteidigen. In diesem Fall stehe ich klar auf der Seite des Skua-Kükens. Diese Elterntiere waren aggressiver als alle, die ich bislang beobachtet habe, sei es, weil sie ein frisch geschlüpftes Junges haben oder einfach, weil sie besonders gute Eltern sind. Sie griffen die Pinguine immer wieder im Sturzflug aus der Luft an, und schließlich gelang es ihnen, sie zu vertreiben. Das ist für eine Skua eine beachtliche Leistung, denn einem ausgewachsenen Pinguin haben sie, was Gewicht und Kraft angeht, eigentlich wenig entgegenzusetzen. Rauben sie den Pinguinen Eier oder Küken, gelingt das nur mittels flinker Überraschungsangriffe, und zu Plünderern und Nesträubern werden die Skuas tatsächlich nur, wenn man ihnen die Chance dazu bietet: Die

Opportunisten schlagen zu, wenn brütende Pinguine sich streiten, anderweitig abgelenkt sind oder dem zweiten Ei weniger Aufmerksamkeit schenken, nachdem das erste Küken geschlüpft ist.

Heute bekam ich wieder die schmerzhafte Schlagkraft eines Pinguinflügels zu spüren. Ich glaube, einer der Finger meiner rechten Hand ist geprellt. Es passierte am Nachmittag, ich sollte ein Weibchen, dem wir einen PIT-Tag implantieren wollten, vom Nest pflücken. Auch ihr Partner war gerade in der Nähe. Er hatte die unangenehme Prozedur erst vor ein paar Tagen selbst über sich ergehen lassen müssen und war alles andere als erbaut, als er sah, wie ich auf sein Nest zuschlich. Wutentbrannt ging er zum Angriff über, den Schnabel weit aufgerissen, schreiend und wild mit den Flügeln schlagend. Er visierte meine Hände an – die gerade nach seiner auf dem Nest hockenden Partnerin griffen –, und mir wurde kurz übel vor Schmerz, als die knochigen Außenkanten seiner Flügel gegen meine Finger krachten wie eine zuschlagende Tür oder die harte Kante eines Holzlineals. Ich schnappte mir meinen Angreifer und schob ihn hinter mich, wo er nun in Höhe der Nieren auf meinen unteren Rücken eintrommelte, bevor er wieder auf sein Nest zustürzte, um die Küken wärmend unter die Flügel zu nehmen, die dank mir nun kurz ungeschützt dasaßen.

Unbegleitete Pinguine vom Nest zu heben, ist sehr viel einfacher: Man fasst den Pinguin mit einer Hand am Nacken, mit der anderen umgreift man den Schwanz, dann hebt man das Tier vorsichtig an, um zu verhindern, dass es versehentlich gegen die Küken oder die Eier tritt, wenn es anfängt zu zappeln. Anschließend bedeckt man die Küken, die sich sofort bereitwillig in den weichen Stoff kuscheln, mit einer Fleecemütze. Man hält das Elterntier sanft, aber bestimmt fest, während es die jeweiligen Zumutungen über sich ergehen lässt, die man für es in petto hat. Irgendwann während der Prozedur gelingt es den meisten erwachsenen Tieren, sich mit einem gezielten Strahl fischig stinkenden Guanos zu rächen, entsprechend sieht mittlerweile meine Montur aus. Am schlimmsten sind die Hosen, verkrustet mit allem möglichen Dreck, durch den ich hier ständig krieche – inklusive wieder hochgewürgter Nahrung und toter Küken aus der Vorsaison –, um mich vorsichtig einem der mehrere Dutzend Nester zu nähern. Meine Kleidung beginnt definitiv langsam selbst zu riechen wie ein Pinguin.

Kapitel 17

Wir stehen sehr früh auf an diesem Morgen. Um 7.45 Uhr holt uns ein Helikopter der US-Küstenwache ab, der uns zum Eisbrecher *Polar Sea* bringt, die in dieser Saison das Wettrennen gegen die *Polar Star* verloren hat, und erst als zweiter hier eintraf, um die Wasserstraße durch das Packeis zu verbreitern. Den Sieger, die *Polar Star*, hatte ich am frühen Morgen des Weihnachtstages entdeckt, als sie eben begann, sich in das Eis des McMurdo-Sunds zu fressen. Erst gestern waren wir auf dem Rückweg von der Station über das Schiff hinweggeflogen. Nun hat die *Polar Sea* beigedreht und wartet inmitten des Rossmeeres, jenseits der Schelfeiskante, vor der Beaufort-Insel auf uns. Ich trinke Kaffee und versuche, wach zu werden; wie gewohnt bin ich erst gegen drei Uhr morgens eingeschlafen, entsprechend zerschlagen fühle ich mich. In der Ecke der Hütte blinkt der Scanner, der die Signale der Funksender auffängt, die wir in den letzten Tagen auf den Rücken mehrerer Pinguine befestigt haben. Die Temperaturen liegen um null Grad, der Morgen ist kalt, sonnig und klar und erinnert mich auf merkwürdige Weise an einen Morgen im Spätherbst in Kanada. Der Wind kommt aus Norden, was angenehmes Wetter für unseren Ausflug zur Beaufort-Pinguinkolonie verspricht.

Ich gehe nach draußen und steige auf die Anhöhe hinter der Hütte, um nach dem Hubschrauber zu lauschen, der sich verspätet. In der stillen Luft der Antarktis hört man alles sehr viel früher, bevor man es sieht. Zuerst wird das Geräusch so leise sein, dass man es auch mit dem eigenen Herzschlag verwechseln könnte, doch dann verwandelt es sich in etwas Greifbareres, wie das Stakkato von Rotorblättern oder das Prusten eines auftauchenden Wals. Und dann, etliche Minuten später, kann man in weiter Ferne die Umrisse der Geräuschquelle ausmachen.

Der Anblick des Meereises, das sich in einem kühnen Schwung vom Kap Royds bis zu den fernen Bergen und dem Rand des Ross-Schelfeises hin erstreckt, ist atemberaubend. Die Ebene schimmert so seidig-glatt unter der Morgensonne wie ein Robbenfell, die Schneefelder am Mount Erebus erstrahlen daneben in intensiver Reinheit. Wie zu erwarten, höre ich den Helikopter der Küstenwache, lange bevor er in Sichtweite kommt. Als es so weit ist, wirkt die große Maschine zunächst wie eine winzige Staubflocke, die vor den silbrigen Flanken des Mount Erebus schwebt.

Um 8.30 Uhr landet der Helikopter auf dem tauenden Schneefeld unterhalb unserer Hütte. Anders als die komfortablen Modelle, die aus McMurdo kommen, die eleganten A-Stars und die geräumigen Bell 212, handelt es sich bei diesem Hubschrauber um einen Dauphin, ein nüchternes Arbeitsgerät, klar ausgelegt auf ernsthafte Einsätze wie zum Beispiel Rettungsoperationen auf hoher See. Unterstrichen wird dieser Eindruck durch den Heckrotor, der nicht offen liegt, sondern stoßfest von einem schmucklosen Gehäuse am Rumpfende umschlossen wird.

Der Bordmechaniker springt heraus und kommt energisch auf uns zugestapft, der Mann trägt dick gefütterte Stiefel und einen Daunenparka, in den Händen hält er unsere Flughelme und Sicherheitswesten. Wir werden über das offene Meer fliegen, was McMurdo-Helikoptern aus Sicherheitsgründen nicht gestattet ist. »Bleiben Sie dicht hinter mir«, schreit er uns an, um das ohrenbetäubende Knattern der Rotorblätter zu übertönen. Diese »heißen Landungen« – die man durchführt, ohne den Motor abzuschalten – sind in der Antarktis durchaus die Regel: Die Piloten wollen keine Zeit verschwenden, sondern Menschen und Fracht eilig aufnehmen und sich so schnell wie möglich wieder auf den Weiterflug machen, bevor das Wetter umschlägt oder der Wind auffrischt, was hier innerhalb kürzester Zeit passieren kann.

Wir folgen dem Mann quer über das Schneefeld zum Hubschrauber. Er weist ins Innere, es scheint sich um den rückwärtigen Frachtbereich zu handeln, und brüllt: »Da hinsetzen!«, dann geht er weg, um unsere Telemetrie-Ausrüstung in einem Staufach im Heck unterzubringen. »Da« ist ein kaum als solcher erkennbarer, winziger Notsitz, der aussieht wie ein hartes Kissen, das man achtlos in die hinterste Ecke des Hubschraubers gepfeffert hat, die dazugehörigen Sitz- und Schultergurte wuchern wie Schlingpflanzen aus Boden und Schottwand. Ich zwänge mich hinein und mühe mich damit ab, alle nötigen Schnallen zu schließen, behindert durch meinen unförmigen Parka und den schraubstockartigen Druck, den der Helm auf meinen Schädel ausübt. Zu spät stelle ich fest, dass die Anschlüsse für mein Headset jetzt außer Reichweite sind, und ich muss die Hälfte der Verschlüsse wieder lösen und noch einmal von vorn anfangen.

Davids Sitzplatz ist noch spartanischer – es ist der blanke Boden des Frachtraums, gesichert wird er dort mittels Gurtband und Karabinerhaken. Unsere restliche Ausrüstung – Kameras, Rucksäcke, die Seesäcke mit der überlebensnotwendigen Kälteschutzbekleidung – wird uns hinterhergeworfen, wir verstauen alles zu unseren Füßen. Der Bordtechniker klettert über Seitentür in die Maschine, und kaum hat er dem Piloten über das Headset das Signal zum Start gegeben, sind wir auch schon in der Luft. Auf seinem Sitz kann er über eine quer über den Boden verlaufende Schiene durch den Raum gleiten, um, wie der Schütze eines Kampfflugzeuges, während des Fluges alles optimal im Blick zu behalten. Er kann sich sogar komplett zur Seitentür hinaushängen lassen (was er jetzt auch tut, um unseren Start zu überwachen. Dieses beeindruckende Feature wird wohl vor allem bei Rettungseinsätzen auf See benötigt, oder um Menschen vom Deck sinkender Schiffe zu bergen).

Glücklicherweise gibt es in der Ecke, in der ich angegurtet und bewegungsunfähig verharre, ein großes Fenster; so kann ich zusehen, wie die Küste der Ross-Insel unter uns entlangflitzt, ohne den Kopf bewegen zu müssen. Ein weiterer Zwischenstopp steht aus, bevor wir die *Polar Sea* ansteuern. Am nördlichsten Zipfel der Insel, am Kap Bird, werden wir noch zwei neuseeländische Kollegen vom Kiwi-Forschungs-Feldlager abholen: Kerry, der Katie abgelöst hat, als sie zu Weihnachten wieder abgereist ist, und Willie. Unter uns liegt die nördlich von Kap Royds gelegene Wohlschlag Bay, wo die See so still und glatt ist wie der Ozean in Samuel Coleridges Ballade vom alten Seemann. Komplette, von Gletschern bedeckte Berge spiegeln sich auf der makellosen Oberfläche des Wassers, die enormen silbrig-schimmernden Reflexionen steigen zaghaft auf, um zwischen Land und Meer auf ihre realen Pendants zu treffen. Vielleicht sind diese fantastischen Trugbilder von noch erhabenerer Schönheit als die Realität. Um das Bild zu vervollständigen, ziehen Eisschollen über die reflektierten Felsmassive hinweg, wie surreale Wolken über einen azurblauen Himmel.

Schließlich erscheint unter uns die Adélie-Kolonie von Kap Bird, und der Assistent geht die vor der Landung obligatorische Checkliste mit dem Piloten durch. Dann lässt er seinen Sitz zur Seite schießen, reißt die Tür auf und hängt sich erneut weit aus der Maschine, um den Zustand des Landeplatzes zu überprüfen. Er gibt die Infos brüllend über Headset weiter, während der Boden auf uns zurast. Wir sinken unter die Spitze des Kaps, das unmittelbar hinter der schmalen Landungsstelle in die Höhe ragt, und mir wird so plötzlich die Sicht genommen, als hätte jemand vor dem Fenster einen Vorhang zugezogen. Dann sind wir am Boden, und einige Pinguine suchen aufgeschreckt das Weite; wir sind hier zwar ziemlich weit entfernt von der Kolonie, doch einige glücklose Exemplare dachten wohl, der provisorische Landeplatz sei ein guter Ort für eine Ruhepause.

Kerry und Willie rennen gebückt auf die Seitentür des Helikopters zu, setzen die Helme auf, schlüpfen in die Sicherheitswesten und springen an Bord, während die Rotoren sich in unverminderter Geschwindigkeit weiterdrehen. Sie verstauen ihre Ausrüstung hastig neben unserer, und schon sind wir wieder in der Luft und fliegen in Richtung Beaufort-Insel, etwa 17 Seemeilen entfernt. Man kann die Insel schon von hier aus erkennen, ihr eisbedeckter Vulkankrater ragt in der Ferne aus dem Rossmeer. Auf dem Weg sehen wir auch den gigantischen Eisberg B-15A, an der Stelle, an der er seit einigen Jahren festliegt. Während dieser Saison habe ich schon alle möglichen und unmöglichen Vergleiche gehört, die die Leute anstellten, um seine enorme Größe zu beschreiben – drei Viertel von Kreta, so groß wie Delaware, größer als Prince Edward Island … Das alles klang sehr beeindruckend, aber was das wirklich bedeutet, konnte ich mir dennoch nicht vorstellen. Als ich den Eisberg zum ersten Mal sehe, ist es ein erschreckender Anblick. Das Gebilde nimmt unser gesamtes Blickfeld Richtung Nordosten ein und unter dem blendend weißen Himmel ist kaum auszumachen, wo der Eisberg endet und der Horizont beginnt.

Sämtliche Abläufe auf diesem Flug – die Funkkommunikation, das Prozedere vor der Landung, das Aufnehmen der Passagiere – gleichen einer diszipliniert einstudierten Choreografie, ausgeführt mit der minimalistischen Präzision des Militärs. Die Helo-Ops-Crew von McMurdo wickelt ihre Aufgaben zwar durchaus souverän und professionell ab, neben dieser Operation der Küstenwache wirkt sie trotzdem ein bisschen wie ein Pfadfinderverein. Wir landen auf dem Achterdeck der *Polar Sea*, nachdem wir eine Weile über dem Schiff gekreist sind und Informationen über Windgeschwindigkeit, Windrichtung, Ausrichtung des Schiffs, Neigungswinkel und diverse weitere, für die sichere Landung so entscheidende wie mir rätselhafte Phänomene ausgetauscht wurden. Dann eilen auf dem Deck vier Mann in einheitlich violetter Montur herbei, die Leinen bereithalten, sie befestigen die Pontons des Hubschraubers an Deck, bevor sie sich wie auf ein geheimes Kommando hin gleichzeitig zurückziehen. Ihre so perfekt koordinierten wie intuitiven Bewegungen lassen mich an einen Fischschwarm oder eine Herde Gazellen denken. Diesmal stellt der Pilot den Motor ab, und wir werden aus den engen Helmen und von den Gurten befreit und in die Weitläufigkeit des Decks entlassen.

Unsere Kollegen vom Kap Crozier sollten eigentlich bereits an Bord sein, doch sie verspäten sich wohl um etwa eineinhalb Stunden, weil der Pilot des Helikopters, der sie abholen sollte, den Landeplatz zwischen den Nestern von über einer halben Million Pinguinen nicht finden konnte. Es ist wirklich eine gigantische Kolonie. Irgendwann gab er wohl auf und drehte einfach ab, um sich anderen Aufgaben zuzuwenden. Man führt uns durch das Schiff und bietet uns schließlich eine Tasse Kaffee und Muffins an, während wir warten. Uns allen fällt eine Fruchtfliege auf, die träge durch die Messe gaukelt – keiner von uns hat in den letzten paar Monaten auch nur ein einziges Insekt zu Gesicht bekommen.

Endlich trifft der Hubschrauber mit Grant, Viola und Rachael ein. Sechs Wochen sind vergangen, seit wir das Team zum letzten Mal gesehen haben, und seither haben unsere Kollegen weder geduscht, noch hatten sie Gelegenheit, ihre Wäsche zu waschen. Wir waren immerhin noch alle zehn bis vierzehn Tage in McMurdo. Kerry und Willie haben ebenfalls seit drei bis vier Wochen kein Bad genommen, selbst David und ich sehen wettergegerbt und schmuddelig aus, obwohl unsere letzte Dusche noch nicht lange zurückliegt. Neben den adrett gekleideten Frauen und tadellos rasierten Männern der Küstenwache macht unser bunt zusammengewürfelter Haufen mit den zotteligen Haaren, den sonnenverbrannten Gesichtern und den Parkas und Hosen, die mit Pinguindreck in allen möglichen Farbnuancen verunziert sind, keine besonders gute Figur. Ein paar Crewmitglieder, die auf Deck eine Zigarettenpause machen, beäugen uns verstohlen und freuen sich im Stillen sicher, dass sie jeden Tag duschen können. Nach der üblichen hektischen Betriebsamkeit, die solchen Operationen vorausgeht, steigen wir unter der Schiffsreling hindurch auf eine Jakobsleiter und klettern herunter, wo ein Aluminiumboot mit geschlossener Kajüte auf uns wartet, das uns und unsere Ausrüstung bis an den Strand der Beaufort-Insel bringen wird, nur wenige Minuten Fahrtzeit entfernt. Kerry hat sich bei einem Sturz am Kap Bird vor kurzem am Knie verletzt, die Strickleiter kommt für sie also nicht in Frage. Nach einigem Hin und Her gibt ihr der Bootsmann einen Sicherheitsgurt und seilt sie an einem Rettungsbootladebaum ab, kein sehr würdevolles Schauspiel.

Beaufort ist umgeben von einem dicken Gürtel aus Meereis, das fest mit der Uferlinie verbunden ist, Überreste des winterlich gefrorenen Ozeans. Dem Bootsführer gelingt es irgendwie, eine passierbare Lücke in dieser natürlichen Barriere ausfindig zu machen, er manövriert uns hindurch, der Rumpf setzt auf gefrorenem Grund auf. Zu beiden Seiten unserer Anlandungsstelle ragen fantastische Meereisgebilde empor, die höher als die Kajüte des Bootes sind. Wir steigen über den Bug aus und folgen einer Gruppe von Adéliepinguinen durch einen schmalen Spalt, der sich vor uns auftut. So gelangen wir auf eine breite, flache Eisbank, die wiederum in einem schmalen gewundenen Korridor durch das Eis führt. Es ist eine geradezu märchenhafte Umgebung, von überkragenden Eiswänden hängen riesige Eiszapfen herab, am Rand des gefrorenen Weges haben sich dünne Rinnsale und Pfützen aus aquamarinblauem Schmelzwasser gebildet. Ich frage mich, ob wir gerade den geheimen Eingang zum Palast der Schneekönigin gefunden haben.

Doch statt der Schneekönigin erwartet uns die raue Wildnis der Beaufort-Insel mit einer etwa 35 000 Paare starken Adélie-Kolonie. Die Vögel haben sich in schier endlosen, dicht geschlossenen Reihen auf den erhöht liegenden natürlichen Terrassen niedergelassen, die entlang der Südspitze der Insel verlaufen, und dort ihre Nester gebaut. Mächtige vulkanische Felsen überragen die Szenerie, von Wind und Eis und der Schwerkraft selbst in die unwahrscheinlichsten Formen gezwungen, deren Konturen sich scharf gegen den Himmel abheben. Die Farben hier sind so brillant wie die eines edlen Wandteppichs: ockerfarbenes, rostrotes und schokoladenbraunes Vulkangestein, das Kobaltblau des sommerlichen Himmels, dazu die leuchtend hellgrünen Matten der terrestrischen Alge *Prasiola crispa*, die überall dort gedeiht, wo sie durch den vom Wind verteilten Guano der Pinguine mit Nährstoffen versorgt wird. In der Ferne sorgen die allgegenwärtigen Gletscher der Ross-Insel für die silberfarbene Kulisse.

Zwei Stunden lang laufen wir die Reihen ab und suchen nach markierten Pinguinen, danach wiegen wir Küken aus insgesamt dreißig zufällig ausgewählten Nestern in der ganzen Kolonie. Manche sind noch ganz klein, ihr Gefieder von samtigem Taubengrau, sie sind erst vor kurzem geschlüpft. Andere sind wohlgenährt und haben bereits eine dicke Speckschicht, sie sehen aus wie flaumige dunkle Birnen. Alle beobachten uns arglos aus ihren schiefergrauen Augen, während wir ihre Flügel messen und sie anschließend in das Leinensäckchen bugsieren, das an unserer Waage aufgehängt wird. Danach bringen wir sie zurück in ihre Nester, wo schon die aufgebrachten Elterntiere warten.

Im Gegensatz zum vulkanischen Geröll am Kap Royds sind die Nester hier aus hübschen runden Strandkieseln gebaut, die Zeugnis ablegen von der bewegten geologischen Geschichte dieses Ortes: Mit dem Auftreten und dem Ende der Eiszeiten hat sich mehrfach die Höhe des Meeresspiegels verändert, was auch die Ursache für diese erhöht gelegenen Strandabschnitte ist. Am höchsten Punkt des obersten Strandes stoßen wir auf ein originales, handgefertigtes Schild, das von einem Ereignis der jüngeren Geschichte erzählt, nämlich der Landung einer neuseeländischen Expeditionsmannschaft im Jahr 1959. Auf dem Schild sind die Namen sämtlicher Teilnehmer vermerkt. Genau wie wir kamen sie in einem kleinen Beiboot hierher, das von einem größeren Schiff in der Nähe aus startete. Die Anreise von einem der kargen Quartiere auf der Ross-Insel über die eisigen Gewässer muss aber sehr viel beschwerlicher gewesen sein als unser kleiner Ausflug heute. Wir sind hingerissen von diesem wilden, entlegenen und märchenhaften Ort, doch bald schon müssen wir uns auf den Rückweg machen, zurück zum Boot, das uns schließlich wieder zum Schiff bringt.

Zurück an Bord gehen wir in die Messe, wo wir uns setzen und uns ein wenig aufwärmen können, wobei uns von Minute zu Minute mehr bewusst wird, wie penetrant unsere Kleidung nach Pinguin stinkt. Etliche Mitglieder der Crew umsorgen uns aufmerksam – vom einfachen Matrosen bis hin zum Executive Officer, oder XO, einem der ranghöchsten Offiziere auf dem Schiff. Eine Mitarbeiterin kommt auf unseren Tisch zu, als wir dort gerade ein Glas Saft trinken und Anekdoten über das Leben im Camp austauschen. Sie teilt uns mit, dass das Wetter in McMurdo sich während des Nachmittags zusehends verschlechtert hat, es starten dort daher vorläufig keine Helikopter mehr. Die Helikopter des Schiffs seien ebenfalls vor Ort, weil man einen Teil der Mannschaft zur Station gebracht habe. Unser Betreuer lasse uns daher davon in Kenntnis setzen, dass wir die Nacht auf dem Schiff verbringen würden.

So viel zum Thema Nordwind und Aussichten auf gutes Wetter. Meine Kollegen und ich nehmen die Nachricht unterschiedlich auf, manch einer freut sich auf eine Dusche, andere ärgern sich darüber, dass sie nun mindestens einen wertvollen Arbeitstag verlieren. Nacheinander erscheinen Mitglieder der Crew und versorgen uns mit Handtüchern und Hygieneartikeln. Außerdem fragt man uns nach unseren Körpermaßen. Die Hygieneartikel erhalten wir als kompaktes Päckchen, komplett mit winzigen Tuben Zahnpasta, Handlotion und Haarspülung, außerdem mit einem Sticker, auf dem unter einer US-Flagge »God Bless America« steht. Die Nicht-Amerikaner unter uns müssen angesichts von so viel nationalem Pathos an so profaner Stelle grinsen, unsere amerikanischen Kollegen rollen ziemlich unpatriotisch mit den Augen.

Wir werden zu unseren Kabinen gebracht, die im hinteren Unterdeck liegen, vor dem Abendessen bleibt uns jede Menge Zeit für eine lange heiße Dusche. Ich teile mir eine Kabine mit Rachael. Während wir uns abschrubben, erscheinen zwei weitere Betreuer und kündigen an, sie würden uns zum Essen begleiten und außerdem unsere Wäsche für uns waschen.

Wir protestieren, die Vorstellung ist uns unangenehm, aber die beiden insistieren höflich. Nachdem sie weg sind, mutmaßen wir, dass die Order, uns schnellstmöglich von dem uns anhaftenden Pinguindreck zu befreien, von höchster Stelle kam. Kein Wunder, angesichts des üblen Gestanks, der rund um uns aufsteigt, sobald wir ins Warme kommen.

Nach dem Abendessen gehen wir auf die Brücke. David unterhält sich mit Viola, während ich fasziniert beobachte, wie das Schiff sich langsam durch das Meereis arbeitet. Wie hypnotisiert folgt mein Blick dem endlosen dunklen Riss, der sich vor dem Bug bis in die Ferne erstreckt, und ich sehe zu, wie das schwarze Wasser träge hervorsprudelt, wenn das Eis aufbricht. Wieder einmal fällt mir auf, wie gesprächig David auf einmal ist, wenn er andere Menschen trifft. Mir wird klar, dass ich mich genauso verhalte. Im Camp reden wir nur über das absolut Nötigste, kommt Besuch von Fremden, taue ich plötzlich auf.

»Wie geht es deiner Frau?«, höre ich Viola jetzt fragen.

Ich starre entgeistert Grant an, der gerade neben mir steht.

»Seine Frau?«, zische ich ungläubig. »Seine *Frau*?! Ich hatte keine Ahnung, dass David verheiratet ist. Wir leben jetzt seit sechs Wochen im Camp zusammen, und er hat sie kein einziges Mal erwähnt.«

Grant grinst mich frech an. »Na ja, so ist eben der David«, sagt er. »Keine große Plaudertasche.«

Das Abendessen an Bord wird zu einer Zeit serviert, zu der die meisten von uns sonst Mittag essen. Gegen 22 Uhr haben Rachael und ich schon wieder Hunger, und wir gehen in die Bordküche und schwatzen dort mit den Angestellten, während wir auf die Midrats warten, die um 23 Uhr ausgegeben werden. Natürlich ist es für uns viel zu früh, um danach direkt zu Bett zu gehen; auch am Kap Crozier hat das endlose Tageslicht den Biorhythmus meiner Kollegen durcheinandergebracht, und Rachael gesteht mir, dass sie nie vor zwei Uhr morgens einschläft. Nachdem wir also unsere Midrats vertilgt haben, vertreiben wir uns in der Kabine die Zeit damit, fasziniert die lange Liste an Regeln und Vorschriften zu studieren, die an der Innenseite der Tür befestigt ist. Unter anderem kann man sich dort darüber informieren, wie viele Paar Schuhe maximal unter jedem Bett oder jeder »Koje« verwahrt oder wie viele Kleidungsstücke und Wäschesäcke außen an den Spind gehängt werden dürfen. Außerdem gibt es klare Vorgaben zum korrekten Machen der Betten und zum Verstauen von Fernsehgeräten, Gitarren oder Keyboards; Besuche von männlichen Personen in von weiblichen Personen besetzten Kabinen sind untersagt, dasselbe gilt natürlich auch umgekehrt. Schließlich wird man daran erinnert, dass pro Koje nur ein Stofftier zulässig ist.

Die empfindlichen Strafen, die bei Verletzung dieser Regeln drohen, sind ebenfalls aufgeführt. Anscheinend geht es hier sehr viel disziplinierter und strenger zu als auf den kanadischen und europäischen Schiffen, auf denen ich gearbeitet habe. Man hat uns auch bereits darüber informiert, dass es sich um ein »trockenes Schiff«

handelt, es gibt an Bord also keinen einzigen Tropfen Alkohol. Mit harten Bedingungen dieser Art hätte ich ausgerechnet auf See nicht gerechnet. Andererseits sind viele der Mannschaftsmitglieder noch sehr jung und dürften in ihren Herkunftsländern wahrscheinlich wirklich noch nicht trinken. Vielleicht hilft diese radikale Maßnahme, unnötigen Problemen vorzubeugen. Und manchmal wäre es sicher besser, wenn es an Bord von Schiffen generell keinen Alkohol gäbe, denke ich jetzt, und mir fallen die Geschichten ein, die mein Vater mir aus der Zeit erzählte, als er als Chefingenieur in der kanadischen Arktis zur See fuhr. Es war immer wieder vorgekommen, dass er Mitarbeiter wegbeordern musste, weil sie betrunken zum Dienst erschienen. Kurz nachdem wir in unsere Betten gekrochen sind, beginnt das Schiff, sich ins massive Meereis vor Kap Royds zu fressen. Es verbreitert den Wasserweg, den die *Polar Star* bereits am Weihnachtstag angelegt hat. Das dumpfe Knirschen des Rumpfs hält die ganze Nacht über an, das Geräusch verfolgt mich bis in den Schlaf. Ich fühle mich, als würde ich in einem Auto schlafen, das an einer endlos langen Mauer entlangschrammt.

Wir werden grob von einer Art elektronischem Warnton aus dem Schlaf gerissen, der aus dem Gang ertönt, dann folgt eine dumpfe Ansage über Lautsprecher. In der fensterlosen Kabine ist es stockdunkel, aber als ich auf die Uhr sehe, stelle ich überrascht fest, dass es bereits 7.15 Uhr ist. Das einzige Wort, das ich aus dem Gang verstehe, ist »Überflutung. Überflutung, Überflutung«.

Ich setze mich benommen im Bett auf und frage mich, ob das Ganze vielleicht eine Übung ist, als der XO, unser Betreuer vom Abend zuvor, an die Tür hämmert und brüllt, wir sollten sofort aufstehen, wir müssten raus aus der Kabine, er werde uns in einer Minute abholen.

Rachael und ich springen aus den Betten und ziehen uns warme Sachen über. Sie greift nach ihrem Parka, ich nach der Tasche mit meiner restlichen Kleidung – »Nur Ihre Schuhe, los jetzt!«, drängt der XO, der nun in der Tür steht –, und wir werden nach oben gescheucht. Herbeieilende Crewmitglieder verriegeln Luken und Feuerschutztüren hinter uns. Man führt uns zum Helikopter-Hangar auf dem Hauptdeck, wo wir uns zum Bootsmann und seinem Kollegen gesellen. Die Männer hängen an ihren Funkgeräten und halten uns auf dem Laufenden. Offenbar ist die Dichtung der rechten Propellerwelle kaputt. Den Bootsmann scheint es nicht wirklich zu beunruhigen, dass nun ein beträchtliches Loch im Rumpf des Schiffs klafft, durch das Wasser in einen der Maschinenräume eindringt.

»Das passiert in jeder Saison ein paarmal«, sagt er nur trocken. »Das ganze Gerüttel während des Eisbrechens lockert die Dichtungen und Rohre, und hin und wieder geht eine Dichtung kaputt.«

Offenbar bringt die Crew in diesem Moment ein aufblasbares Ersatzteil an, das Ganze heißt dann Stop-Gap-Measure (kein Witz). Das Provisorium soll weiteren Schäden vorbeugen, bis die Taucher hinuntergehen und eine ordentliche, neue Dichtung installieren können.

»Die Dinger taugen nichts, die müssen geklebt und zusammengetackert werden, sobald sie eingesetzt sind«, informiert mich der Bootsmann. »Das ist alles billiger Scheiß, im Ernst.«

Ich erwidere, das sei keine besonders ermutigende Einschätzung, da es sich doch um einen wichtigen Bauteil des Schiffs handle, aber er zuckt nur mit den Achseln.

Der Alarm wird bald wieder abgestellt, und wir können zurück in unsere Kabine gehen und unsere restlichen Sachen holen. Der Sturm, der unseren Abflug verzögert hat, hat sich abgeschwächt oder ist wenigstens in Richtung Norden abgezogen. Uns bleibt noch nicht einmal Zeit für ein Frühstück, unser Helikopter soll innerhalb der nächsten 30 Minuten auf dem rückwärtigen Deck des Schiffs landen. Wir packen eilig unsere Sachen zusammen und hasten zurück zum Hangar. Der gestrige Drill mit dem Helikopter wiederholt sich, nur dass es jetzt wieder nach Hause geht. Als wir in der Luft sind, sehen wir, dass die *Polar Sea* nur wenige Minuten von Kap Royds entfernt vor Anker gegangen ist. An Bord hatte es sich angefühlt, als wären wir Welten weit weg. Der Helikopter landet vor dem Rac-Tent, und wir steigen eilig aus. Obwohl mir der strenge Geruch nach unserer kurzen Abwesenheit mehr auffällt als sonst, bin ich froh, wieder hier in der Nähe der Pinguinkolonie zu sein und freue mich sogar auf unsere bescheidene Bleibe. Und während ich unser Gepäck hinauf zur Hütte schleppe, fällt mir plötzlich ein, dass heute Silvester ist.

Kapitel 18

Am Neujahrstag bin ich schlecht aufgelegt. In den letzten paar Nächten habe ich kaum geschlafen, da ich vor 2 Uhr morgens ohnehin nie einschlafen kann und für den Trip nach Beaufort besonders früh aufstehen musste. Außerdem pfeift uns der Wind um die Ohren, es sind die Ausläufer des Sturms, dank dessen wir die Nacht auf der *Polar Sea* verbringen mussten. Tage wie dieser zehren besonders an den Kräften – es ist zu windig, um draußen vernünftig zu arbeiten, aber nicht windig genug, um in der Hütte bleiben zu müssen, wo man sich wenigstens mit liegen gebliebenen Haushaltsaufgaben beschäftigen kann.

Unten an der Kolonie halte ich Ausschau nach Flügeln mit Metallbändern, aber bei diesem Wetter ist das eigentlich sinnlos. Wegen des Windes kann man das Fernglas nicht ruhig halten und deswegen auch kaum etwas erkennen. Um die Nummer auf den Metallspangen trotzdem zu entziffern, müssen wir so nah an die Vögel heranrücken, dass sie nervös werden und anfangen sich im Kreis zu drehen, um uns im Blick zu behalten. Wir versuchen dann wiederum, uns von hinten anzuschleichen. Der nervtötende Eiertanz führt meist nicht zum gewünschten Ergebnis, und irgendwann gebe ich auf, um darauf zu warten, dass der Wind sich legt.

In der vergangenen Nacht war der Himmel klar, doch der Tag hat dieses Versprechen auf besseres Wetter nicht eingelöst. Nicht nur der Wind heult, über uns ballen sich bedrohlich schwere, schiefergraue Wolken zusammen – es ist der unfreundlichste Tag seit langem, obwohl es nicht einmal besonders kalt ist. Mir wird bewusst, dass mir die Tatsache zu schaffen macht, dass wir uns in etwa in der Mitte der Saison befinden. Das frische Gefühl der ersten Tage am Kap Royds ist nun ebenso so weit weg wie der Tag meiner Abreise. Grundsätzlich komme ich mit der Einsamkeit im Camp und der rauen Realität unserer Arbeit im Freien gut zurecht. Aber während der vergangenen Tage nagte all das mehr an mir als sonst. Immerzu muss ich an meine Freunde denken, an die Partys, die sie gemeinsam feiern (einen Tag später als hier, wir richten uns nach neuseeländischer Zeit). Plötzlich verspüre ich das dringende Bedürfnis, auszugehen, zu tanzen, zu trinken und zu quatschen und mich einfach wie jemand zu fühlen, der keinen 24-Stunden-Job mitten im Nirgendwo hat. Ich brauche mal wieder einen freien Tag, allerdings keinen freien Tag in Mactown, den ich damit zubringe, hektisch lange Listen abzuarbeiten. Weil das aber keine Option ist, hoffe ich, dass das Wetter morgen richtig schlecht ist: Es wird Zeit für einen Tag in der Hütte.

Heute haben wir damit angefangen, den Zustand der Küken zu überprüfen – von nun an werden wir dafür jede Woche einige Exemplare wiegen. Das bedeutet, die Jungen aus zufällig ausgewählten Nestern in einem bestimmten Bereich der Kolonie zu entnehmen, sie zu wiegen und die Länge ihrer Flügelsehnen zu messen, zwei wichtige Werte, wenn man feststellen möchte, wie gut sie ernährt sind und wie schnell sie wachsen. Es ist dieselbe Prozedur wie auf der Beaufort-Insel. An Händen und Unterarmen ziehe ich mir dabei neue Schrammen und blaue Flecken zu: Viele der Nachbarn unserer Zielnester reagieren empört, wenn ich sie sanft aus dem Weg schiebe, die Elterntiere unserer Studienobjekte zeigen sich ebenfalls wenig begeistert. Zwischen Daumen und Zeigefinger habe ich eine hässliche schmerzhafte Beule, Folge des gezielten Flügelhiebs eines besonders erzürnten Vogels. Etwas später am Tag kommt die *Nathaniel B. Palmer* auf ihrem Weg Richtung Süden vorbei, ein US-Forschungseisbrecher, der den von der *Polar*

Sea und der *Polar Star* geschaffenen Kanal nutzt. Auch die Touristenschiffe werden bald ankommen, es sind allerdings nicht viele, die sich so weit in den Süden vorwagen. Ich freue ich schon darauf, obwohl unangemeldeter Besuch auch zu peinlichen Situationen führen kann. Vorgestern auf dem Schiff erzählte Kerry mir von einem Erlebnis während eines Einsatzes vor einigen Jahren: Sie saß um zwei Uhr morgens auf dem Toiletteneimer und genoss die Aussicht, als plötzlich eine Gruppe Touristen in roten Parkas auf der Anhöhe vor ihr auftauchte.

»Da hatte selbst ich die Nase mal kurz voll!«, sagte sie empört.

Mein Wunsch nach einem Schlechtwettertag scheint sich derweil zu erfüllen. Gerade war ich draußen, um dem verhassten übel riechenden Eimer vor unserer Hütte einen Besuch abzustatten, als mich eine Böe beinahe von den Füßen riss. Es fallen einige wenige winzige Flocken.

Nach dem Abendessen rufe ich per Satellitentelefon zu Hause an und melde mich kurz auf der Neujahrs-Party von ein paar Freunden. Alle sind schon ziemlich angetrunken und scheinen sich wahnsinnig über meinen Anruf zu freuen, man beschwert sich über die winterliche Kälte. Im Winter auf der Nordhalbkugel herrschen in etwa dieselben Temperaturen wie hier in der vergangenen Woche, ein paar Grad unter null. Bemerkenswert, dass die Menschen dort das als kalt empfinden, wir hier hingegen von relativ mildem Wetter sprechen, vor allem verglichen mit den Stürmen zu Beginn der Saison.

Es geht auf Mitternacht zu, und ich habe meine Kopfhörer in den Laptop eingestöpselt. Einmal mehr lausche ich Yo-Yo Mas Cellospiel, Bach-Suite Nr. 1. Die Musik ist so ergreifend schön, dass einem der Atem stockt, die Töne schrauben sich mit der Eleganz eines Vogelflugs in die Höhe und fallen sanft wieder herab wie Laub im Herbst. Als ich das Stück zum letzten Mal hörte, heulte draußen der Wind, rüttelte an den Wänden der Hütte, und das Cello schien mit den Naturgewalten dort draußen ein beschwichtigendes Zwiegespräch zu führen. Ich hob die Lautstärke maximal an, um dem rasenden antarktischen Sturm etwas entgegenzusetzen. Heute weht der Wind böig und scheint sich nicht recht entscheiden zu können, wo er hinwill, die Abendsonne taucht derweil das Transantarktische Gebirge in violettes Licht. Die Musik ist nun wie ein Widerhall der sich verändernden Farben; sie erzählt von den verstreichenden Stunden des Tages, von rasch dahinziehenden Wolken, dem Vergehen der Jahreszeit und dem Kreislauf der Sonne.

Zum zweiten Mal heute fühle ich mich plötzlich niedergeschlagen, und diese Musik, die doch das Leben selbst feiert, lässt mir Tränen über die Wangen rinnen. Vielleicht liegt es daran, dass keine Freunde hier sind, mit denen ich das alte Jahr verabschieden und das neue begrüßen kann, vielleicht auch an David, der in seiner Ecke der Hütte friedlich schnarcht, und für den jeder neue Tag nichts weiter ist, als eine Gelegenheit, das Rossmeer noch besser kennenzulernen. Oder daran, dass ich an diesem Tag auch immer an meine Schwester denken muss, für die der Lauf der Zeit nun keine Rolle mehr spielt. Manchmal frage ich mich, ob ich es je wagen werde, über diesen Ort zu schreiben. Und wenn ich mich so verloren fühle, frage ich mich auch, ob sich mit diesem Zustand nicht einfach die karge und geradezu schmerzhafte Schönheit der Antarktis in meiner Seele manifestiert.

Etwa zehn Minuten nach Mitternacht beschließe ich, dass es nun genug mit der Melancholie ist. Ich gieße mir ein Glas Whiskey ein und gehe damit auf unsere kleine Veranda, um einen Toast auszubringen. Miles Davis spielt im Kopfhörer »So What« für mich. Über dem Mount Erebus schweben, wie eine Armada von Alien-Raumschiffen, große Linsenwolken, während einige Altokumulus-Wolken jenseits des McMurdo-Sunds zusammen mit den Sonnenstrahlen für spektakuläre Lichtspiele sorgen, indem sie die darunterliegende See beschatten und zugleich die vergletscherten Hänge des Mount Discovery und der benachbarten Gipfel in Flammen aufgehen lassen. Im Süden ist der Himmel fast klar, was einen weiteren schönen Sommertag verspricht, aber im Moment ist es bitterkalt, und das aufgeregte Flattern meines Überzelts verspricht eine weitere unruhige Nacht.

Es bleibt tatsächlich weiterhin stürmisch, mein Wunsch nach einem Ruhetag in der Hütte erfüllt sich. Das kommt mir auch insofern gelegen, als ich seit unserem Besuch auf dem Schiff mit einer Erkältung kämpfe. Nach meiner mitternächtlichen Exkursion am Abend zuvor bin ich sofort zu Bett gegangen, trotzdem wache ich heute erst gegen 10.30 Uhr auf. Auch nach einem Kaffee und dem Frühstück komme ich nicht in Schwung, gegen Mittag fühle ich mich immer noch zerschlagen.

Der Wind heult heute aus Süden, und am bewegten Himmel wird ein dramatisches Wolkenschauspiel gegeben: Altostratus- und Altokumulus-Wolken, in bizarre Formen zerrissen, die der Wind über einen Himmel treibt, dessen Farbe zwischen gedecktem Taubengrau und klarem Lavendelblau changiert. Ich habe auch noch niemals solche Linsenwolken gesehen, ausgenommen gestern Abend. Eine hängt zwischen Mount Bird und Mount Erebus, eine riesige graue Struktur mit einer Mulde im Zentrum, ähnlich wie bei einem Zyklon. Der Anblick erinnert mich an ein gigantisches rotes Blutkörperchen unter dem Elektronenmikroskop. An windgeschützten Stellen ist es immer noch sommerlich mild für hiesige Verhältnisse, doch die Böen, die bis zu 45 Knoten erreichen, fühlen sich eisig an.

Ich gehe nach draußen, um etwas Firnschnee für unseren Schmelzwasserbehälter zu holen, dabei stelle ich fest, dass unsere Schneewehe, die zu Beginn der Saison noch die Hütte überragt hatte, nun so weit abgeschmolzen ist, dass die Hänge des Mount Bird dahinter zum Vorschein kommen – ein weiteres Zeichen dafür, dass Hochsommer ist, trotz des ungemütlichen Wetters heute. Auch die letzte Nacht im Zelt war kalt, und seit langem habe ich vor dem Schlafengehen einmal wieder Sit-ups gemacht, um meine Füße aufzuwärmen und mir Ohrstöpsel einsetzen müssen, um das hämmernde Geräusch des flatternden Überzelts auszublenden. Obwohl David erwähnt hat, dass auch er wegen des lauten Flatterns Ohrstöpsel trägt, habe ich nie gesehen, dass er auf Hilfsmaßnahmen wie Sit-ups oder Handwärmer zurückgreifen müsste. Er scheint einfach deutlich stoischer und härter im Nehmen zu sein als ich. Etwas später in der Woche kommt etwa ein halbes Dutzend Mitarbeiter aus McMurdo, um die Flaggen entlang der Meereisroute nach Kap Royds zu entfernen. Grund für die Stilllegung sind die sommerlichen Temperaturen und die Risse, die sich strahlenförmig vom Kanal abgehend ausbreiten, den die Eisbrecher geschaffen haben. Die Basis hat also entschieden, die Route über das Eis bis zu unserem Teil des Sunds vorläufig zu sperren, obwohl das Eis sicher noch befahrbar ist und das eine Zeitlang auch so bleiben wird. Raupenfahrzeuge führen sogar Bretter mit, mit deren Hilfe sich schmalere Rinnen im Eis problemlos überqueren lassen. Die größte potenzielle Gefahr stellt der Riss am Barne-Gletscher im Süden dar, zwischen hier und dem Kap Evans. Als man dort vor einigen Wochen die letzte Bohrung vornahm, war das Eis an der dünnsten Stelle nur etwa einen Meter dick. Das ist die Schwachstelle der Route, dort würde das Eis zuerst brechen.

Es versetzt mir einen Stich, als ich erfahre, dass die Flaggen entfernt werden, denn das heißt wohl, dass keine überraschenden Besucher mehr kommen, so wie bisher fast in jeder Woche. Jetzt kommen nur noch die, die man für wichtig genug hält, um sie mit dem Helikopter einzufliegen; obwohl die Kiwis angeblich einen Weg über Land benutzen, der entlang der Flanken des Mount Erebus verläuft, wenn die Route über das Eis geschlossen wird. Ich hoffe also, dass sie sich auch weiterhin ab und zu hier draußen blicken lassen. Im Vergleich zu den Amerikanern scheinen die Neuseeländer ein abenteuerlustiges Völkchen zu sein – vielleicht liegt es auch an ihrer weniger prozessfreudigen Kultur. Wer sein Sicherheitstraining bei den Neuseeländern an der Scott Base absolviert, muss sich angeblich in eine Gletscherspalte abseilen – so etwas würde den Amerikanern nicht einmal im Traum einfallen. Der Autor Nicholas Johnson liefert in seinem Buch *Big Dead Place* ein anschauliches Beispiel für die extremen mentalen Unterschiede, die in Bezug auf Sicherheit und Kontrollbedürfnis zwischen Neuseeländern und US-Amerikanern bestehen: In McMurdo gibt es offenbar einen medizinischen Notfall, der Patient muss evakuiert werden. Solche außerplanmäßigen Operationen sind durchaus interessant für alle Überwinterer, denn ist an Bord noch Platz, kann man darum bitten, mit frischem Obst und Gemüse beliefert zu werden. Und ob tatsächlich noch Platz an Bord ist, hängt offenbar davon ab, wer fliegt:

»Übernahm die [US Air National Guard] die Sache, sah es schlecht aus, denn sie würden eine komplette zweite Crew, einen Satz Rotoren und extra Ersatzteile mitnehmen, da blieb kaum Platz für Frischwaren«, notierte er. »Doch wenn die Neuseeländer kamen … hatten wir das große Los gezogen … denn das Einzige, was sie mitnahmen, war eine Flasche Milch und den Sportteil der Zeitung.«[49] Ich bin also optimistisch, dass wir auch weiterhin auf Besuch von der Scott Base hoffen dürfen, selbst wenn die Route über das Eis bald nicht mehr passierbar ist.

Heute ist der 5. Januar, der Todestag von Sir Ernest Shackleton. Er starb unerwartet am 5. Januar 1922, noch in der Antarktis, aber an Bord seines Schiffs, der *Quest*, vor der Insel Südgeorgien, also weit entfernt von Kap Royds und der Hütte, die er und seine Männer dort gebaut hatten. Er wurde nur 47 Jahre alt. Südgeorgien liegt auf der anderen Seite des Kontinents, knapp südlich der Antarktischen Konvergenz, der Nordgrenze des Südlichen Ozeans. Manchmal stelle ich mir vor, ich würde hier sterben, auf der Ross-Insel, umgeben von den Rufen der Pinguine, den Mount Erebus vor Augen, und diese Idee erfüllt mich gleichermaßen mit Schrecken und Verzückung. Ich frage mich, ob Shackleton es bereute, so weit weg von zu Hause zu sterben, oder ob er wusste, dass er schon zu Hause war.

»Es ist eine wunderschöne Nacht. Im nachlassenden Zwielicht sah ich über uns einen leuchtenden Stern, der wie ein Juwel über der Bucht funkelte«[50], schrieb er in seinem letzten Tagebucheintrag, einen Tag vor seinem Tod. Man traf Vorkehrungen, um seinen Leichnam nach England zu schaffen, wo er Lady Shackleton übergeben werden sollte. In Montevideo erreichte die Mannschaft aber die Nachricht, dass sie wünschte, er solle auf Südgeorgien bestattet werden – und dort liegt er bis heute, auf dem winzigen Friedhof der alten Walfangstation Grytviken, sein Grab weist in Richtung des antarktischen Kontinents.

Unten in der Kolonie sind die meisten Küken mittlerweile geschlüpft – der größte Teil ein bis zwei Tage nach Weihnachten –, und viele von ihnen sind schon groß genug, damit wir flaumige Köpfchen, Flügel oder hin und wieder einen Hintern unter dem Elterntier hervorlugen sehen, das sie beschirmt. Küken, die bis jetzt nicht geschlüpft sind, laufen Gefahr, nicht rechtzeitig vor dem Ende des Sommers auszureifen oder bis dahin nicht genügend Gewicht zugelegt zu haben, um den ersten Winter zu überleben. Aber auch das zeitige Schlüpfen ist keine Garantie für eine gelingende Saison: Das Paar im Nest Nummer 37 der B-REF-Kolonie gehörte zu den Ersten, die Eier legten, und ihre Küken schlüpften früh. Dennoch haben sie ihren wohlgenährten Nachwuchs an ein ebenfalls in der Kolonie brütendes Skua-Paar verloren. Am meisten Pech hatte in der B-REF-Kolonie in diesem Jahr wohl das Nest 13, wo die Küken ebenfalls zeitig schlüpften, das erste aber gleich nach dem Schlupf starb, und das zweite zerquetscht wurde, während es noch halb in der Schale feststeckte. Vorbildlich schlagen sich hingegen die Pinguine von Nest Nummer 4, wo beide Küken sich am Rande der Subkolonie fabelhaft entwickeln, obwohl in dieser exponierten Lage regelmäßig mit Angriffen von Skuas gerechnet werden muss.

Ist das Wetter so schön wie heute Abend, ist das meine liebste Tageszeit in der Kolonie. Die Arbeit ist für heute erledigt, und die langen Schatten, die die gen Horizont sinkende Sonne wirft, lassen die Kolonie irgendwie friedlich erscheinen, trotz der rauen Schreie und der fortwährenden Kämpfe um Territorium und Geschlechtspartner, die sich auch während der Zeit fortsetzen, die wir aus Gewohnheit als »Nacht« bezeichnen. Die vom Wind gekräuselte Oberfläche des Pony Lake – mittlerweile tatsächlich zur Hälfte ein richtiges Gewässer – ist Indigoblau, darüber wölbt sich ein wolkenloser Himmel. Die Böen fegen stürmisch über den Gipfel des Kraters des Mount Erebus hinweg, zerfetzen die dort allgegenwärtigen Wolken aus Rauch und Dampf und tragen sie mit sich fort. Wie immer an diesen goldenen klaren Sommerabenden beherrscht der Erebus den kompletten östlichen Himmel und wirkt beinahe unfassbar hoch und mächtig. Weit jenseits von Kap Royds treibt auf dem Wasser ein großer Tafeleisberg. Dieses Exemplar kann sich zwar nicht mit B-15A messen, trotzdem hat es zweifellos die Ausmaße einer bewohnbaren Insel oder der Innenstadt einer Metropole. Der Eisberg ist so weit entfernt, dass er selbst in der kristallklaren Luft leicht verschwommen erscheint, als wäre er nicht ganz real. Der Anblick dieser massiven, frei flottierenden Strukturen, die weder mit dem Kontinent noch dem Grund des Meeres verbunden sind, verblüfft mich immer wieder.

Auf dem Rückweg den Hügel hinauf lege ich einen kurzen Zwischenstopp in der Hütte der Kiwis ein, dem kleinen grünen Wanigan, um mich mit einer Tasse Tee aus meiner Thermoskanne aufzuwärmen. Wieder einmal blättere ich durch das eselsohrige

Gästebuch und schmökere in den alten Einträgen. Fällt mir etwas auf, mache ich mir Notizen in mein Feldbuch.

> 26/1/97. Mike Single, Sir Ed Hillary, Tom Scott, John Carlow, Davie Mess, Wax Buck und Al — . . . . Leichter Schneefall.

Aus einigen Einträgen erfährt man, dass der Ort während der 1980er und 1990er Jahre offenbar gründlich aufgeräumt wurde. Paul Brody von der University of Canterbury, der eigentlich hier war, um die Algen des Pony Lake und anderer kleinerer Gewässer in der Gegend zu studieren, schrieb, man habe Unmengen Müll gefunden, darunter »Holz, Büchsen, Maschendraht, Nylonseile, alte Rauchkanister, Taue, Stofffetzen, kaputte Thermometer, Schaufeln, Kamine, Pfähle, Zeltstangen, Messer, Gabeln, Löffel, Schrotpatronen, Bambusstöcke, Farbeimer, Kanister und vieles mehr«.

Klingt, als hätte rund um Shackletons Hütte ein ziemliches Tohuwabohu geherrscht. Tatsächlich habe ich vor, diese Woche die Scott Base über Funk zu kontaktieren, um eine Nachricht an den Antarctic Heritage Trust zu senden. Es geht um die »historischen« Dosen mit Lebensmitteln aus der Hütte. Die Winterstürme haben dieses Jahr einige der Dinger durch die Gegend gefegt (zusammen mit den rostigen Überresten aus den vorhergehenden Jahren), und die Skuas machen sich daran zu schaffen. Heute Morgen stieß ich auf etwas, bei dem es sich um Pastinakenscheiben handeln könnte, denn wenn mich meine Erinnerung nicht täuschte, hatte ich intakte Dosen mit Pastinaken in der Hütte gesehen. Sie lagen verstreut in der Nähe der verrotteten Überreste einer viereckigen Blechdose. Ich staunte nicht schlecht: Da hatte jemand vor über einhundert Jahren dieses Gemüse aus dem Boden gezogen und manche der Scheiben sahen immer noch frisch aus, sowohl die auf dem Boden als auch die Stückchen, die ich im Schnabel einer vorbeifliegenden Skua sehe. Natürlich waren auch viele der Reste bereits völlig verrottet, und ich hoffe, die Skuas werden sie nicht fressen. Der Anblick ist irgendwie bizarr, fast schon obszön – vergammelndes Wurzelgemüse auf dem Boden der Antarktis.

Offenbar hat auch seine Hoheit der Duke of Halswell der Hütte einen Besuch abgestattet. Jedenfalls habe ich seine Visitenkarte entdeckt (handsigniert, um für Authentizität zu garantieren), die jemand mit einem Nagel hoch oben an der Wand befestigt hat. Außerdem hatte der Duke eine der Regalstützen mit seinem Siegel gezeichnet. Ich frage mich kurz, was ein rangniedriges Mitglied des britischen Adels hier wohl zu suchen hatte.

»Du wirst ihn noch kennenlernen«, sagt David geheimnisvoll, als ich die Sache ihm gegenüber erwähne. Ich schaue ihn fragend an, aber er will nichts weiter verraten, also lasse ich es auf sich beruhen.

Der jüngste Eintrag im Gästebuch ist weniger als einen Monat alt: »Paul Rogers und Grahame Sydney. Zwei denkwürdige Nächte, eine Scrabble-Niederlage, ein Tag still und spiegelglatt, der nächste etwas stürmischer und schneidend kalt. Kaiserpinguine gewährten uns kurz vor der Abreise eine Audienz, die Musik der Adélies war unser ständiger Begleiter. Unvergesslich.«

Erst um ein Uhr morgens kehre ich zurück und schleiche mich leise in die Hütte. Ich lege ein paar Schichten Kleidung ab und verstaue meine Ausrüstung unter meinem Schreibtisch. Aber während ich mich möglichst geräuschlos aufs Zubettgehen vorbereite, höre ich in der Ferne plötzlich Wale blasen. Also setze ich mir die Mütze wieder auf, schlüpfe in meine Jacken und Mäntel, schnappe mir meine Handschuhe und meine Kamera, gehe hinaus und folge dem Geräusch. Ich wandere den Hügel hinunter und auf eine felsige Anhöhe zu, hinter der gleich nördlich des Camps der Green Lake liegt.

Ich war nicht mehr hier, seit sich die riesige Schneebank in ein richtiges Gewässer verwandelt hat; präziser gesagt in eine abstoßende trübe Brühe, über deren Oberfläche eklige Teppiche aus roten Algen treiben. Dies ist einer der interessanten örtlichen Seen, der im Wanigan-Gästebuch Erwähnung findet, aus diesem Gewässer entnahm Shackletons Expedition die ersten Proben, um diese Algenspezies der Antarktis zu beschreiben. Es ist ein surreales Fleckchen Erde, ganz in der Nähe des Kap Royds, aber verborgen hinter vulkanischen Felsen mitten in einer Mondlandschaft, die nur von einigen wenigen Skua-Paaren bevölkert wird. Der Ort liegt so weit abseits unserer Hütte, dass wir praktisch nie hierherkommen. Die Skuas reagieren daher sehr viel aggressiver auf uns als ihre Artgenossen in der Pinguinkolonie, die sich schon an uns gewöhnt haben. An diesen Vögeln vorbeizukommen, um mir einen guten Aussichtspunkt über dem Meer zu sichern, erweist sich als Prüfung von geradezu homerischer Qualität.

Als ich die Klippe über der See endlich erreiche, entdecke ich in der Ferne über dem Wasser etliche der charakteristischen Wölkchen aus Sprühnebel. Es ist eine sehr große Gruppe von Schwertwalen, sicher vierzig bis fünfzig Tiere – wahrscheinlich wieder vom Typ C, der Ökotyp, der das dichte Packeis des Rossmeeres besiedelt und sich zu großen Verbänden zusammenschließt. Die Schwertwale schwimmen schnell in Richtung Süden zur Meereiskante. Die nächsten Tiere sind immer noch eine gute Seemeile entfernt, und unsere Hütte liegt etwa einen Kilometer weit weg von der Küste. Es fasziniert mich, wie klar und deutlich ich dennoch ihren Atem über diese weite Distanz höre.

Ich setze mich auf den Felsen und mache ein paar Fotos, nicht, weil ich auf besonders gute Schnappschüsse von Walen hoffe, sondern um ein Gespür für die Größenverhältnisse zu gewinnen. Diese mächtigen Kreaturen, die sich so nah an der Küste befinden, wirken winzig wie Mücken vor dem sich vor mir ausbreitenden McMurdo-Sund mit seiner gewellten Oberfläche aus Treibeis. Vor dieser Kulisse erscheinen die Berge von Victoria Land geradezu fantastisch hoch, wie die Gipfel, hinter denen Walhalla liegt.

Auf dem Rückweg fotografiere ich unsere Hütte. Ich habe eben die Anhöhe hinter dem Green Lake überquert, als ich etwas Weißes zwischen den Wolken aufblitzen sehe; zuerst denke ich, es ist der Mond, hin und wieder erscheint er auch am Tag hoch am Himmel, wie ein Geist. Aber es ist der Gipfel des Mount Erebus, eingehüllt in ein niedriges graues Wolkenband. All das – der Gipfel des Vulkans, die Wolken, der Himmel, die endlose Weite – lässt unser kleines Zuhause völlig unbedeutend erscheinen. Es ist einer dieser Tage, an denen man sich inmitten dieser maßlosen Landschaft unendlich klein fühlt.

Kapitel 19

Am Nachmittag darauf fliegen wir mit einem Bell 212, einem der geräumigen Frachthubschrauber, wieder einmal nach McMurdo. Da wir genügend Platz an Bord haben, nutzen wir die Gelegenheit, um einige Säcke Müll, den »Human Waste Bucket« Nummer 3 und eine ansehnliche Menge überflüssiger Ausrüstungsgegenstände zur Station zurückzutransportieren, die David loswerden möchte – darunter ein zusätzliches Paar Ski, einige überzählige Pinguinnetze, ein Seil und der auf einen Pfahl montierte PIT-Tag-Reader. Die Pinguine hassen das sperrige Ding; lesen wir ihre ID-Chips mit dem tragbaren Pendant aus, stört sie das hingegen überhaupt nicht, also haben wir es nie benutzt. Vielleicht erinnert das auf dem Pfahl befestigte Gerät sie zu sehr an eine Skua, die lauernd über ihnen schwebt. Mir ist nicht ganz klar, warum wir die Sachen nicht alle am Ende der Saison zurückschaffen können. Es ist ja nicht so, dass es uns irgendetwas bringt, nur weil das Zeug jetzt im Labor herumliegt statt im Camp, und über Platzmangel können wir uns hier wirklich nicht beklagen. Wie dem auch sei, die Sachen sind jetzt weg. Ich hoffe nur, wir brauchen diesen elektrischen Bohrer nicht doch noch …

Das Wetter ist an diesem Tag wunderschön, und der Pilot fliegt mit uns bis an die Meereiskante und dann entlang des Kanals, den die Eisbrecher freigelegt haben, bis nach Mactown. Der Kanal ist jetzt beeindruckend breit, und hat, wie ich schon vor einigen Tagen befürchtet habe, definitiv keinen guten Einfluss auf die Tragfähigkeit des Meereises zwischen hier und McMurdo.

Vom Kap Barne bis zu unserem Camp etwas weiter südlich zieht sich von der neuen künstlichen Wasserstraße eine breite Rinne, beinahe bis zum Gezeitenriss, der parallel zum Ufer verläuft. In unmittelbarer Nähe davon entdecke ich weitere große Risse im Eis. Dort verläuft die Meereisroute.

Im Einkaufsbereich von McMurdo treffe ich auf einige Mitglieder der Crew vom Beardmore-Gletscher. Ihre Saison ist jetzt zu Ende, und sie werden bald wieder nach Hause fahren. Sie kaufen sich hier noch ein paar T-Shirts als Souvenir. Sie hatten Beardmore zum selben Zeitpunkt verlassen wie alle anderen Mitglieder des zerzausten Haufens, den ich kurz vor Weihnachten im Crary Lab gesehen hatte, aber diese kleine Gruppe war anschließend noch an einen anderen Standort gezogen und dort bis jetzt geblieben.

»Wie war es denn?«, frage ich eine von ihnen. Es ist Zelenda, die Promotionsstudentin, die ich während der Snow School kennengelernt habe. Ihr kurzes blondes Haar ist struppig, ihr Gesicht von Wind und Wetter gegerbt.

»Es war absolut großartig!«, antwortet sie leise und beinahe andächtig. »Ich wollte gar nicht mehr weg. Eigentlich sollte ich gestern schon nach Christchurch fliegen, aber ich habe meinen Platz einem anderen Passagier überlassen.«

Plötzlich muss ich an einen Zwischenfall mit einer Passagierin auf einem der Kreuzfahrtschiffe denken, auf denen ich früher gearbeitet habe. Sie hatte ihre Passagiernummer manipuliert, und es so aussehen lassen, als wäre sie an Bord. Dann bestieg sie ein Zodiac, das zum Ufer fuhr. Die Sache flog auf, und man fand sie in der Nähe, als sie gerade eine eisbedeckte Anhöhe überquerte. Sie hatte tatsächlich für immer bleiben wollen.

Das letzte Mal, dass ich Zelenda und ihre Freunde Nicole und Simon gesehen hatte, war ein oder zwei Tage nach der Snow School gewesen. Viola und ich gaben gerade unsere Essensbestellungen im BFC auf, und die drei bauten Schlitten zusammen, mit denen sie die Ausrüstung zum Gletscher bringen wollten. Sie wirken jetzt genauso fröhlich wie damals, kein Zeichen von Ermüdung ist ihnen anzumerken. Trotz der Höhen und Tiefen, die das Leben im Camp mit sich bringt, stelle ich mir vor, dass ich mich am Ende ganz ähnlich fühlen werde – dass es mir widerstreben wird, die Heimreise anzutreten und ich nach Wegen suchen werde, um mir noch ein paar zusätzliche kostbare Tage zu ergaunern. Und auch unsere Saison neigt sich langsam dem Ende zu, uns bleibt nur noch etwa ein Monat.

Von meinem Zimmer aus rufe ich in der Scott Base an und erkundige mich nach Paul Rogers; ich will ihn fragen, ob er nach dem Abendessen vielleicht Lust auf eine Partie Scrabble hat. Geschockt erfahre ich, dass er für ein paar Wochen zurück nach Neuseeland geflogen ist, um an den Beerdigungen von drei Bergführer-Freunden teilzunehmen, die gemeinsam mit einem Klienten bei einem Unfall am Mount Tasman, dem zweithöchsten Gipfel Neuseelands, ums Leben gekommen sind. Einer der drei, Dave Gardner, hatte ebenfalls hier in der Antarktis als Ausbilder gearbeitet. Die beiden anderen, Paul Scaife und David Hiddleston, hatten ein professionelles Unternehmen für geführte Bergtouren geleitet.

»Vielleicht sollen uns diese Tragödien daran erinnern, dass selbst das beste Training manchmal nicht reicht, um eine Katastrophe abzuwenden, dort wie hier«, schreibe ich später in einer E-Mail an Grahame. Ich habe mich in der Bibliothek des Crary Lab an einem der Computer eingewählt. Um mich herum herrscht abendliche Stille, vor den Fenstern ragt die Royal Society Range hoch in den Himmel. »An solchen Tagen wird einem klar, dass wir uns der Welt da draußen selbst hier nicht entziehen können.«

In unserer winzigen Gemeinschaft von Gleichgesinnten hat der Tod der Freunde eines Freundes mehr Gewicht und Bedeutung als es zu Hause der Fall wäre. In dieser Umgebung, die nicht nur räumlich, sondern auch mental keine Grenzen zu kennen scheint, kann jedes aufkommende Gefühl sich frei entfalten und anwachsen, bis es droht, einen zu überwältigen. Aber ich weiß nicht, wie ich trauern soll: Schließlich waren es nicht meine Freunde. Ich fühle mich aus der Bahn geworfen von einem so vagen wie schmerzhaften Gefühl des Verlusts, das sich noch verstärkt, als ich einen Online-Artikel lese, der den Unfallhergang schildert: Die Lawine war offenbar von den Führern selbst ausgelöst worden. Und es war eine sehr kleine Lawine gewesen, nur ein paar Kubikmeter Schnee. Klassischer Fall von »zur falschen Zeit am falschen Ort«.

»Komm doch später rüber ins Coffee House«, sagt NASA-Erik, als ich ihn beim Mittagessen treffe und ihm die Neuigkeit erzähle. »Ich lade dich auf einen Drink ein.«

Am Montagabend hat das Coffee House eigentlich geschlossen, die Türen sind aber nicht verriegelt. Man kann sich selbst Kaffee machen, es gibt eine große Auswahl an Süßigkeiten und man kann sich seine eigenen alkoholischen Getränke mitbringen. Das Coffee House ist eine gemütliche holzvertäfelte Baracke und das älteste Gebäude der Station, erbaut im Jahr 1958. Erik hat eine sehr gute Flasche Chianti dabei und unterhält mich mit Geschichten über seine Überwinterungen in McMurdo. Als das Unternehmen Raytheon vom US Antarctic Program zum ersten Mal den Auftrag zum Management von McMurdo erhielt – die National Science Foundation koordiniert sämtliche Forschungsprojekte über sein US Antarctic Program, das wiederum logistische Aufgaben an private Dienstleister auslagert –, nahm man es beim Bewerbungsverfahren mit den Hintergrundchecks wohl nicht so genau. Man brauchte so dringend Arbeitskräfte, die bereit waren, in dieser Einöde zu überwintern, dass man einen Haufen abgebrühter Ex-Sträflinge anheuerte. Diese Männer trugen Namen wie »Tiny« oder »Butch« und neigten dazu, Billardqueues am falschen Ende zu packen und ihre Kontrahenten damit zu verprügeln. Überflüssig zu erwähnen, dass die Stimmung während des Winters häufig recht angespannt war, wenn es hin und wieder auch durchaus amüsante Momente gab.

Bevor ich hinüber zum Coffee House gehe, machte ich einen Abstecher zur Eis-Pier und beobachtete die eben eingetroffene *Polar Star*, die sich durch die letzten paar Hundert Meter Packeis in Richtung McMurdo vorarbeitet. Die Eis-Pier liegt am Fuße einer hohen Böschung, und das Schiff steuerte direkt darauf zu. Der Eisbrecher setzte ein Stück zurück und fuhr anschließend mit voller Kraft voraus wie ein angreifender Stier. Der abgerundete flache Bug glitt auf das Meereis, dann brach die Eisdecke unter dem enormen Gewicht des Schiffs zusammen. Beide Motoren und zwei Turbinen liefen auf Hochtouren, das Schiff beschleunigte, schob sich so weit wie möglich auf das Eis, während es die See hinter sich in einen schäumenden Mahlstrom aus Eisbrocken und kaltem Wasser verwandelte. Ein Großteil des Eises in der Bucht ist bedeckt von vom Wind herbeigewehtem Sand und Schutt, und es sah aus, als würde sich das Schiff ein ums andere Mal gegen das Ufer werfen, wie ein Wal, der versucht zu stranden. Das riesige Gefährt wurde so geschickt manövriert, als wäre es ein kleines Boot, eine durchaus respektable Leistung – obwohl ich hin und wieder den Eindruck hatte, die Person am Steuer würde ein wenig übereifrig agieren. Für irgendjemanden schien gerade ein PS-starker Kindertraum in Erfüllung zu gehen.

Tatsächlich kommt Erik, der Brandschutzinspektor, später an unseren Tisch und zeigt uns ein eben erst aufgenommenes Video, auf dem das Schiff tatsächlich die Eis-Pier rammt – was absolut nicht in Ordnung ist, weil es die Sicherheit aller Personen gefährdet, die sich dort aufhalten, um Frachten abzuladen und außerdem eine Beschädigung der Infrastruktur darstellt. Die Pier ist ein mächtiges Konstrukt aus Eis, verstärkt mit dicken Stahlseilen, das eigentlich mehrere Jahre überdauern soll. Sie zu zerstören, würde sich im Lebenslauf eines Kapitäns sicher nicht gut machen.

Am Morgen nutze ich den Shuttleservice und fahre zur Scott Base. Der Van wurde ersetzt durch einen schwerfälligen, riesigen Delta. In der Meereispiste gibt es Risse, sie ist bis auf weiteres nicht mehr nutzbar, alle Starts und Landungen wurden daher nach Williams Field verlegt. Das bedeutet, dass jetzt sehr viel mehr Personen als sonst täglich dort hinausmüssen.

Der Delta macht einen kurzen Zwischenstopp an der Scott Base, um Fracht und Passagiere abzuladen, bevor er zum Flugfeld weitertuckert. Da er in McMurdo alle 30 Minuten abfährt, ist es ein komfortabler Service. Ich gehe kurz zum Ladengeschäft der Kiwi-Basis, um mir ein neues Paar lange Unterhosen aus Merinowolle zu kaufen. Das Paar, das ich mir mitgebracht habe, trage ich praktisch 24 Stunden am Tag – und ich würde dieses Produkt mit Vergnügen in einem Werbespot anpreisen. Die Bekleidung, die vom US Antarctic Program zur Verfügung gestellt wird, ist komplett aus Kunstfasern gefertigt, und ich trage das Zeug nie – wie übrigens die meisten meiner Kollegen –, weil es schon nach wenigen Stunden anfängt, grauenhaft zu stinken. Das Modell, das ich auf der Scott Base erstehe, nehme ich auch gern als Souvenir mit nach Hause, denn das Design ist dezent und geschmackvoll. So sehr ich die Menschen in McMurdo ins Herz geschlossen habe, verspüre ich doch wenig Neigung, mir als Andenken an die Antarktis ein T-Shirt mit surfenden Pinguinen darauf zu kaufen. In McMurdo geht es eben modisch laut und schnodderig zu, dem amerikanischen Naturell entsprechend.

Es stellt sich heraus, dass mein Timing gut ist, denn für den Donnerstag hat sich eine Gruppe Touristen angekündigt, die den kleinen Laden sicher leer kaufen wird. Der Eisbrecher *Kapitan Khlebnikov* nähert sich angeblich dem McMurdo-Sund, mit einer Menge von Besuchern an Bord. Man will die Touristen mit dem Helikopter einfliegen, damit sie sich die Antarktis-Station ansehen können. (Es ist zufällig dasselbe Schiff, mit dem der australische

Schriftsteller Thomas Keneally in die Antarktis reiste, um seinen geklauten Keks in Scotts Quartier zurückzubringen.) Ab 2017 wird es, dem Polar Code der Internationalen Seeschifffahrts-Organisation folgend, solchen Schiffen nicht mehr erlaubt sein, antarktische Gewässer zu befahren, aber vorerst sind sie noch hier. Das bedeutet, dass wir am nächsten oder übernächsten Tag auch am Kap Royds mit Besuch rechnen dürfen; einerseits freue ich mich darauf, so vielleicht neue interessante Menschen kennenzulernen, andererseits ärgert es mich, dass wir dadurch schon wieder bei der Arbeit gestört werden. Aber wenigstens müssen wir ihnen keine Souvenirs verkaufen.

Bevor ich die Scott Base wieder verlasse, gehe ich zum Büro des Managers der Station, der wie ich aus Kanada kommt, und berichte ihm von den verrottenden Lebensmitteldosen bei Shackletons Hütte.

»Oh, gut«, sagt er. »Danke für den Hinweis. Der Antarctic Heritage Trust wird Ende des Monats nach Kap Royds kommen, für die jährliche Aufräumaktion. Ich kann das auf ihre Liste setzen.« Es kommen also noch mehr Besucher.

Nach dem Mittagessen treffe ich auf dem Korridor in Gebäude 155 zufällig Rusty. Rusty, der uns am Weihnachtstag am Kap Royds besucht hat. Er und sein Team sind gerade zurück aus den Antarktischen Trockentälern, wo sie über die Feiertage festsaßen. Schuld war dasselbe Sturmtief, das uns die Übernachtung auf der *Polar Sea* beschert hatte. Rusty und seine Kollegen hatten deswegen »Icestock« verpasst, das Neujahrsfest von McMurdo. Und was noch schlimmer war: Ihnen war der Alkohol ausgegangen, und sie mussten die ganzen drei Feiertage ohne etwas zu trinken absitzen; ihre Vorräte waren genau bemessen gewesen, sie sollten nur bis zu ihrer Rückkehr reichen, und sie hatten entsprechend konsumiert.

»Was für ein Debakel«, klagt er. »Jetzt wissen wir, warum es ›Trockentäler‹ heißt.« Rusty berichtet dann mit geradezu ansteckendem Enthusiasmus von ihrer Arbeit vor Ort. Er und seine Frau Regina nennen ihr Team die »Yeastie Boyz«, weil sie die Reproduktionsraten von Pilzlebensformen – Hefen und einigen Fadenpilzen – im Boden der Trockentäler und die Dichte der Bodenbakterien erforschen. Es handelt sich um außerordentlich stabile Lebensgesellschaften, trotz gelegentlicher Schwankungen bezüglich Feuchtigkeit und Temperatur, bestehend aus den Populationen dieser Organismen und ihren Pendants der höheren trophischen Ebenen, wie Nematoden und Rädertierchen. Ich frage Rusty, ob er sich mit den Dynamiken der dortigen Nahrungsketten befasst, aber er lacht und sagt, diese Communitys seien so träge, dass sich dort während seiner restlichen Lebenszeit wohl nicht mehr viel tun würde. Das Ganze sei also kein Langzeitprojekt. Später erfahre ich, dass er und seine Frau Regina optimalen praktischen Nutzen aus ihren Kenntnissen der Mikrobiologie gezogen und ein Weingut in der Nähe von Seattle übernommen haben. Während wir uns unterhalten, wird er von Vorbeigehenden immer wieder freundlich gegrüßt, er scheint hier eine Menge Leute zu kennen. Und angesichts der Begeisterung, mit der er über seine abseitigen Forschungen und auch alles andere erzählt, wundert es mich nicht, dass die Menschen sich zu ihm hingezogen fühlen.

Heute wimmelt es in McMurdo nur so von durchtrainierten Männern in knappen T-Shirts. Die Küstenwache ist hier, und ich bin ganz froh, dass ich nicht dabei sein werde, wenn sie ihren Landgang feuchtfröhlich feiern, bevor sie wieder auf ihr »trockenes Schiff« zurückkehren müssen. Der Gemischtwarenladen von McMurdo hat zufällig geschlossen, wegen »Inventur«, wie es heißt, doch wahrscheinlich will man schlicht dem Ansturm der ausgedörrten Bordmannschaft entgehen. Es kursiert das Gerücht, man befürchte, der ein oder andere könnte sich tatsächlich bis zur Besinnungslosigkeit betrinken, im Freien einschlafen und erfrieren, wie es früher öfter vorgekommen sein soll.

Auf dem Rückweg fliegen wir über Land, über die Scott Base hinweg und dann Richtung Mount Terror und Castle Rock. Die Ausblicke sind wunderschön: glitzernde Eisfelder, gletscherbedeckte Gipfel und massive Felsformationen, die aus dem Weiß hervorragen, wie schadhafte braune Zahnstümpfe.

Als wir im Camp ankommen, fallen Euphorie und Anspannung unseres kurzen Ausflugs aber schnell von mir ab, und die traurige Nachricht von gestern dringt wieder in mein Bewusstsein. Außerdem fühle ich mich nicht gut und habe Bauchkrämpfe. Normalerweise ist mein Zyklus sehr regelmäßig, aber hier ist er völlig aus dem Takt geraten, kein Wunder, angesichts der fehlenden Dunkelheit und des gestörten Biorhythmus. Ich packe noch die Lebensmittel und die Ausrüstung aus, dann hinterlasse ich David eine kurze Nachricht. Ich bin nicht auf dem Damm und nehme mir den Abend frei. Er solle mich bitte rufen, wenn es Abendessen gibt. Ich komme später noch einmal aus dem Zelt, um eine kleine Mahlzeit zu mir zu nehmen, und David sieht mich erstaunt an, als ich ihm gegen 20.30 Uhr eine gute Nacht wünsche. Jetzt liege ich in meinem Schlafsack. Ich schreibe und nehme hin und wieder einen kleinen Schluck Jägermeister aus einem Glas. Ich habe mir im Laden eine neue Flasche gekauft. Ich bin zwar sicher, dass sich meine ungewöhnlich bedrückte Stimmung morgen früh wieder etwas gebessert haben wird, aber ich gehe davon aus, dass es noch ein paar Tage dauert, bis ich wiederhergestellt bin.

Kapitel 20

Der Himmel ist grau bedeckt, und das Packeis wurde vom leichten Nordwind einmal mehr gegen die Küste geschoben wie von Geisterhand. Die Sonne versteckt sich hinter dicken schiefergrauen Wolken, und im Zwielicht präsentiert sich die Welt in Schattierungen von Elfenbein, Grau, Mauve und Indigo. Zum ersten Mal seit Wochen friere ich wieder, nicht wegen der Witterung – daran habe ich mich inzwischen gewöhnt –, sondern weil David und ich, einer Einladung zum Abendessen folgend, mit den Langlaufskiern zur *Kapitan Khlebnikov* hinausgefahren sind und die feucht verschwitzten Kleider an meiner Haut kleben.

Die *Kapitan Khlebnikov* ist eigentlich ein russischer Eisbrecher. Nach dem Ende der Sowjetunion widmete man sie kurzerhand zum Touristenschiff um, das von der Abenteuerreise-Industrie des Westens gechartert werden konnte. Nun besucht das Schiff mit seinen Touristen Kap Royds, nachdem man morgens um 2 Uhr jenseits des McMurdo-Sunds an der Küste vor den Trockentälern vor Anker gegangen war.

Ich erwachte vom überraschenden Lärm der Helikopter, der die Stille zerriss, krabbelte aus meinem Zelt und entdeckte etwa einen Kilometer südlich von uns das riesige schwarz-cremeweiße Schiff, das am gefrorenen Ufer lag. Vom Bug des Ozeanriesen schlängelten sich bereits die Touristen herab, um quer über das Meereis auf Shackletons Hütte zuzumarschieren.

Hinter uns liegt ein Tag voller Arbeit, unterbrochen durch Gespräche mit einer neugierigen Besuchergruppe und der Expeditionsmannschaft des Schiffs. Am frühen Nachmittag habe ich den letzten der mir zugeteilten dreißig Pinguine der Referenzkolonie mit einer Metallspange versehen und meine Quote für heute damit erfüllt. In den vergangenen Wochen konnte ich meine Technik perfektionieren, mittlerweile gelingt es mir, das Metallband mit nur einer Hand zu schließen und die Gegenwehr des Vogels auf ein Minimum zu reduzieren. Stattdessen liegen die Pinguine schwer und still in meinen Armen, unter dem glatten Gefieder fühlen sie sich angenehm rundlich und muskulös an.

Sowohl die Passagiere als auch die Mannschaft sind eine bunte Mischung aus etlichen Nationalitäten – Neuseeländer, Australier, Amerikaner, Deutsche, Briten und mehr. Auf dem Rückweg zum Camp, wo ich ein spätes Mittagessen einnehmen würde, machte ich kurz halt an Shackletons Hütte und lernte Mick kennen, einen der Expeditionsleiter, der aus Tasmanien kommt. Er führte eine Gruppe begeisterter Touristen über das Gelände rund um das ehemalige Basislager, vorbei an Haufen rostender, über einhundert Jahre alter Dosen mit Lebensmitteln, vertrockneten Ledergeschirren für Schlittenhunde und verwitterten Holzkisten, all diese Objekte sind dank der extrem kalten und trockenen Luft bemerkenswert gut erhalten. Wir unterhielten uns ein bisschen, und ich erwähnte, dass ich wahrscheinlich später zum Schiff kommen würde, um dort Fotos zu machen. Mick, ein hochgewachsener, muskulöser Mann mit dickem, von der Sonne gebleichtem Haar, rief daraufhin kurzerhand den Expeditionsleiter per Funk an, und wir wurden zu einem Abendessen an Bord eingeladen. Vor Shackletons Hütte kam ich außerdem ins Gespräch mit dem neuseeländischen Geologen des Schiffs, Barrie McKelvey, ein echter Antarktis-Veteran, der tatsächlich schon während des Internationalen Geophysikalischen Jahres 1957/58 zum ersten Mal hier war. Die Neuseeländer hatten ihn abgelehnt, aber ihm und seinem Kommilitonen Peter Webb gelang es schließlich, die US-Amerikaner davon zu überzeugen, sie in ihr Programm aufzunehmen. Das Victoria Valley, eines der Trockentäler, ist nach seiner Alma Mater, der Victoria University von Wellington, benannt, die die Expedition finanziert hatte. Er erzählt mir, dass damals, in den 1950er Jahren, ihnen allen das Heroische Zeitalter der Entdecker gedanklich noch nicht sehr fern lag, dass die historischen Basislager noch benutzt wurden, dass einige der Teilnehmer dieser Expeditionen noch am Leben waren und dass McKelvey und seine Altersgenossen sie kannten. »Wir haben in diesen Kojen da geschlafen«, sagt er.

McKelveys erster Aufenthalt fiel mit einem Wendepunkt in der Geschichte der Polarforschung zusammen. Im Zuge des Internationalen Geophysikalischen Jahres leitete Sir Edmund Hillary den Bau der Scott Base für die Commonwealth Trans-Antarctic Expedition von 1955 bis 1958, der ersten Überquerung des Kontinents über den Südpol. Hillary führte die Versorgungsmannschaft der Expedition an, im Jahr 1953 war er geadelt worden, nachdem er und der einheimische Bergführer Tenzing Norgay als erste Menschen den Gipfel des Mount Everest bezwungen hatten.

Die Hauptmannschaft wurde von Vivian Fuchs geleitet, der nach erfolgreichem Abschluss der Expedition von der damals noch jungen Königin Elizabeth ebenfalls zum Ritter geschlagen wurde. Fuchs wollte den Kontinent über den Südpol überqueren. Startpunkt war die provisorische Ernest Shackleton Base an der Vahselbucht am südlichen Ufer des Weddellmeeres, von der Ross-Insel aus gesehen also auf der anderen Seite der Antarktis. Es war die Expeditionsroute, die im Jahr 1914 Shackleton selbst vorgeschlagen hatte, aber der Plan schlug fehl, und die *Endurance* blieb im Packeis des Weddellmeeres stecken und sank. Unter der Leitung von Vivian Fuchs hofften die Briten nun, die Durchquerung des Kontinents möge gelingen.

Nach dem Bau der Scott Base machte sich Hillarys Mannschaft daran, entlang einer 1126 Kilometer langen Route in Richtung

Südpol Depots mit Treibstoff und Lebensmitteln anzulegen, danach sollten sie zur Scott Base zurückkehren. Die eingelagerten Vorräte würden Fuchs und sein Team auf dem letzten Abschnitt des Weges versorgen. Seit der Pionierzeit waren über fünf Jahrzehnte verstrichen, und es hatte große technische Fortschritte gegeben, die sich die Fuchs-Hillary-Mannschaft zunutze machte. So reiste man nicht mehr mit Hundeschlitten, sondern mit Kettenfahrzeugen, den nötigen Treibstoff dafür nahm man mit (im Falle des Hillary-Teams waren das etwa 22 000 Tonnen). Nachdem man alle Depots für Fuchs angelegt hatte, wurde Hillarys Mannschaft klar, dass man selbst noch über genügend Zeit und Benzin verfügte, um den Südpol vor Fuchs zu erreichen, was die Männer kurzerhand nassforsch in die Tat umsetzten und zwei Wochen vor den Kollegen dort eintrafen. Es war die erste Überlandexpedition zum Südpol, seit Scott seinem Rivalen Amundsen 1911/12 nachgefolgt war. Die Bauteile und Arbeiter für die Amundsen-Scott-Station direkt am Südpol wurden 1956/57 hingegen eingeflogen, ebenfalls in Vorbereitung auf das Internationale Geophysikalische Jahr (IGJ).

Fuchs und elf weiteren Männern gelang die Überquerung des Kontinents, von der Shackleton Base bis zur Scott Base, in nur 99 Tagen. Obwohl es diesen Männern vielleicht nicht bewusst war, läuteten sie damit eine neue Ära ein. Mit dem IGJ und Fuchs' erfolgreicher motorisierter Durchquerung begann das moderne Zeitalter der Erforschung und Besetzung der Antarktis.

David und ich machen uns gegen 19 Uhr auf den Weg zum Schiff, wir fahren mit Skiern, das Angebot, uns vom Helikopter abholen zu lassen, haben wir dankend abgelehnt. In diesem Jahr hat das Unternehmen Helicopters New Zealand es übernommen, die Touristen des Kreuzfahrtschiffs zu fliegen, offenbar ein Segen, nach etlichen Jahren, in denen man auf die schiffseigenen, schon ziemlich maroden Hubschrauber mit ihren russischen Piloten angewiesen war, die angeblich häufig betrunken flogen.

Aber wir waren in dieser Saison schon so oft mit dem Helikopter unterwegs, dass wir die Fahrt über das Eis einem zweiminütigen Flug vorziehen. Das Eis in Küstennähe wird fortwährend von der Kraft der Gezeiten und den nahen Gezeitenrissen beeinflusst, und es kommt mir jetzt noch buckeliger vor als vor ein paar Tagen, als ich schon einmal hier draußen war. In der Nähe des Schiffs wurde ein Großteil des Schnees weggeweht, und die Oberfläche ist unter der Sonne aufgetaut und anschließend wieder zugefroren, was den Untergrund besonders glatt und tückisch macht. Meine Beine schmerzen, es kostet mich enorm viel Kraft, über den holprigen Grund zu fahren, ohne zu stürzen. Nicht der schönste Skiausflug der Saison, aber mir gelingt ein gutes Foto von David, der unter dem massigen Bug des Schiffs winzig wirkt, das funkelnde Packeis in der Ferne. Wir umrunden den gigantischen Rumpf, von den oberen Decks führt eine Gangway bis hinunter aufs Eis.

Wir gehen an Bord und werden sofort in Empfang genommen und in eine warme gemütliche Bar gelotst, wo Touristen und Crewmitglieder zusammensitzen, wenn gerade kein Landgang ist, und die Angestellten und Helikopterpiloten zu Abend essen. Der Raum ist mit Holz ausgekleidet, die Bar ist gut bestückt, wir haben die Wahl zwischen Bier, Wein oder einem Cocktail. Ich entscheide mich für ein Glas australischen Rotwein, den der uniformierte Barkeeper mir lächelnd einschenkt. Dann bringt man uns zu unserem Tisch, der feierlich eingedeckt ist mit weißen, gestärkten Tischdecken, dünnwandigen Gläsern und auf Hochglanz poliertem Besteck. Ich sitze am Tisch mit Mick, dem Tasmanen, einem der Piloten, und Ian, dem Schiffsarzt, der honorarfrei arbeitet, als Gegenleistung dürfen er und seine Frau kostenlos an diesem Trip teilnehmen. Er ist Australier, doch seine Frau kommt, wie sich während des Gesprächs herausstellt, aus Vancouver, und eine ihrer Töchter studiert an der kanadischen University of Victoria, an der auch ich mein Grundstudium absolviert habe. Ian steht ein wenig neben sich, wie mir Mick während des Hauptgangs mit gedämpfter Stimme verrät, wobei er verstohlen über die Schulter nach den anderen Gästen schaut.

»Eine etwas unangenehme Sache, wir hatten einen Todesfall an Bord, so was ist uns noch nie passiert«, tuschelt er mit breitem australischem Akzent weiter. »Kurz bevor wir den Südpolarkreis überquert haben, hat sein Herz versagt. Wir dürfen aber nicht offen darüber sprechen; die Passagiere müssen sich erst an den Gedanken gewöhnen, dass jemand gestorben ist.«

»Ja«, wispert Ian jetzt. »Wir mussten ihn aufrecht hinstellen, um ihn in den Fahrstuhl zu bekommen.«

Der Leichnam, der sich nun nicht länger im Zustand der Starre befindet, ist offenbar immer noch an Bord, unten auf dem zweiten Deck in einem der begehbaren Kühlräume. Er soll morgen abgeholt werden, die stets hilfsbereite Besatzung der Scott Base hat bereits ihre Hilfe zugesagt.

Ich schiebe mir eine Gabel Goldmakrele in den Mund und lasse die Information auf mich wirken, dass ein paar Decks unterhalb des Speisesaals eine Leiche lagert.

»Ist aber nicht so schlimm, dass er den Südpolarkreis verpasst hat», fährt Mick fort, ganz der pragmatische Australier. »Er war mit einer Gruppe von Senioren unterwegs, und sie hatten viel Spaß auf der Campbell-Insel. Er hatte Herzprobleme, und sie alle wussten, dass er nicht mehr lange leben würde.«

Ich kann mir kaum vorstellen, dass seine Gruppe den Tod ihres Reisegefährten so ungerührt hinnimmt. Aber vielleicht sind es ja auch Australier.

Das Beste an der Mahlzeit ist der intensive Geschmack von frischem Koriander und Tomaten und das frisch gekochte Gemüse. Nach dem Abendessen gibt mir einer der Passagiere einen Brandy aus; er kommt aus Tofino, einer entlegenen Gemeinde mit nur ein paar Tausend Einwohnern, ganz im Westen von Kanada. Wir plaudern über gemeinsame Bekannte: Vor Aufnahme meines Master-Studiengangs hatte ich zweimal an Feldstudien in Tofino teilgenommen. Unser Studienobjekt war das Marmelalk, ein Seevogel, der nicht auf felsigen Inseln, sondern auf den bemoosten Ästen der Bäume der alten gemäßigten Regenwälder nistet, die es in dieser Region gibt.

Ein paar Minuten vor zehn scheucht Mick David und mich schließlich zur Gangway, um Punkt 22 Uhr soll das Schiff wieder ablegen. Wir sind noch nicht einmal halb die Treppe hinunter, als ein grimmig dreinschauender Offizier vom Brückendeck hoch über uns mit bellender Stimme ein paar Kommandos auf Russisch gibt und hinter uns die Matrosen beginnen, die Gangway zum Einfahren bereit zu machen. Auf dem Rückweg halten wir nach ein paar Minuten kurz inne und sehen uns um. Die *Khlebnikov* entfernt sich im Rückwärtsgang von ihrem eisigen Liegeplatz, ihre Bugspitzen schwenken aus in Richtung Süden nach McMurdo und zur Scott Base. Wir bleiben zurück in der eisigen Stille, durchbrochen nur von den heiseren Lauten der Pinguine, die in der Ferne nach ihren Küken rufen, und dem zischenden Geräusch unserer Skier auf dem Eis.

Wir erreichen die Küstenlinie und schnallen unsere Skier ab. Während wir schweigend den Hügel hinaufstapfen, muss ich an das warme, komfortable Schiff mit all den lebhaften Menschen an Bord zurückdenken, das sich jetzt immer weiter von uns entfernt, und in welch scharfem Kontrast dieser schwimmende Vorposten der Zivilisation zu unserer zugigen Hütte inmitten in der Wildnis steht, in der es nicht einmal eine Toilette gibt.

»Das war nett, aber ich bin froh, wieder hier zu sein«, sage ich zu David.

»Ich auch«, antwortet er.

Kapitel 21

Das Wanigan der Kiwis ist mir ein Freund geworden. Wenigstens fühlt sich dieser Ort für mich an wie ein Hafen, wie ein guter Freund eben, in diesem sonst so menschenleeren Land. Nach dem Abendessen sitze ich jetzt hier und schreibe, die Tür ist weit geöffnet, um frische Luft hereinzulassen und die Strahlen der Abendsonne. Ich bin hier, weil mir nach Einsamkeit war. Einsamkeit! Wie kann man an diesem Ort, dieser Verkörperung der Einsamkeit selbst, ein solches Bedürfnis verspüren? Aber ich liebe die Stille und die kontemplative Atmosphäre dieses kleinen gemütlichen Raums. Ich stelle mir gern vor, wie viele andere Menschen schon vor mir hier waren, aus dem Fenster gesehen haben oder auf der Türschwelle in der Sonne saßen und der fernen Musik der Pinguine gelauscht haben. Das kleine Gebäude ist bereits fest mit der Geschichte der Antarktis verbunden, anders als unser gelbes Rac-Tant. Im Gästebuch stehen die Namen der Besucher, manche von ihnen bekannt, andere nicht, die über die Jahre aus den unterschiedlichsten Motiven hierherkamen: um die wirbellosen Organismen zu studieren, weil sie eine Pause vom Leben auf der Basis brauchten, um ihre Ausrüstung zu testen, Shackletons Hütte zu reinigen und aufzuräumen oder um die Pinguine in der Kolonie zu zählen. Wir dort oben auf unserem Hügel sind nur ein kleiner Teil in einer langen Folge von Besuchern, die am Kap Royds gearbeitet haben oder zu Besuch kamen.

Von dieser Hütte aus ist die Aussicht außerdem sehr viel besser als bei uns. Durch die offene Tür sehe ich die Pinguine in der Kolonie, den Pony Lake und die riesige Schneebank, die selbst jetzt im Hochsommer immer noch die Hälfte des Sees bedeckt. Vor mir liegen die Weiten des McMurdo-Sunds, wo Wasser und Eis um die Wette in der Sonne funkeln. Dort draußen wird das leuchtende Weiß des Packeises durchschnitten von Schatten in Mauve und Taubengrau, im Inneren der größeren Eisberge glüht geheimnisvoll das leuchtende Türkis alten Eises. Die zerklüfteten Gipfel der Royal Society Range sind von Nebelbänken umgeben, die diesige Kulisse des spektakulären Schauspiels. Durch das Seitenfenster kann ich einen Blick auf das graue Dach von Shackletons Hütte erhaschen. Obgleich die Aussicht besser ist, liegt das Kiwi-Wanigan an einem geschützteren Ort als unser Rac-Tent – am Fuße und im Windschatten eines großen Felsen, der es vor den heftigsten Böen aus dem Süden abschirmt.

Shackleton aber hat sich ohne Zweifel den besten Platz ausgesucht: Sein Basislager liegt noch weiter in Ufernähe und ist gleich von drei Seiten von der umgebenden Topografie des Abhangs geschützt. Ich bin mittlerweile schon so oft an dieser Hütte vorbeigelaufen, dass ich sie an manchen Tagen nicht einmal mehr bemerke. Doch immer wieder werde ich mir ihrer Magie von Neuem bewusst, ihrer zeitlosen Präsenz vor dem Hintergrund des Mount Erebus, und oft spüre ich die Gegenwart von Shackleton und seinen Männern. Sie beginnen für mich ebenso real zu werden wie meine Freunde und Familienmitglieder, die ich zurückgelassen habe, erwachen in meiner Fantasie zum Leben, sind mir an manchen Tagen näher als die Menschen meines fernen Zuhauses. Dann stehe ich am Ufer des Pony Lake und starre hinüber zu den verschlossenen Türen und verrammelten Fenstern und erwarte jeden Moment, Shackleton selbst dort zu sehen, wie er sich aus dem Türrahmen lehnt, jemandem etwas zuruft oder über einen Witz lacht, den jemand gemacht hat. Auch heute Abend nicke ich ihm zu, als ich an der Hütte vorübergehe, murmele sogar einen Gruß, wie ein in seiner Fantasiewelt verstricktes Kind, das durchaus damit rechnet, dass Träume wahr werden können. Ich bin sogar ein bisschen überrascht, dass er nicht in der Tür erscheint, um meinen Gruß zu erwidern. Dank der weltentrückten Atmosphäre dieses Ortes fällt es mir nicht schwer, mir vorzustellen, dass er und seine Männer die Hütte nur kurz verlassen haben und jeden Moment auf der Anhöhe auftauchen oder hinter einem der auf Grund gelaufenen Eisberge erscheinen werden.

Die Skuas verhalten sich uns gegenüber zurzeit etwas weniger feindselig als gewohnt. Ich stehe auf der Anhöhe am nördlichen Rand der Kolonie, um die Subkolonie 11/12 zu queren, als ein Skua-Paar auf mich aufmerksam wird, und einer der Vögel von seinem Nest auffliegt, wo er sein Küken bewacht hat. Die Skua steuert direkt auf meinen Kopf zu, und ich ducke mich weg und hebe instinktiv den Arm, um mein Gesicht zu schützen, aber statt mich anzugreifen, hält sie in der Luft inne, landet nur ein paar Meter entfernt von mir auf dem Boden und sieht mich aufmerksam an, während sie erwartungsvoll mit dem Kopf wackelt. Nehmen wir Proben vom Mageninhalt toter Küken, schnappen sich einige der Skuas die Reste, wenn wir fertig sind; und dieser Vogel hat es wohl genau darauf abgesehen. Ich gehe den steilen Hang hinunter in die Subkolonie 11/12 und sehe mich um: Der Vogel ist mir tatsächlich gefolgt und beobachtet mich jetzt von oben.

Ich entdecke ein etwa zweieinhalb Wochen altes totes Pinguinküken neben seinem ehemaligen Nest und hebe es auf. Die Skua taucht neben mir auf, kaum, dass ich mein Messer herausgeholt habe. Sie ist jetzt nur noch etwa einen Meter weit entfernt und sieht wachsam zu, während ich vorsichtig den Magen des toten Kükens öffne, der, abgesehen von einigen kleinen Steinen, leer ist. Kein Wunder, dass es tot ist, wahrscheinlich ist es verhungert. Ich halte das Ergebnis in meinem Feldbuch fest und wische das Messer an meiner Hose ab, die mittlerweile so widerlich verdreckt ist, dass sie schlicht keine weiteren Schichten an Schmutz aufnehmen kann. Ich lasse den Kadaver fallen und wende mich ab, sofort ist die Skua zur Stelle und stürzt sich auf das Aas. Ich bin kurz verunsichert – verstoße ich damit gegen das strenge Fütterungsverbot von Wildtieren? Aber tote Pinguinküken gibt es an diesem Ort schließlich im Überfluss. Die Skuas fressen oft zuerst den angedauten Mageninhalt, wenn sie ein Küken erlegt haben. Möglicherweise finden sie es einfach praktisch, dass wir das Aufbrechen des Magens für sie übernehmen. Die Bauchdecke ist schließlich sehr zäh, selbst bei einem kleinen Küken. Als ich mich umdrehe und zurück in Richtung des Vogels und seines Nests gehe, schlägt er mit den Schwingen und kreischt mich warnend an, sofort wieder im gewohnten Raubmöwen-Modus, mein Friedensgeschenk scheint er bereits vergessen zu haben.

Für die Meeressäugetiere war es heute ein guter Tag, obwohl sich in den letzten ein bis zwei Wochen deutlich weniger Weddellrobben auf dem Festeis vor der Kolonie gezeigt haben. Heute Morgen hat mir David erzählt, dass er einen Seeleoparden gesehen hat, der gerade einen Pinguin verzehrte. Während meines abendlichen Gangs am Ufer beobachte ich etwa zehn Minuten lang zwei Minkwale, die in den Gewässern unterhalb der Kolonie jagen. Sie verschwinden schleunigst, als plötzlich eine Gruppe von Schwertwalen das Kap umrundet, es sind vier Tiere. Unterhalb meines Aussichtspunkts auf den Uferklippen hat der Ozean infolge einer sommerlichen Algenblüte eine leuchtend grüne Farbe angenommen, über die absinthene stille Oberfläche treibt frisches, lichtdurchlässiges Pfannkucheneis. Gleich jenseits dieser zarten Ausbildungen von Sommereis liegen dicke Schollen Wintereis, auf denen die Pinguine in regelmäßigen Abständen landen. Sie katapultieren sich dazu ganz nach Pinguinart senkrecht aus dem Wasser, wie von einer Feder herausgeschleudert oder aus einem Kanonenrohr geschossen. Landen sie, sind ihre Augen weit aufgerissen, und sie wirken jedes Mal fast schockiert darüber, plötzlich festen Boden unter den Füßen zu haben. Doch sie gewinnen die Fassung schnell wieder, schütteln sich die letzten Tropfen aus den Federn, trotten geschäftig in Richtung Ufer oder lassen sich an Ort und Stelle nieder, um sich der Gefiederpflege zu widmen. Der Fuß des Festeises erstreckt sich derzeit vom Ufer aus unter Wasser etwa ein bis zwei Meter ins Meer hinaus, und bildet so einen natürlichen hellen Hintergrund, vor dem sich die Bewegungen der ankommenden und startenden Pinguine gut beobachten lassen. Von der Klippe aus gleichen sie riesigen Schwimmkäfern, die mit rhythmisch schlagenden Ärmchen durch das klare grüne Wasser sausen.

Pinguin 1091, das Weibchen, das vor einem Monat den Angriff eines Seeleoparden nur knapp überlebt hat, ist heute in die B-REF-Subkolonie zurückgekehrt. Sie humpelt zwar stark, wirkt ansonsten aber vital. Ihr Partner, 1096, ist trotz des leeren Nests immer noch hier und verteidigt ihr Revier. Die beiden begrüßen sich und setzen sich nebeneinander, während ich sie beobachte; da ihre Brut erfolglos war, werden sie für den Rest der Saison bald ins Meer zurückkehren, im nächsten Jahr aber wieder in die Kolonie zurückkehren und einen weiteren Versuch wagen.

Ich muss wieder daran denken, was David gesagt hat, als ich ihm von dem schwer verletzten Tier erzählte: »Du wirst vielleicht noch staunen.« Und das habe ich tatsächlich. Diese Vögel sind beeindruckend zäh und geben mir ein leuchtendes Beispiel dafür, was es heißt, sein Dasein in vollen Zügen auszukosten, solange es möglich ist.

Das Wetter heute war launisch. Zuerst grau und bedeckt und kalt, dann sonnig und atemberaubend still, während das Packeis von Norden ans Ufer getrieben wurde. Und jetzt hat sich ein Lichthof um die Sonne gebildet, und der Wind hat gedreht und weht stürmisch aus dem Süden. Ein Großteil des Packeises wurde wieder hinaus aufs Meer geschoben, und unter der dünnen hohen Wolkendecke wirkt die See so düster wie ein riesiges poliertes Metallblech. Das Wetter scheint sich umzustellen. Flotten von Altokumulus-Wolken treiben nordwärts über den Ozean, am Horizont zeichnen sich die gewaltigen Umrisse der Eisberge ab, die durch den Sund treiben, zerklüftete weiße Inseln in der bleichen gewellten Masse des Packeises. Als ich zum Abendessen zurückkehrte, waren nur die untersten Ausläufer des Erebus frei von Wolken; dank des Sturms ist die Sicht auf das gewaltig aufragende Massiv jetzt wieder frei. Der Anblick des von Gletschern bedeckten Gipfels des Mount Bird beeindruckt mich tief, strahlend weiß hebt er sich ab vor dem schiefergrauen Hintergrund des wolkenverhangenen Himmels. Als ich zurück zur Hütte gehe, sind es trotz Sonnenschein −4 °C, und meine Hände eisig kalt. Die friedvollen milden Sommertage scheinen sich langsam ihrem Ende zuzuneigen.

In meinem Zelt ist es immer noch angenehm warm. Die Zeit, als ich mich mit zwei Lagen langer Unterwäsche tief in meinem Schlafsack verkrochen habe, scheint schon lange zurückzuliegen. In meinem einen Paar langer Unterhosen wird mir schnell zu warm, und ich lasse sowohl den Reißverschluss des Schlafsacks als auch den des Futters zur Hälfte offen, bevor ich mich schlafen lege. Früh morgens erwache ich dann bibbernd vor Kälte, ziehe alle Reißverschlüsse zu, wickle mir den Kapuzenschal über den Kopf und rolle mich zusammen wie in einem Kokon. Ich bin zwar sicher, dass wir noch einige warme Tage erleben werden, aber die unbeschwerte Zeit des Sommers ist vorüber.

Am Vormittag erwache ich vom Geräusch eines Helikopters. Mit den Geräuschen ist es hier eine seltsame Sache. Der Lärm der Rotorblätter scheint schon ganz nah zu sein, aber ich weiß, dass der Hubschrauber sich auch am anderen Ende des McMurdo-Sunds befinden könnte, etliche Kilometer weit weg. Gestern Abend kam ein

Hubschrauber vorbei, als ich gerade Abendessen machte. An Bord war Pete Wilson, Davids Kollege und der PI vom Kap Bird, er würde dort zwei Wochen lang arbeiten. Im Rac-Tent war das Geräusch so laut, dass ich dachte, der Helikopter würde auf unserer provisorischen Plattform landen, also ging ich hinaus, um nach dem Rechten zu sehen. Ich blickte mich um und entdeckte nur einen winzigen Punkt am Fuße des Mount Erebus hinter uns.

Die Temperatur liegt immer noch bei beinahe –5 °C, als ich aufstehe, aus dem Zelt krieche und in Richtung Hütte wanke. Wieder weht eine steife Brise aus Süden, die auch ein paar Schneeflocken mitbringt. Zum ersten Mal seit Wochen drehe ich den Gasofen morgens einmal wieder voll auf. Als ich am Vormittag nach markierten Vögeln Ausschau halte, bin ich froh über die Handwärmer, die ich mir vorher noch in die Handschuhe geschoben habe. Die Hände zu heben und das Fernglas damit fest zu umklammern, erweist sich bei diesem Wind bald als unerträgliche Qual. Als ich David unten an der Kolonie treffe und kurz haltmache, um ihm einen guten Morgen zu wünschen, sagt er nur: »Der Herbst kommt bald.« Ich denke bei mir, dass der Herbst schon da ist.

Eine neue Gruppe Stipendiaten des New Zealand Artists and Writers Programme kommt an, die Gäste haben bergeweise Ausrüstung mitgeschleppt – Zelte und Öfen und Überlebensausrüstung und kistenweise Lebensmittel –, dabei wollen sie nur für drei Tage bleiben. In der Antarktis kann man zwar nicht wirklich mit leichtem Gepäck reisen, aber diese Materialschlacht erscheint mir doch ein wenig übertrieben. Auf dem Rückweg zum Mittagessen schaue ich kurz vorbei und stelle mich vor. Aaron, der AFT-Guide, ist groß und schlaksig, ich glaube, einen australischen Akzent herauszuhören. Er erzählt mir, dass er im Herbst zum Bergsteigen nach Südamerika reisen wird. »Und danach geht es wahrscheinlich auf die Nordhalbkugel«, fügt er hinzu. Wie viele Bergsteiger folgt er dem Sommer wie ein Zugvogel rund um den Globus.

Laurence ist die einzige Frau in der Gruppe. Sie schreibt an einem Roman über die Biologen Euan Young und Rowley Taylor, die zu Beginn der 1960er Jahre Pionierarbeit in der Antarktis leisteten und hier Pinguine und Skuas erforschten. Mir ist nicht ganz klar, wie man ein einzigartiges reales Ereignis in eine fiktionale Erzählung verwandelt, aber ich bin schließlich keine Romanautorin. Vielleicht finde ich es außerdem bald heraus, denn ich habe kurzerhand mich und meine vorletzte Flasche Wein für einen Besuch für den morgigen Abend eingeladen. Das dritte Mitglied der Gruppe ist Patrick, ein Komponist, der plant, ein von den Rufen der Adélies inspiriertes Stück zu schreiben, ein ehrgeiziges Projekt angesichts der komplett unmusikalischen Lautäußerungen (Grahames letztem Gästebucheintrag kann ich nicht ganz zustimmen). Doch Patrick war bereits unten an der Kolonie, spricht zu mir über Muster von Ruf und Antwort und wirft mit musikalischen Fachbegriffen um sich, über deren Bedeutung ich nur spekulieren kann. Er scheint also gut voranzukommen.

David und ich werden heute Nachmittag einen Pinguin mit einem TDR versehen, in einem Teil der Kolonie, den die Kiwis von ihrem Aussichtsposten aus einsehen können. Sollten sie später fragen, was wir dort getrieben haben, werde ich ihnen erzählen, dass wir den Vogel festgehalten haben, um ihm Coleridge vorzulesen, im Zuge unseres eigenen Artists and Writers Programme, und dass der Pinguin die lyrischen Zeilen durchaus wohlwollend aufgenommen hat … Und wer weiß, was für Geschichten ein Pinguin zu erzählen hätte …

Als ich nach dem Mittagessen zurück zur Kolonie gehe, steht Aaron vor dem Wanigan und raucht eine Zigarette. Eine Zigarette. Ich hatte schon ganz vergessen, dass es so etwas gibt. Es ist das erste Mal, dass ich jemanden rauchen sehe, seit ich hier unten bin, und es sieht irgendwie befremdlich und auf unbestimmte Art sexuell aus. Ich bleibe natürlich kurz stehen, und wir unterhalten uns.

An der Scott Base ist es offenbar gerade eisig kalt, es weht ein schneidender Wind. Er erzählt mir von den AFT-Kursen für das Personal der Scott Base und bestätigt mich in meiner Vermutung, dass man dort sehr viel mehr Spaß hat als bei den Kursen in McMurdo. Die Teilnehmer müssen sich nicht nur in eine Gletscherspalte abseilen, sondern auch durch einen gefrorenen Wasserfall gehen. Ich erfahre, dass man das Training ursprünglich zusammen mit McMurdo durchführte, bis, so nehmen wir an, irgendein Risikomanager des US Antarctic Program der Sache ein Ende setzte. Es stellt sich heraus, dass alle AFT-Mitarbeiter die Bergsteiger kannten, die vor ein paar Wochen in Neuseeland bei dem Lawinenabgang ums Leben gekommen waren.

»Wie viele professionelle Bergführer mag es in Neuseeland geben? Vielleicht so um die hundert?«, fragt Aaron und sieht plötzlich traurig aus. »Wir kennen uns alle.«

Es hat den ganzen Abend über geschneit, kleine trockene Flöckchen, die ein wisperndes Geräusch machen, wenn der Wind sie über das Dach des Rac-Tents treibt. Vor dem Abendessen gehe ich hinaus, um den Schmelzwasserbehälter zu füllen. Infolge des milden Wetters und des darauffolgenden Temperatursturzes ist unsere matschige Schneewehe jetzt steinhart gefroren, und meine Schultern und Handgelenke schmerzen, nachdem ich mit dem Schaufelblatt mühsam ein paar Brocken herausgehackt habe. Obwohl der Wetterumschwung sich hart anfühlt, bin ich doch froh, denn die milde Witterung hatte durchaus ihre Nachteile. Die Schneewehe schmolz ab und rutschte den Abhang hinunter, es wurde zunehmend schwierig, unsere Lebensmittel frisch zu halten, und die Pinguine und ihre Küken ächzten in der Kolonie unter den hohen Temperaturen.

Als wir unsere Mahlzeit beendet haben, hat der Himmel sich zugezogen, schwer und grau dräuen die Wolken über uns, und in der Hütte war es wohl die ganze Saison über noch nicht so dunkel. Hätten wir hier elektrisches Licht, würde ich es anschalten. Nach dem spektakulären Schauspiel mit Eis und Sonnenschein und klarem Himmel, das ich erst gestern Abend über dem McMurdo-Sund erleben durfte, ist es nun, als würde die Antarktis schmollen, wie eine erschöpfte Diva nach ihrem großen Auftritt. Wir funken das Team am Kap Crozier an, wie fast jeden Abend, und Grant erzählt uns, dass es auch bei ihnen schneit und empfindlich kalt ist. Doch vor dem Abschluss der Saison gibt es noch viel zu tun – wir müssen mehr Küken wiegen, sie mit Metallspangen markieren und wollen noch einmal nach Beaufort.

Während ich am Laptop sitze und Daten einpflege, wandert mein Blick immer wieder zufrieden zu einem Stapel Bekleidung, der zusammengefaltet auf meinem Regalbrett liegt. Ich habe meine Mützen, Tücher und Kapuzenschals so arrangiert, dass ihre Farben einander verstärken – dunkles Violett, Königsblau, Scharlachrot, Pastellblau, Türkis, Lila, Lachsrosa. Auf meinem Schreibtisch liegt außerdem ein farbenfrohes Sammelsurium von Objekten, die ich über Monate zusammengetragen habe: leuchtend bunt verzierte Weihnachtskarten-Umschläge, farbiges Briefpapier, sogar die hellblaue Folie, in die die Riegel aus belgischer Schokolade eingewickelt sind. Wie ein Laubenvogel habe ich alles zusammengerafft, was glitzert und bunt ist, eine Sammlung aus Talismanen, ein Schutz gegen die ewig monochromatischen Landschaften dort draußen. Auf die Farben freue ich mich ganz besonders, wenn ich bald in die Welt da draußen zurückkehren werde. Aber ich bin noch nicht bereit zu gehen, noch nicht.

Am Kap Royds geht es jetzt fast betriebsam zu. Heute kam schon wieder ein Hubschrauber voller Kiwis an, die sich zu der Gruppe gesellten, die bereits am Wanigan ihre Zelte aufgeschlagen hatte – diesmal handelt es sich um den unvergleichlichen David Harrowfield und seine Gang vom Antarctic Heritage Trust, die über Kap Evans angereist sind, mit um die 1800 Kilo Ausrüstung. Während ihres kurzen Zwischenstopps wollen sie das Gelände rund um Shackletons Hütte aufräumen (hoffentlich inklusive der historisch bedeutsamen Pastinaken, die dort verrotten), den Inhalt der Hütte grob inventarisieren und weitere Vorbereitungen für geplante Restaurierungsmaßnahmen treffen. Beinahe bedaure ich es, dass David und ich morgen wieder einmal nach McMurdo fliegen, wir verpassen hier eine erstklassige antarktische Gelegenheit, interessante neue Menschen kennenzulernen. Ich gehe nach dem Abendessen, und nachdem ich meine Daten eingepflegt habe, den Hang hinunter, meine Flasche Jägermeister im Gepäck, die noch zu drei Vierteln voll ist. Rund um das Wanigan stehen jetzt drei Scott- und mehrere Expeditionszelte, als wäre ein kleines Dorf aus dem Boden gewachsen, sogar mit Sperrholzsichtschutz für das Plumpsklo, an dem jetzt ein Besetzt/Frei-Fähnchen hängt.

Als ich ankomme, stehen die meisten der Neuseeländer vor der Tür des Wanigan, tauschen Geschichten aus und erzählen sich Witze. Der Jägermeister wird wie gewohnt mit Hohn und Spott bedacht (»Oha, ein Kräuterschnäpschen!«), aber sobald die Flasche kreist, höre ich »Schmeckt doch gar nicht so übel!« und »Noch einen, bitte!«. Ich muss an unsere kleine Feier am Weihnachtstag denken und stelle amüsiert fest, dass alle unsere Besucher erstaunlich ähnlich auf meine Jägermeister-Flasche reagieren.

Um 21.30 Uhr hängt Aaron sein Funkgerät an einen Haken an der Außenwand des Wanigan, und wir lauschen den allabendlichen Kurznachrichten von der Scott Base, vorgetragen von einem lakonischen Funkoffizier mit hartnäckigem irischem Akzent. Monoton verliest er Meldungen über die jüngst steigenden Ölpreise, ein Elvis-Imitatoren-Konzert in Neuseeland (»der Elvis-Doppelgänger wischte sich die Regentropfen von der behaarten Brust«) und eine neunzigjährige Frau, die einen Einbrecher mit einem Schnitzmesser in die Flucht geschlagen hatte. Dann folgen die Sportnachrichten und zum Schluss noch ein paar schlüpfrige Witze des Radiomoderators, um die Sache abzurunden.

Wir stehen in der Kälte und trinken Wein und lachen über Albernheiten. Es ist ein schöner Abend geworden, mit vielen dicken Schneeflocken, die eine angenehme Stimmung zaubern, und ohne Windböen. Aaron hat mir freundlicherweise seinen Mantel und ein Paar Handschuhe geliehen, ihm ist nicht entgangen, dass ich mich auf einen Abend in der warmen Hütte eingestellt hatte, und nicht auf einen fröhlichen Umtrunk im Freien mit kalten Getränken. Unter den Besuchern ist Fiona Wills, Geschäftsführerin des Antarctic Heritage Trust, eine bezaubernde Person, die mich zum Essen eingeladen hat, solange die Gruppe noch vor Ort ist. Ich lerne außerdem Julian kennen, er ist Restaurator, irgendein Experte, der ursprünglich aus Großbritannien stammt, aber mittlerweile schon seit zwanzig Jahren in Sydney lebt. Das hat zwar seinen Upperclass-Akzent nicht abgemildert (auch nicht die damit einhergehende pferdegesichtige Miene), wohl aber seine herablassende Attitüde gegenüber Gemeinen wie uns. Inmitten unserer kleinen Feiergesellschaft wirkt er fast entspannt und jovial, obwohl ich merke, dass er die enervierende Gewohnheit hat, jede Menge schlauer Fragen zu stellen, um dann nicht mehr zuzuhören, wenn jemand antwortet. Es stellt sich heraus, dass sein Vater der ehemalige Bischof von Bath and Wells ist, und ich erwähne einen alten Skandal, der sich um meinen Onkel drehte, der damals Küster an einer berühmten englischen Kathedrale war. Er musste sein Amt niederlegen, nachdem bekannt wurde, dass er ein Verhältnis mit der Frau des Organisten hatte. Damals schlug die Sache hohe Wellen, denn der Vorfall reihte sich ein in eine Serie von Sexskandalen im kirchlichen Kontext. Als ich das Thema anschneide, schaut Julian nur gequält drein und schweigt. Die Sache ist ihm sichtlich unangenehm.

Einer seiner Kollegen beginnt, von der Arbeit der Gruppe vor Ort zu erzählen. Während des kurzen Besuchs will das Team vor allem ein Inventar erstellen und eine grobe Bestandsaufnahme des Gebäudes samt Grundstück vornehmen. Dies dient der Vorbereitung von Restaurierungsmaßnahmen, die im kommenden Jahr beginnen sollen. Offenbar wird ein Großteil der konservatorischen Arbeiten vor Ort am Kap Royds stattfinden, ebenso wie die Reparaturen an der Hütte selbst – eine enorme logistische Herausforderung, ein Mitglied der Gruppe soll sich um die Einrichtung des Camps und sämtliche praktischen Belange kümmern, während Julian mit einem Kollegen die eigentlichen Restaurierungsarbeiten anleitet. Wir kommen später irgendwie auf die hiesige Tierwelt zu sprechen, und Julian erzählt mir, dass er heute Morgen Hals über Kopf vor einem aggressiven Skua-Paar jenseits des Bergrückens im Süden fliehen musste, wobei er stolperte, hinfiel und das Objektiv seiner neuen kostspieligen Kamera abbrach. Er scheint sich auf schadenfrohe Art bestätigt zu fühlen, als ich ihm erzähle, dass es erst im vergangenen Monat am Kap Bird einen Vorfall gab, bei dem Skuas einen Menschen verletzt haben. Seine panische Flucht war also berechtigt gewesen, Kamera hin oder her.

Im Laufe des Abends wird David Harrowfield zusehends betrunkener (»Wasted! Kennt ihr dieses Wort in Kanada auch? Wasted?«, fragt er mich etliche Male). Aber sein Gesicht ist das eines glückseligen Betrunkenen, mit roten Apfelbäckchen, einem breiten Grinsen und glitzernden Augen. Ich erzähle ihm, dass ich im wunderbaren Buch *Terra Incognita* der britischen Autorin Sara Wheeler über ihn gelesen habe, und schon poltert er empört los, dass er die Frau am liebsten verklagt hätte, weil sie ihn als »exzentrischen Bon Viveur« bezeichnet hatte. Er hätte sie auch tatsächlich verklagt, lässt er mich wissen, würde er sie nicht »ziemlich gut« kennen.

»Sie hat es nicht mal richtig geschrieben«, beschwert er sich noch. »Es heißt ›Bon Vivant‹!«

Nach und nach verschwinden alle in ihren Zelten, und ich gehe ins Wanigan, um mich aufzuwärmen und kurz vor den nun dicht fallenden Flocken in Sicherheit zu bringen. Die Sicht verschlechtert sich, das Wetter schlägt um, und ich beginne mich zu fragen, was aus unserem morgigen Flug wird. David Harrowfield bewirtet mich mit heißen Getränken und hat noch mehr Geschichten auf Lager. Schließlich kommen Patrick und Aaron und schließen die Tür hinter sich, endlich, denn draußen ist es jetzt beißend kalt.

»About fucking time!«, sage ich, und wir sind uns kurz alle einig, dass die Abkürzung AFT wahrscheinlich genau dafür steht. Es folgt eine praktisch unvermeidliche alkoholschwangere Diskussion darüber, was AFT sonst noch bedeuten könnte, während wir uns eine eisgekühlte Dose Guinness teilen. Dann bringen Patrick und ich Aaron ein paar Schimpfworte auf Spanisch bei, um ihn auf seinen Trip nach Südamerika vorzubereiten. Die Crew des Antarctic Heritage Trust ist nur bis Samstag hier, beim größten Teil der 1800 Kilo Ausrüstung, die sie mitgeschleppt haben, handelt es sich um Lebensmittel und Getränke; darunter ist auch eine Kiste Wein und eine ganze Kiste Bier, alles für nur drei Tage. Es zeigt sich, dass David der selbst ernannte »Duke of Halswell« ist, dessen Visitenkarte ich vor ein paar Wochen während eines Solo-Besuchs im Wanigan gefunden habe.

»Und ich dachte, du wärst so ein britischer Pinkel«, sage ich. Er lacht, seine Augen blitzen auf, diesmal aber boshaft.

Nach dem Guinness gehen wir wieder nach draußen, es hat aufgehört zu schneien. Durch eine Lücke in der Wolkendecke dringen ein paar Sonnenstrahlen, die auf die jetzt weiß überpuderte Landschaft fallen. Patrick streckt sich und verkündet, es sei für ihn jetzt Zeit, zu Bett zu gehen.

»Du kannst doch jetzt nicht schlafen«, ruft Harrowfield dröhnend. »Du hast doch viel zu viel Arbeit!«

Er mag betrunken sein, seine Worte haben dennoch einen wahren Kern. Ich weiß genau, was er meint, denn dieses Gefühl quält mich jetzt jeden Abend. Als ich letzte Woche nach langer Zeit einmal wieder auf den Kalender sah, waren wir schon beinahe acht Wochen hier. Die endlosen Tage an diesem Ort lassen einen die Zeit vergessen. Und doch sind es heute genau zwei Monate, dass ich hier bin. Dieser Ort schien inmitten des Stroms der Zeit stillzustehen und wir alle mit ihm. Aber jetzt hat die Zeit uns doch wieder eingeholt.

Ich verabschiede mich und gehe zur Hütte zurück, wo ich mir nur schnell meine Kamera hole und wieder umkehre. Etwas zieht mich zurück zum Zeltplatz, das Bild der weiß überhauchten Scott-Zelte vor der frisch verschneiten Landschaft lässt mich nicht los. Auch Patrick ist noch draußen unterwegs, er macht sich Notizen, schießt Fotos und holt dann sein Aufnahmegerät, um die Pinguinrufe aufzunehmen, die in der vollkommenen Stille nach dem Schneesturm widerhallen. Offensichtlich ist ihm ebenfalls klar geworden, dass Harrowfield absolut recht hat.

Um 9.30 Uhr am nächsten Morgen schaue ich kurz am Wanigan vorbei, um mich von den Stipendiaten des Artists and Writers Programme zu verabschieden, sie werden in Kürze zur Scott Base zurückkehren.

»Warum bist du denn schon so früh auf?«, begrüßt Aaron mich so überrascht, als wäre es fünf Uhr morgens. Gute Frage. Wir wollen heute zur Station, das ist der Grund. Patrick sieht ein wenig mitgenommen aus.

An diesem Morgen fangen wir damit an, die Küken zum dritten Mal zu wiegen. Viele sind mittlerweile groß genug (und erinnern sich gut genug an die letzten Male), um zu flüchten, wenn sie uns sehen. Um die kräftigeren von ihnen zu fangen, benutzen wir also ein weiches Fischernetz. Während der ersten drei bis vier Wochen werden Adélieküken ständig von einem oder von beiden Elternteilen bewacht. Nach dieser Phase müssen sie anfangen, auf sich selbst aufzupassen, und sie beginnen sich in großen Gruppen zusammenzudrängen, den sogenannten Crèches oder Krippen. Entfernen die jungen Pinguine sich von ihren Nestern, können sie und ihre Eltern einander an der Stimme erkennen; so finden die Eltern ihr Junges auch in einem Pulk Gleichaltriger wieder und umgekehrt. Die älteren Küken am Kap Royds haben erst vor ein oder zwei Tagen angefangen, sich mit ihren Altersgenossen zusammenzutun, nun sieht man sie aneinandergekuschelt in Dreier- oder Vierergrüppchen in den Subkolonien schlafen, flauschige dunkelgraue Haufen mit Guano-Spuren auf dem Daunengefieder, hier und da lugt ein Schnabel, ein rundes Bäuchlein oder ein dicker rosafarbener Fuß hervor.

Die Daten unserer markierten Vögel, via Satellitentelefon-Link heruntergeladen und anschließend konvertiert und in einer E-Mail an uns weitergeleitet, zeigen, dass die Elterntiere nicht weit im Norden der Kolonie auf Fischzug gehen, wahrscheinlich gleich in der Wohlschlag Bay auf halbem Weg zwischen Kap Royds und Kap Bird. Die kurzen Wege zu den Jagdgründen sorgen dafür, dass die Küken optimal versorgt sind und schnell wachsen. Betrug das durchschnittliche Gewicht vor nur einer Woche noch 1141 Gramm, sind es heute schon 1790 Gramm. Die Küken produzieren entsprechend viel Guano. Während des Wiegens heute trug ich meinen Parka, um mich gegen den schneidenden Wind zu schützen, und die Vorderseite ist jetzt über und über besudelt mit grün-weißer fischig stinkender Pinguinkacke. Meine Kleidung ist mittlerweile so dreckig, dass ich den üblen Geruch, den sie verströmt, nicht mehr ausblenden kann, obwohl ich jetzt doch schon seit Wochen damit lebe und dagegen immun sein müsste.

Um 14 Uhr kommt der Helikopter, der uns nach McMurdo bringt, es wird in dieser Saison wohl unser letzter Ausflug zur Station sein. Es ist ein geräumiger Bell 212, in dem bereits einige Passagiere sitzen, unter ihnen Verbindungsoffizier April Brown von der Küstenwache, die hier ist, um den Tanker im Meereiskanal zu beobachten (oder um sich einen Boondoggle, eine angenehme

Aktivität mit überschaubarem Nutzen, zu gönnen, wie kritischere Geister behaupten würden). Wir schaffen gewaltige Mengen Müll und überflüssig gewordene Ausrüstungsgegenstände an Bord, dann steigen wir ein, und prompt ist der Innenraum des Hubschraubers erfüllt von Pinguingestank. Unsere Mitreisenden legen ein erstaunliches Maß an Contenance an den Tag, aber wenn schon ich den Geruch als streng empfinde, muss er für sie geradezu überwältigend sein.

Wir fliegen über Land, der Küstenlinie folgend: Da der Helikopter nicht über das offene Meer fliegen darf, ist damit auch der Weg entlang der ehemaligen Route über das Meereis tabu. Zwischen dem Barne-Gletscher und dem Ufer der Backdoor Bay ist noch mehr Eis abgebrochen, und in der Nähe des Kap Evans bilden sich frische große Polynyas. Der Himmel ist glasklar, und die ganze Welt scheint zu strahlen, wie vom Wind poliert. Unter uns liegen die Gletscher an den Hängen des Mount Erebus, perfekt gewellt wie riesige Sanddünen in der Sahara, bis sie das Ufer erreichen, wo sich das alte Eis wie zäher weicher Zuckerguss kaskadierend auf die gefrorene Oberfläche der See ergießt. Hinter der Scott Base und McMurdo ragt schroff der ockerfarbene Castle Rock empor. Es geht in atemberaubendem Tempo weiter, unter uns trifft die Kante des Schelfeises nun auf die zugefrorene See. Wir erkennen gewaltige Dünungen aus Eis, wie erfroren in dem Augenblick, als sie aufeinander zu und an das nahe Ufer rollten. Wir umrunden Hut Point, wo die hässliche Narbe von McMurdo in Sicht kommt und landen. Dann ziehen wir unsere Helme aus und warten darauf, dass die Rotorblätter zum Stillstand kommen.

Mein Aufenthalt in Mactown verläuft angenehm, doch der Gedanke an Kap Royds und die Arbeit, die dort noch auf mich wartet, lässt mir diesmal keine Ruhe. Ich fahre gemeinsam mit meiner Zimmergenossin Sarika, ihrer Freundin Jen und Jens extrovertiertem Freund Gary hinüber zur Scott Base, zur American Night. Gary nennt Jen seine »Eisfrau«, und auf Nachfrage bestätigt er mir: »Yep, zu Hause habe ich eine Frau, Kinder, ein Haus mit Hypotheken, den ganz normalen Wahnsinn halt.« Der Begriff »Eisfrau« (oder »Eismann«) beschreibt hier in McMurdo Beziehungen, die nur während der Saison geführt werden, oft auch über mehrere Jahre. Vor den Familien zu Hause in den USA hält man diese Liebschaften geheim, wenigstens nehme ich das an. Und hier unten sind sie ein so alltägliches Phänomen, dass es sogar einen Namen dafür gibt. Wir gehen hinaus auf den Parkplatz vor Gebäude 155 und warten auf den Shuttlebus zur Scott Base, der sogar pünktlich kommt. Gary trödelt noch draußen herum und plaudert mit einem Kumpel, bis es schließlich Zeit zur Abfahrt ist. Die Abfahrtszeiten prangen in unübersehbar großen Ziffern auf einem Schild direkt neben Gary, auf Augenhöhe. Schließlich verliert der Fahrer die Geduld, hupt und ruft ihm zu, er solle endlich einsteigen. »Ganz klar nicht mehr tauglich für die reale Welt, der Mann«, bemerkt der neben mir sitzende Fahrgast trocken.

Zur Scott Base zu kommen, fühlt sich immer gut an, es ist ein warmer und heimeliger Ort, eine Wohltat nach den anonymen Baracken von McMurdo. An der Tür der Kiwi-Bar hängt ein Schild, auf dem steht, dass jeder, der beim Eintreten eine Mütze trägt, dem Personal an der Bar einen ausgeben muss. Der Witz daran ist, dass das Schild auf Japanisch ist. Während der American Night (eine Veranstaltung mit langer Tradition, bei der die Scott Base ihre Kollegen aus McMurdo willkommen heißt) gibt es ein originelles Zahlungssystem für die Drinks. Am Ende der Bar steht ein Körbchen, und jeder Gast wirft ein paar Dollar hinein, wenn er ankommt. Bestellt man seine Getränke, entnimmt der Barkeeper den entsprechenden Betrag aus dem Körbchen. Solange genug Geld da ist, fließt also auch der Alkohol, egal wer bestellt. Angeblich ist am Ende des Abends immer jede Menge Geld übrig, sodass die

Neuseeländer am Freitag umsonst trinken können – weshalb man die American Night auch auf einen Donnerstag gelegt hat.

Wir kommen ins Gespräch mit vier neuseeländischen Militärangehörigen, die eben erst von einem einmonatigen Aufenthalt am Kap Adare zurückgekehrt sind, weit oben im Norden. Dort hatten sie den Auftrag, Schutt und Überreste der Hütten der alten Station zurückzubauen. Sie erzählen uns, dass sich neuseeländische Soldaten um freiwillige Arbeitseinsätze in der Antarktis reißen, und das, obwohl man den größten Teil seiner Zeit damit verbringt, Eis rund um die Fundamente der alten Gebäude wegzuhacken und gegen das raue Klima anzukämpfen – ein weiterer Beleg dafür, wie sehr sich die Einstellung von Neuseeländern und Amerikanern zur Antarktis unterscheidet. Diese vier sind der Meinung, das große Los gezogen zu haben, und es macht wirklich Spaß, sich mit ihnen zu unterhalten, während sie mit überbordendem Enthusiasmus immer weiter vom Kap Adare und den Pinguinen dort schwärmen. Sie und vier Mitglieder der Besatzung der Scott Base haben dreißig Tage an einem Ort gelebt, der noch sehr viel entlegener als Kap Royds ist, und sie haben es geliebt.

Ich bleibe auf ein paar Drinks in der Bar der Scott Base, dann nehme ich den Bus zurück nach McMurdo und gehe ins Crary Lab, um mich dort um meine Korrespondenz zu kümmern. In meinem Postfach finde ich eine Nachricht, die mir den Atem stocken lässt. Sie kommt von der Förderstelle, bei der ich mich für ein Promotionsstipendium beworben habe, und man teilt mir mit, dass mein Antrag, den ich im Herbst kurz vor meiner Abreise eingereicht habe, bewilligt wurde.

Kurz nach Mitternacht lege ich eine Pause ein und gehe hinüber zur Kombüse, wo es als späte Mahlzeit Krabbenbeine gibt. Ich stelle mich in der Cafeteria in die Schlange, dort treffe ich zufällig auf ein Crewmitglied des Helikopters, der uns am Kap Royds abgeholt hat, um uns zur *Polar Sea* zu bringen. Der Mann fängt an, mir wortreich zu erzählen, wie sie an diesem Tag den Landeplatz nicht gefunden hatten, und wie blöd das gewesen sei, und wie es ihnen im zweiten Anlauf schließlich doch noch gelungen war, und irgendwann wird der Typ mir unheimlich. Nach ein paar Minuten wird mir klar, dass er einfach nur sternhagelvoll ist. Ich habe schon lange keinen Betrunkenen mehr gesehen, mit Ausnahme von David Harrowfield am Abend zuvor. Ich verzehre meine Mahlzeit allein, während ich die »Zeitung« lese (ein digitaler Service von Mactown), eine knappe Zusammenfassung der wichtigsten Weltnachrichten. Dann gehe ich zurück ins Crary Lab und befasse mich weiter mit meinem Schriftverkehr, bis es schließlich 3.30 Uhr am Morgen ist. Ich bin plötzlich so erschöpft, dass ich anfange zu schielen und mir die Knie zittern, als ich aufstehe. Es ist schon merkwürdig: All das Sonnenlicht gaukelt einem vor, man könnte einfach für immer wach bleiben, aber irgendwann legt der Körper sein Veto ein.

Mittags geht es wieder zurück nach Kap Royds, diesmal in einem A-Star. Ich bin glücklich, bald wieder dort zu sein. Die kleineren A-Stars starten sehr viel spritziger als die behäbigen Bells 212, die an einen Elefanten erinnern, der sich mühsam hochrappelt. Ich habe die Stille unseres Camps auch diesmal vermisst, und ich freue mich außerdem darauf, unsere neuen neuseeländischen Nachbarn zu besuchen. Auf dem Flug sehen wir inmitten des von den Eisbrechern geschaffenen Kanals eine Gruppe aus etwa 25 Schwertwalen, die zwischen Treibeis und Bergy Bits umhertollen. Der Himmel war heute bislang klar, die Brise mild, aber es geht dennoch spürbar auf den Herbst zu; das Meereis im Kanal beginnt bereits wieder zuzufrieren: das Oberflächenwasser vereist, die kristallinen, noch elastischen Schichten wachsen weiter, bis sie einander berühren und zu kreisförmigen zarten Gebilden mit aufgeworfenem Rand verklumpen: Es entsteht Pfannkucheneis. Während der letzten paar Tage ist das Thermometer nie über null Grad gestiegen.

Am Nachmittag gehe ich wie gewohnt zur Küstenlinie, um dort meine Beobachtungen zu machen. Ich halte Ausschau nach dem scheuen Seeleoparden, der sich dort manchmal zeigt, während die Sonne am wolkenlosen Himmel steht und den Ozean in ein tropisch anmutendes Licht taucht. Es verwandelt das verbliebene Festeis in einen weißen Sandstrand anstelle der von Wellen umspülten, gefrorenen Fläche. Die schwarzen Felsen, die im Wasser aus der blassen Schicht des Gletschereises ragen, sind nun Korallen, die im türkisfarbenen Wasser stehen. Ich blinzle, dann stelle ich mir amüsiert die wartenden Pinguine an einem Strand des Äquators vor, wie ihre Artgenossen auf den Galapagosinseln. Lange lässt sich die Illusion allerdings nicht aufrechterhalten, angesichts der eisigen Winde, die über die gefrorene See Richtung Süden streichen.

Vor dem Abendessen setze ich mich noch ein bisschen auf unsere kleine Veranda und schreibe, den Laptop auf dem Schoß balancierend. Regelmäßig sehe ich auf, um den fantastischen Ausblick auf das dahinziehende Packeis in der Bucht zu würdigen; es ist wie ein hypnotischer Tanz, ausgeleuchtet von den Strahlen der Abendsonne, die langsam auf ihrer Bahn gen Horizont sinkt, ohne je dort unterzugehen. Unter dem zartblauen Himmel ist vollkommene Stille eingekehrt. Unzählige Bergy Bits treiben träge zwischen der gewellten Oberfläche des Packeises, und wie das Licht auf diesen Oberflächen spielt, ist so faszinierend, dass ich endlos darüber nachsinnen könnte; in Spalten und Rissen tummeln sich rauchfarbene Schatten, die exponierteren Areale erstrahlen hingegen unter der Sonne in einer Farbe, die ich als Ozeanisches Alpenglühen bezeichnen würde. Das spiegelglatte Wasser in den Leads zwischen den Schollen ist von einem noch zarteren Pastellblau als der Himmel selbst. Hin und wieder taucht eine Skua auf, die eine Artgenossin in Richtung der Hütte jagt, das Rauschen ihrer Flügel ist in der bewegungslosen Abendluft so laut wie ein sich nähernder Jet. Dann und wann höre ich die gemessenen, langsamen Atemzüge eines Minkwals, der kilometerweit entfernt, irgendwo dort draußen zwischen den Eisschollen, aufgetaucht ist, um Luft zu holen.

David und ich essen mit den Leuten vom Antarctic Heritage Trust zu Abend, sie werden morgen schon wieder ihre Zelte abbrechen. Ich bedaure ihre Abreise, ich habe mich sehr darüber gefreut, wieder Nachbarn zu haben; in der Antarktis sind Nachbarn immer interessant. Mike, einer der Logistiker, ist Waliser. Früher hat er für die British Antarctic Survey gearbeitet. Er hat erstaunlich blaue Augen und dunkles Haar, sein Gesicht ist sonnenverbrannt. Er erzählt mir, er habe auch schon einige Saisons auf der Rothera-Station verbracht, also frage ich ihn, ob er dort zufällig Sara Wheeler kennengelernt hat, die über ihre Zeit dort später ein Buch schrieb.

»Sara-scheiß-Wheeler?«, braust der ansonsten eher gutmütige Mike auf. »Die ist uns allen wirklich gehörig auf die Nerven gegangen!« Er erzählt mir, dass alle Männer der Rothera-Station sich die größte Mühe gegeben hätten, freundlich zu ihrer Besucherin zu sein, dass die Autorin sich später in ihrem Buch aber trotzdem über ihre Ruppigkeit beklagt habe.

Auch David Harrowfield mischt sich jetzt ein und blafft los, wen es eigentlich wirklich interessiere, ob Wheeler einen Ort gefunden habe, wo sie ihre benutzten Tampons entsorgen konnte oder nicht. Und was so ein Thema überhaupt in einem Buch verloren hat. Offensichtlich eine rhetorische Frage.

Es ist die wohl leidenschaftlichste Ansprache, die ich gehört habe, seit ich auf dem Kontinent bin, und mir fehlt es mittlerweile an sozialer Kompetenz, um dieser vehementen Verachtung etwas entgegenzusetzen. Also halte ich den Mund. Aber ich frage mich, wie die andere Seite der Geschichte wohl aussehen mag. Es würde mich nicht überraschen, wenn viele Männer Sara Wheeler tatsächlich mit Feindseligkeit begegnet wären – die Richtlinien der British Antarctic Survey verhinderten es bis in die 1990er Jahre, dass Frauen in der Antarktis überwinterten. Mittlerweile hat sie sich offenbar zu einem Ort entwickelt, an dem Frauen gern gesehen werden, solange sie keine unangenehmen Dinge tun, wie zum Beispiel zu menstruieren oder auf die Existenz von Tampons hinzuweisen.

Das Gespräch plätschert dahin. Dann zieht David Harrowfield sich eine Mütze an, die er für den Rest des Abends nicht mehr absetzt. Sie stammt aus Kirgistan, ist aus schwarz-weißem Fell und erinnert an eine riesige Morchel. Mit dem Ding auf dem Kopf, unter dem seine Augen boshaft aufblitzen, und den rötlichen Bäckchen sieht David aus wie ein Gnom. Dann reden wir über die Restaurierung der Hütte, über Pinguine und Politik, über die Kunst und die Arbeit, wir essen Käse und Cracker und trinken Wein, es gibt Curry und Bier und später Kaffee, alles ist angerichtet auf Lebensmittelkartons und Packkisten vor der offenen Tür des Wanigans, und wir sind dick eingepackt, gewappnet gegen die herbstliche Kälte der Antarktis. Für die Amerikaner in der Gruppe übersetze ich Kiwi-Englisch (»chutney« ist nicht so einfach, aber nach ein wenig Grübelei komme ich auf den Begriff »relish«) und stoße schnell an meine eigenen sprachlichen Grenzen, als ich um einen »schwarzen« Tee bitte (im Gegensatz zu Kräutertee) und man mir Orange Pekoe ohne Milch vorsetzt. Das Abendlicht ist sanft und golden, so harmonisch wie unser gemeinsames Abendessen. Kurz taucht in den Gewässern direkt vor der Kolonie ein Minkwal auf, und ich mache Fotos von uns allen, weil das Licht so herrlich ist und uns alle irgendwie schön erscheinen lässt. Es ist erst die zweite Nacht dieser Saison, die so klar und ruhig ist, und es ist wundervoll, dass ich dieses Erlebnis mit anderen teilen kann.

Während des Abends wird mir plötzlich klar, dass ich hier wirklich glücklich bin.

Am Kap Royds habe ich Ruhe und Frieden gefunden.

Kapitel 22

Der größte Teil der Mannschaft vom Antarctic Heritage Trust verlässt Royds früh am nächsten Morgen, sie werden von einem Helikopter der Scott Base abgeholt. In der Maschine sitzen aber schon neue Passagiere mitsamt Ausrüstung, die unsere Gäste hier ablösen werden: Diese Gruppe ist mit Antarctica New Zealand hier, unter ihnen ist ein Mitarbeiter des Canterbury Museum; er ist ein in Neuseeland und London tätiger Unternehmer, der offenbar eine Art aquatisches Auto – oder terrestrisches Boot – erfunden hat; außerdem Bonnie Burnham, Leiterin des World Monuments Fund mit Sitz in New York. Ich erfahre, dass Shackletons Hütte auf ihrer Liste der hundert am stärksten gefährdeten Denkmäler der Welt steht, man arbeitet in der Sache eng mit dem Antarctic Heritage Trust zusammen. Obwohl es hier zugeht wie auf dem Busbahnhof einer Großstadt, stelle ich fest, dass ich längst nicht so menschenscheu bin, wie ich zu Beginn der Saison noch dachte. Kurz vor Ankunft der neuen Besucher hörte ich regelmäßig Hubschrauber vorbeifliegen, auf dem Weg zu den Trockentälern oder irgendeinem anderen entlegenen Ort, und ich hatte mir jedes Mal gewünscht, sie würden hier landen.

David Harrowfield und Julian bleiben ein paar Stunden länger, um mit den neuen Gästen die Hütte zu begehen. Am späten Nachmittag liege ich ausgestreckt am Boden am Helikopterlandeplatz, inmitten eines riesigen Haufens Gepäck und leerer Kisten, und unterhalte mich mit Harrowfield und einer Frau vom Christchurch Antarctic Centre, während sie darauf warten, dass ihr Hubschrauber kommt. Über dem Meereis am Kap Evans schwebt eine eisige Nebelbank, die die untere Hälfte von Inaccessible Island verdeckt und sich in ein opakes weißes Wolkenband verwandelt, je näher sie McMurdo kommt. Dort werden im Moment sicher keine Hubschrauber abheben.

»Der verdammte Helikopter ist schon zwei Stunden überfällig«, brummt David Harrowfield, während er sich träge gegen ein Gepäckstück lehnt. Aber der Himmel ist wolkenlos, und inmitten des Gepäckhaufens sind wir geschützt und haben es warm, es ist also ein guter Tag für eine Verzögerung.

»Und du, bist du bereit, nach Hause zu gehen?«, fragt er mich.

»Ich weiß nicht«, antworte ich. »Ich werde das alles hier wirklich vermissen.«

»Tja, das kann aber nicht ewig so weitergehen«, raunzt er mich an. »Willst du nicht zurück und dein Leben wieder in den Griff bekommen?« Und dann, als wäre nichts gewesen, erzählt er uns, wie man ihm in der Woche vor Weihnachten Hausverbot in seinem Stammlokal erteilt hat.

Die Saison hat ihren Höhepunkt knapp überschritten. David sagt, so viele Pinguine habe er hier noch nie zuvor gesehen. Und das, obwohl die Neuseeländer Anfang Dezember nur halb so viele Paare gezählt hatten wie im Jahr zuvor, als sie die Kolonie überflogen. Ganz offensichtlich hat die Brutsaison in diesem Jahr für viele Paare erst spät begonnen oder gar nicht erst stattgefunden. Ursache war die verzögerte Rückkehr der Partner, wahrscheinlich eine Folge der ungünstigen Eisverhältnisse im Frühjahr, verursacht durch den riesigen Eisberg. Jetzt verringert sich die Zahl der markierten Pinguine, die wir täglich sichten, plötzlich spürbar, und in der Kolonie wird es ruhiger, da die nicht brütenden Paare ihre Reviere verlassen und ins Meer zurückkehren. Die saisonal und hormonell bedingten Bande zwischen den Partnern werden schwächer, und schon seit mehreren

Tagen habe ich keine Flügelhiebe mehr abbekommen: Der Sommer neigt sich also auch für die Pinguine dem Ende zu. Heute Morgen habe ich die ersten beiden komplett gemauserten Adéliekükken entdeckt, in ihrem geschmeidig glänzenden neuen Federkleid. Nur am Kopf und im Gesicht stören noch einige wenige zerrupft wirkende Überbleibsel des alten Gefieders, als hätte jemand sie schlampig rasiert. Der Gefiederwechsel der Küken beginnt an der unteren Körperhälfte. Manchmal muss man ein zweites Mal hinschauen, um sich zu vergewissern, ob es sich um ein junges oder um ein erwachsenes Tier handelt, wenn man im Gedränge der Kolonie hin und wieder nur die Füße und das Schwänzchen sieht. An der Augenfarbe und der charakteristischen Schnabelform ändert sich bis zum Ende aber nichts, selbst die fast ausgewachsenen Küken erkennt man noch an diesen Merkmalen. Auf dem Kopf tragen sie alle einen neckischen Schopf aus flaumigen Federchen, der ihnen bis zum Schluss der Mauser erhalten bleibt. An dieser – wenigstens für das Küken – nicht erreichbaren Körperstelle, fällt das Daunengefieder zuletzt aus.

Obwohl ich heute gesehen habe, wie Skuas ein Küken erbeuteten, wird der Großteil der jungen Pinguine, die immer noch von ihren mittlerweile zermürbt wirkenden Eltern gefüttert werden, überleben, und bald ins Meer gehen können: Für die Skuas sind die meisten Küken schon zu groß, und es scheint rund um Kap Royds mehr als genug Futter zu geben, um sie bis zum Ende der Mauser zu ernähren. Die rundäugigen Jungen platzen fast vor Energie und scheinen ihrem nächsten Lebensabschnitt förmlich entgegenzufiebern. Innerhalb der kommenden Wochen werden sie die Kolonie verlassen und zum ersten Mal in ihrem jungen Leben in den Ozean abtauchen, im Alter von nur fünfzig bis sechzig Tagen.

Am Nachmittag absolviere ich meinen Gang am Ufer. Ich sitze auf dem Felsvorsprung, den Rücken dem eisigen Südwind zugekehrt. Ich verschlinge genüsslich meinen letzten Bumper-Riegel,

Schoko-Banane, und halte Ausschau nach Seeleoparden. Wo das Schmelzwasser des Pony Lake in Richtung McMurdo-Sund fließt, hat es eine tiefe Rinne im verbliebenen Festeis ausgespült, überzogen von einem Teppich aus Algen, der sich während des Sommers dank der Guano-Düngung gebildet hat. Die Pinguine nutzen diese Wasserstraße ebenfalls als Zugang zur Kolonie. Von meinem Aussichtspunkt hoch auf dem Felsen erinnern sie mich dabei an Lachse, die stromaufwärts schwimmen, ihre dunklen Silhouetten schießen wie kleine Torpedos durch das glitzernde moosgrüne Wasser.

Die Mitarbeiter des Antarctic Heritage Trust werden abgelöst von der »wissenschaftlichen Projektgruppe zur Schadensbewertung am historischen Shackleton-Hauptquartier«, wie ich sie bei mir nenne. Das Team aus Neuseeländern und US-Amerikanern wird von Roberta Farrell von der University of Waikato und Bob Blanchette von der University of Minnesota geleitet. Um das Wanigan herum ist jetzt ein noch größeres Zeltlager entstanden. Diese spezialisierte Gruppe von Wissenschaftlern ist auf die Ross-Insel gekommen, um in den historischen Basislagern Organismen zu identifizieren und zu untersuchen, die für biologische Zersetzung verantwortlich sind. Es sind dieselben Fachleute, die in der Hütte am Kap Evans die Milzbranderreger gefunden haben. Aber das scheint ihnen noch nicht zu genügen. Nun macht man sich daran, das uralte Dosenfleisch aus Shackletons Unterkunft unter die Lupe zu nehmen, wohl um den Verdacht zu bestätigen, dass es nicht mehr bekömmlich ist. Ein amüsanter Haufen. Außerdem haben die Experten eine neue Pilz-Spezies entdeckt, unter all den Arten, die dem Holz der Hütte am Kap Evans zusetzen. Der schlimmste Feind des Gebäudes dort: Pilze. Das drängendste konservatorische Problem hier: heftige Winde, die groben Splitt und Schnee vor sich hertreiben, der das Holz erodiert.

Diese Leute gehören auf ihren jeweiligen Fachgebieten zu den besten der Welt, und es ist faszinierend, sie hier zu haben. Auch sie haben sich letztlich dem Schutz und der Bewahrung verschrieben, ähnlich wie David und ich. Während abendlicher Drinks oder einer gelegentlichen Tasse Tee am Nachmittag am Wanigan habe ich oft genug Gelegenheit, ihren Diskussionen darüber zu lauschen, ob man die Hütte samt Inhalt aufwendig erhalten oder nicht doch besser der Natur ihren Lauf und sie verfallen lassen sollte. Außerdem debattiert man über die Vor- und Nachteile restauratorischer Maßnahmen vor Ort und im Labor, die Meinungen sind auch hier durchaus geteilt.

Ich schließe mich überzeugt den Befürwortern von »Lasst das Ding einfach verfallen« an. Obwohl ich die Präsenz des Gebäudes an diesem Ort als tröstlich empfinde, verstehe ich nicht, warum sie, wie ihre Erbauer, nicht den Weg alles Irdischen gehen darf. Doch die Konservatoren haben die Diskussion natürlich schon längst für sich entschieden; schließlich sind sie hier, um erste konkrete Schritte in die Wege zu leiten. Insgeheim wünsche ich mir, die Gesellschaft würde sich ebenso vehement für den Schutz und die langfristige Bewahrung der Pinguine und Seevögel und ihrer Lebenswelt einsetzen wie für unsere Kulturgüter. Früher wurden Pinguine, genau wie Robben und Wale, massenhaft wegen ihres eingelagerten Körperfetts getötet, lebendig gekocht oder zuvor zu Tode geprügelt, um anschließend Öl aus ihnen zu gewinnen. Dies geschah auf entlegenen Inseln wie Südgeorgien oder den Falkland-Inseln. Im späten 19. und frühen 20. Jahrhundert wurden allein auf der subantarktischen, zu Australien gehörenden Macquarie-Insel über drei Millionen Königs- und Kaiserpinguine getötet. Das Massentöten war so extrem, dass sich schon früh erster Widerstand regte und man Schutzmaßnahmen forderte. Wortführer waren Persönlichkeiten wie Lord Rothschild oder Bill Wilson, damals wegen seiner Reisen an der Seite von Shackleton und Scott ein berühmter Mann (er kam zusammen mit Scott auf der Rückreise vom Südpol ums Leben). Dieses düstere Kapitel gehört heute zwar der Vergangenheit an, aber die Meeresvögel sehen sich dafür mit neuen Problemen konfrontiert, und ihre Bestände schwinden langsam, aber stetig. Alle Pinguinarten konkurrieren mit dem Menschen um Fisch und Krill, es sind ihre wichtigsten Nahrungsquellen. Außerdem verfangen sie sich in Schleppnetzen, werden auf Inseln bedroht durch invasive Landraubtiere, und natürlich machen ihnen auch die Folgen des Klimawandels zu schaffen, samt der verheerenden Auswirkungen auf die marinen Nahrungsketten.

Zwar sind wir nicht akut von einer Lebensmittelvergiftung bedroht, unsere Ernährungssituation wird dennoch zunehmend prekär. Die Leistung unseres natürlichen Tiefkühlers in der Schneewehe vor der Hütte lässt seit der ersten Warmwetterphase vor etwa einem Monat deutlich zu wünschen übrig. Die Außentemperaturen waren seither zwar niedrig genug, um gefrorene Lebensmittel jeweils einige Wochen lang frisch zu halten, aber nicht mehr kalt genug, um zu verhindern, dass sie langsam auftauen. Innerhalb von nur einer Woche ist alles, was dort liegt, durchzogen von feinen Eiskristallen, wie Produkte, die zu nah an der Wand eines zu hoch eingestellten Kühlschranks liegen. Das bedeutet, dass der Fisch, den ich alle zwei Wochen aus Mactown mitbringe, zwar genießbar bleibt, aber schon alt und ranzig schmeckt, wenn er schließlich bei uns auf den Tisch kommt. Und unser Brot liegt mittlerweile seit zweieinhalb Monaten dort draußen, und trocknet im halb gefrorenen Zustand langsam aus. Erstaunlich genug, dass es noch essbar ist, geschmacklich bleibt es allerdings eine Zumutung.

Unser Speiseplan ist zudem nicht mehr sehr abwechslungsreich, da unsere liebsten Lebensmittel zur Neige gehen; wir werden den Standort Ende Januar räumen, bis dahin bleiben nicht einmal mehr zehn Tage, es lohnt sich einfach nicht mehr, für Nachschub zu sorgen. Also keine Baked Beans mehr, kein Thunfisch in Dosen, und keine English Muffins. Auch ergibt es wenig Sinn, neuen Joghurt anzusetzen, nachdem ich die letzte Charge verzehrt habe. Aber ich habe die Nase so gründlich voll von Dosennahrung und getrockneten Lebensmitteln, dass ich ohnehin wenig Appetit verspüre. Was mich ins Schwärmen geraten lässt, ist der Gedanke an frischen Salat und würzige Thai-Currys. Um diese Zeit in der Saison würde man Zutaten für solche Gerichte auch in McMurdo vergeblich suchen. Frische Produkte werden meist zugunsten wichtigerer Güter für die Überwinterer und zusätzliche Crewmitglieder zurückgelassen, die beim Löschen der Fracht mit anpacken. Sowohl die Mannschaften im Feld als auch die Bewohner der Station denken jetzt oft sehnsuchtsvoll an Christchurch, mit seiner würzigen Luft und seinen vielen Restaurants.

David und ich stellen heute die Wiegebrücke um. Die ganze Saison über hat sie Daten von den Pinguinen gesammelt, die sie überquert haben. Das Gelände der Subkolonie hatten wir mit einem orangefarbenen Schnee-Plastikzaun eingefasst, sodass die Brücke als einziger Weg für die Vögel blieb, wenn sie zum Meer wollten oder von dort zurückkehrten. Wir haben den Zaun nun verlängert, um die benachbarte Subkolonie ebenfalls zu umschließen, schrittweise und langsam, um den Tieren Zeit zu geben, sich an den Anblick des orangefarbenen Maschengewebes zu gewöhnen. Heute schließen wir die letzte Lücke im erweiterten Zaun und verdoppeln so auf einen Schlag die Anzahl der Pinguine, die unsere ausgefuchste Vorrichtung passieren müssen, wenn sie auf Fischzug gehen. Während des Manövers ist der Zaun etwa eine Stunde lang nicht gespannt, und die Wiegebrücke liegt frei an ihrem neuen Standort. Die Vögel der ursprünglichen Referenzkolonie sind mittlerweile so gewöhnt daran, dass der Apparat auf ihrer täglichen Route liegt, dass sie hinüber zum neuen Standort der Wiegebrücke watscheln und sie dort überqueren, fixiert auf ihre gewohnten Wege wie Pendler in einer Großstadt.

Das Wetter ist unfreundlich und kalt, während wir arbeiten, der Himmel grau verhangen – wieder ein Tag, an dem meine Handwärmer zum Einsatz kommen. Irgendwann beginnt es leicht zu schneien. Nach dem Abendessen gehe ich nach draußen und klopfe, wie schon in den vergangenen beiden Tagen, mit einem Hammer das Eis auf dem Boden vor unserer Hintertür ab. Es ist das Schmelzwasser unserer Trinkwasserreservoirs, der großen Schneewehe, das nun gefriert. Wir könnten sonst auf der spiegelglatten Fläche auszurutschen und stürzen, wenn wir unseren stinkenden Toiletteneimer aufsuchen. Wie schon im November stelle ich mich abends eine Weile vor den Gasofen, um mich aufzuwärmen, bevor ich in mein Zelt gehe – keine besonders gemütliche Angelegenheit mehr, wie noch vor ein paar Wochen.

Und mit den Veränderungen, die sich um mich herum abspielen, spüre ich, wie ich auch mental eine Wandlung durchmache. Mein Abschiedsgespräch mit David Harrowfield geht mir immer wieder durch den Sinn, und ich weiß, er hat recht damit, wenn er sagt, man müsse irgendwann einfach wieder nach Hause gehen. Ich bin sehr glücklich hier, aber es kann nicht ewig so weitergehen, und ich würde das auch nicht wollen. Unter meinen Fingernägeln klebt immer Dreck, ich bekomme überall Pickel, weil ich mich nur so unregelmäßig wasche, und ich brauche dringend einmal wieder einen Haarschnitt. Ich bin es leid, selbst zu riechen wie ein Pinguin und mich von gefrorenen und getrockneten Lebensmitteln zu ernähren. Noch dazu übermannt mich nun doch der Infekt, gegen den ich schon ankämpfe, seit Aaron und die anderen hier waren, wohl eingeschleppt von der Scott Base. Ich werde Kap Royds sehr vermissen, aber innerlich fühle ich mich bereit für den Abschied. Nach den vielen Wochen, die ich unter so harten Bedingungen am Rande der Welt verbracht habe, fühle ich mich geläutert, befreit, erleichtert, und mein Kummer scheint von mir abgefallen zu sein, wie die zu klein gewordene Haut einer Schlange.

In *H like Hawk* schreibt Helen McDonald, die Flucht in die Wildnis gleiche »dem Versuch, seinem Kummer zu entkommen«,[51] ganz in der Tradition des amerikanisch-schottischen Naturphilosophen John Muir. Später kommt sie zu der Einsicht, dass dies in ihrem Fall eine Fehleinschätzung war, weil sie in Wahrheit die Gesellschaft anderer Menschen gebraucht hätte.

Aber für mich haben sich Muirs Worte bewahrheitet: »Die Natur mit ihren stillen grünen Wäldern heilt jeden Kummer … Es gibt auf der Erde kein Leid, dass die Erde selbst nicht auch lindern könnte.«[52] In der Antarktis fand ich den Trost, den mir die Gesellschaft anderer Menschen nicht schenken konnte. In den Brutzyklen der Pinguine, die sich Jahr um Jahr, Jahrzehnt um Jahrzehnt wiederholen, habe ich Parallelen zu unserem eigenen Leben erkannt. Auch unser Leben vollzieht sich in Zyklen, wie der Kreislauf der Sonne, und wie die Pinguine leben und irgendwann sterben, so ist es meiner Schwester ergangen, und so wird es auch mir eines Tages ergehen. Doch das Wissen, dass das Leben auch jenseits unserer Existenz nicht endet, ist wohl eine der tröstlichsten Einsichten, die die Natur uns schenken kann.

Kapitel 23

Heute ist der 19. Januar. Vor Kap Royds dümpeln schon den ganzen Tag über einige große Tafeleisberge, die fünf bis zehn Kilometer langen Gebilde ziehen still und gemächlich inmitten von Packeis und kleineren Eisbergen ihre langsamen Bahnen. Das Licht war wundervoll, die Sonnenstrahlen tauchten die Welt in bernsteinfarbenes Gold, und ich will gleich nach dem Abendessen noch einmal hinaus, um die Landschaft und vielleicht ein paar Skuas zu fotografieren. Aber kaum bin ich wieder in der Hütte, um mir wie gewohnt Notizen über das Wetter zu machen (Wolkendecke bei 30 Prozent), zieht in rasendem Tempo aus Süden ein Sturmtief heran, mit dichten wattig-grauen Wolken, deren Grau an die Farbe von Pinguinküken-Daunen erinnert. Es ist der wohl schnellste Wetterumschwung, den ich erlebt habe, seit wir hier sind: Vor erst 20 Minuten habe ich auf dem Rückweg zur Hütte auf der Anhöhe ein Foto gemacht, der Himmel gen Süden war bis weit in die Ferne wolkenlos.

Die wissenschaftliche Projektgruppe zur Schadensbewertung am historischen Shackleton-Hauptquartier (ich bin mir ganz sicher, dass sie ihrer Mission einen ähnlich sperrigen Titel verpasst haben), hat an diesem Nachmittag die Heimreise angetreten. Eine ganze Woche lang waren verschiedene Gäste aus Neuseeland hier, der Ort fühlt sich seltsam leer und verlassen an, nachdem auch der zweite Helikopter schließlich verschwunden ist. Zwei Bell 212 waren nötig, um Gäste und Gepäck unterzubringen, eine beachtliche Leistung, wenn man bedenkt, dass diese Gruppe nur zweieinhalb Tage hier war. Wir harren nun seit zweieinhalb Monaten an diesem Ort aus, und ich glaube ernsthaft, dass wir weniger Ausrüstung dabeihaben als sie. Wenn sich das Wetter nicht weiter verschlechtert, kommen morgen aber bereits neue Besucher. Die Batterie für die Wiegebrücke lädt nicht effektiv nach, trotz der diversen Ersatzteile, die wir in jüngster Zeit eingebaut haben, wie zum Beispiel zusätzliche Solarmodule. Also wird »Solar Joe« aus Mactown anreisen, um sich des Problems anzunehmen.

Unten in der Kolonie wird es währenddessen mit jedem Tag ruhiger, die Atmosphäre erinnert nun eher an eine geschäftige Kleinstadt als an eine pulsierende Metropole. Heute habe ich nur noch 74 markierte Vögel gezählt, in der letzten Woche waren es 115. Nachdem wir vor drei Tagen die ersten gemauserten Küken entdeckt haben, sind sie plötzlich überall, viele mit noch kahlen Kinnpartien und Bäuchen, die Rücken mit dem frischen, glatten Gefieder aber glänzen schon wie reife Brombeeren. Die meisten der jungen Pinguine in der Kolonie tragen zudem verwegen wirkende Masken, da das zarte Daunengefieder rund um die Augen früher ausfällt als am Rest des Körpers, und das dunkle Kleid der Erwachsenen darunter zum Vorschein kommt. Federleichte graue Daunen schweben überall in der Luft, der Anblick erinnert mich an den späten Frühling in den Rocky Mountains, wenn die Cottonwood-Bäume ihre flaumigen Samen mit dem Wind auf die Reise schicken.

Am Abend melden wir uns gemeinsam über Funk bei MacOps, und Grant sagt, dass für ihn, Viola und Rachael die letzte Woche am Kap Crozier anbricht. Sie werden am 26. Januar abreisen, am Kap Bird ist am 25. Januar Schluss. Zuvor werden wir noch nach Crozier fahren, um dem Team dort bei der Markierung der Küken zu helfen. Ich weiß nicht, wann wir aufbrechen, aber es wird sicher auch innerhalb der nächsten Woche sein. Allein der Gedanke, diesen Ort bald wieder zu verlassen, fühlt sich surreal an, fast, als hätte ich nie etwas anderes kennengelernt als Eis und Pinguine, Meer und Himmel, Schwarz und Weiß.

Nach dem Funkgespräch frage ich David, ob er entschieden hat, wann für uns Schluss hier ist. Es sei hart, es nicht genau zu wissen. »Ich brauche ein bisschen Zeit, um mich zu verabschieden«, erkläre ich ihm.

»Dann fang jetzt an, dich zu verabschieden«, antwortet er.

Dennoch werden wir unser Camp erst ein bisschen später aufgeben, als die beiden anderen Teams, weil die Pinguine am Kap Royds eine Woche später in die Saison starteten als am Kap Crozier. Dennoch scheinen »unsere« Küken den Rückstand schon wieder wettgemacht zu haben, nicht zuletzt dank des üppigen Nahrungsangebotes in den umliegenden Gewässern. Es ist schwer vorstellbar, aber es wird nur noch ein paar Tage dauern, bis die Pinguine Kap Royds verlassen, um in Richtung Norden abzuwandern und bevor auch wir unsere Sachen packen und von hier verschwinden. Dann heißt es zurück in die andere Welt, die reale Welt, die Welt da draußen, wie man hier sagt. Zurück zu den lästigen kleinen Pflichten des Alltags, wie den Rasen zu mähen, das Auto zu waschen und Rechnungen für Dinge zu bezahlen, die wir nicht wirklich brauchen. Zurück zu Banken und asphaltierten Straßen, zu Dunkelheit und Türschlössern, zu Politikern und Kriegen.

Im Zuge des Internationalen Geophysikalischen Jahres 1957/58 unterzeichnete man den Antarktischen Vertrag und erklärte den Kontinent damit zu einem friedlichen Ort der Wissenschaft und der internationalen Kooperation. Und das ist er bis heute geblieben. Es ist nicht nur die unfassbare Schönheit der Antarktis, die die Menschen vermissen, wenn sie wieder abreisen. Man verlässt einen Ort, der erahnen lässt, wie unsere Welt auch aussehen könnte, nämlich gesünder und friedlicher. Ich habe mein Zuhause nicht wirklich vermisst, seit ich hier bin. Das alles erscheint mir so fern, zwar kein Traum, doch auch nicht wirklich greifbar. In nur wenigen Wochen scheine ich fast jedes Verlangen nach der Zivilisation mit all ihren Zerstreuungen verloren zu haben – die fortwährende Hektik, die vielen Stunden, die man wie in Trance vor dem Bildschirm verbringt, die unzähligen Dinge, die man nicht wirklich braucht. Stattdessen waren unsere Tage hier erfüllt von sinnvoller Arbeit, unser Lebensrhythmus verschmolz bald mit dem der uns umgebenden Umwelt. Am Kap Royds habe ich mich mehr zu Hause gefühlt als an den meisten Orten, an denen ich je zuvor gelebt habe.

Der Geologe Raymond Priestley überlebte mit fünf weiteren Mitgliedern von Scott's Northern Party eine nicht geplante Überwinterung an der Terra Nova Bay. Die Männer ernährten sich von Robben- und Pinguinfleisch. Dennoch stellte er später nüchtern fest: »Die Annehmlichkeiten der Zivilisation erfüllen letztlich nur die Bedürfnisse, die sie selbst geweckt haben.«[53] Ihre Höhle war nur ein einfaches Loch gewesen, das die Männer ins Eis gehauen hatten, nachdem ihnen klar geworden war, dass ihr Schiff nicht zurückkommen würde, weil das dicke Packeis nicht mehr zu durchdringen war. Die Decke ihrer Höhle war so niedrig, dass sie nicht aufrecht darin stehen konnten; ihre Kleidung und ihre Schlafsäcke waren dreckig und schmierig von Öl; das schlechte Wetter zwang sie, den größten Teil der Zeit in ihrem Unterschlupf auszuharren; und nicht zuletzt kämpften sie immer wieder mit Lebensmittelvergiftungen wegen des verdorbenen Fleischs, das sie aßen. Unablässig drohte ihnen der Hungertod. Zu Beginn des Winters saßen drei der Männer während eines Sturms in einem zusammengebrochenen Zelt ein Stück entfernt von der Höhle fest: »Wir hatten seit zwölf Stunden nichts gegessen, und der Hunger drohte uns zu übermannen. Zur Hand war einzig ein großes Stück rohes Robbenfleisch, an dem wir begannen zu nagen. Bald war es aber so hart gefroren, dass wir nichts mehr davon abbeißen konnten.«[54] In seinen Memoiren berichtete Priestley aber ebenso von Momenten intensiven Glücks, die ihnen diese harte Zeit bescherte und schlussfolgerte, es sei eben dieses Wechselspiel zwischen Erfahrungen der grausamen Entbehrung und Momenten der Euphorie, das den »Ruf der Antarktis«[55] ausmache.

»Solar Joe« kommt um die Mittagszeit, um das Ladesystem der Wiegebrücke zu reparieren, und es scheint ihm gelungen zu sein, denn das Gerät lädt den ganzen Nachmittag über tadellos auf. Praktisch alle markierten Pinguine, die ich heute sehe, sind allein unterwegs, ohne ihren jeweiligen Partner. Vor einigen Wochen war das noch ganz anders, es gab in der Nähe genügend Futter, und die Paare konnten viel Zeit zusammen in der Kolonie verbringen. Es war ein ereignisloser Tag nach einer ereignisreichen Saison, ein Tag des langsamen Ausklangs. Selbst das Wetter zeigte sich seltsam unentschlossen – mal wolkig, mal sonnig, kalt, aber nicht wirklich eisig. Das Barometer stieg jedoch den ganzen Tag über, und hier, auf der anderen Seite des Spiegels, ist steigender Luftdruck oft der Vorbote schlechten Wetters. Vielleicht steht uns also ein Sturm bevor. Fast würde ich mich darüber freuen, bevor wir abreisen – ich würde es als zärtlichen Abschiedsgruß dieses rauen Kontinents auffassen. Und es wäre der Antarktis kaum angemessen, wenn am Tag unserer Abreise nur ein laues Lüftchen wehen würde.

Als ich heute Abend meinen Kontrollgang am Ufer mache, stelle ich fest, dass die für gewöhnliche leichte Flut der Antarktis heute recht hoch ausfällt und einen größeren Teil des abtauenden Festeises überflutet als gewöhnlich, das Wasser ist bis zum schwindenden Schmelzwasserbach des Pony Lake angestiegen. Vor ein paar Tagen war das Eis unter Wasser grün von Algen, die Pinguine sahen aus wie Fische in einem moosgrünen Fluss. Heute Abend verleiht der obere Abschnitt des unter Wasser liegenden Eises dem ufernahen Bereich einen leuchtenden Türkiston, wie bei einem ausgeleuchteten Swimmingpool oder in den flachen Bereichen eines tropischen Meeres. Die zur Kolonie schwimmenden Pinguine tauchen blitzschnell aus der dunklen Tiefe auf, sie durchkreuzen das Wasser über dem im Meer versunkenen Eis so schnell wie Schwalben, die vor einem azurblauen Sommerhimmel dahinsausen.

Kapitel 24

Und wieder kommen etliche neue Besucher. Ich versuche, mich zu überwinden, und die gemütliche Wärme meines Schlafsacks aufzugeben, als ich draußen das Knattern des Dauphin-Helikopters der US-Küstenwache höre. Die Geräusche dieses Typs sind unverwechselbar, wahrscheinlich wegen des hinteren Rotors, der in einem Gehäuse liegt. Schnell wird klar, dass die Maschine hier an der Hütte landen wird, also ziehe ich mir etwas Warmes über und schlüpfe aus dem Zelt, während der Helikopter noch in der Luft schwebt und der Pilot die Landestelle prüfend in Augenschein nimmt. Das schlechte Wetter des gestrigen Abends ist wie weggeblasen, das Thermometer steht aber bei frostigen –7 °C. Ich stehe in der Tür der Hütte und beobachte das Manöver, muss mich aber schnell zurückziehen, weil die landende Maschine Sand und Schotter aufwirbelt, als sie sich dem Boden nähert. Wie üblich beginnen die Drillichwände der Hütte zu flattern wie während eines heftigen Sturms, und draußen höre ich mein Zelt wild um sich schlagen und an seinen Abspannseilen zerren.

Der Pilot stellt den Motor aus, und die Passagiere erscheinen – es ist ein Überraschungsbesuch von Walker O. Smith, dem Ozeanografen, der auf dem US-Forschungsschiff *Nathaniel B. Palmer* ein Projekt über Plankton im Rossmeer angeleitet hat. Er kommt heute in Begleitung der NSF-Managerin Marie Bundy, die verschiedene, von ihrer Organisation finanzierte Projekte entlang des McMurdo-Sunds besucht, um sich über den aktuellen Stand zu informieren, bevor die Saison zu Ende geht. Es ist der 21. Januar, und nicht nur die

Pinguinstudien sind für diese Saison bald vorüber. David erscheint auf der Anhöhe, er kommt aus der Kolonie, um unsere Besucher zu einem Rundgang abzuholen. Das aus zwei Personen bestehende Team des Helikopters ist begeistert, ausnahmsweise mal ein wenig Zeit auf dem Boden verbringen zu dürfen und verschwindet ebenfalls. Bevor unsere Gäste aufbrechen, erzählen sie uns, dass unten an der Backdoor Bay offenbar ein Schiff mit Touristen liegt. Ich laufe schnell auf die Anhöhe, um mich mit eigenen Augen zu überzeugen, und tatsächlich hat dort ein kleines Schiff an einer Seite der V-förmigen Kerbe festgemacht, die die sehr viel größere *Kapitan Khlebnikov* dort vor einigen Wochen hinterlassen hat. Ich entdecke auch die Passagiere, die langsam im Gänsemarsch über das Meereis laufen. Aus dieser mittleren Entfernung sehen sie aus wie Pinguine.

Nachdem ich mir das Gesicht gewaschen und mir ein schnelles Frühstück zubereitet habe – aufgewärmte ausgetrocknete Kartoffelspalten von gestern Abend mit einem sehr alten Ei aus unseren schrumpfenden Beständen –, gehe ich hinunter zur Kolonie. Die Touristen haben Shackletons Hütte bereits erreicht und stehen unschlüssig wartend herum, die Personenobergrenze für Besucher in der Hütte gehorsam respektierend. Bei dem Schiff handelt es sich offenbar um die *Akademik Shokalskiy*, die aus Neuseeland kommt, aber von einer australischen Mannschaft geführt wird. Die Passagiere sind größtenteils Neuseeländer und Australier. Die Gruppe erscheint mir weniger enthusiastisch und interessiert zu sein als die der *Khlebnikov*, die Leute wirken irgendwie abgestumpft. Ich bin mir nicht sicher, woran es liegt – weniger Glamour, keine Helikopter oder einfach nur eine müde Crew, die am Ende der Saison im grauen Morgenlicht Dienst nach Vorschrift macht. Jedenfalls macht sich keiner die Mühe, die Anhöhe zu erklimmen und einen Blick auf die Pinguine zu werfen, ein krasser Gegensatz zu der Begeisterung und der ehrlichen Zugewandtheit der Crewmitglieder und der Passagiere der *Khlebnikov*. Ich halte mich nicht lange bei ihnen auf. Mögen auch Phasen der Isolation hinter mir liegen, ich fühle mich nach der letzten Woche mit unseren vielen Besuchern selbst ein wenig ausgebrannt. Und ich spüre, dass die Leute auf eine Art an Shackletons Hütte interessiert sind, die darauf schließen lässt, dass dieser Ausflug einfach nur ein Punkt auf ihrer Liste ist, den es abzuhaken gilt.

Ein wenig später stauche ich einen der Passagiere zusammen, der in Richtung Süden entlang der ASPA-Markierungen losschlendert und dabei quer durch insgesamt drei Skua-Territorien latscht. Die Passagiere sämtlicher Kreuzfahrtschiffe, die hierherkommen, müssen vor Antritt der Reise über die geltenden Verhaltensregeln informiert werden, die der Antarktisvertrag und das Umweltschutzprotokoll vorschreiben und sich unbedingt an diese Vorgaben halten. Es ist daher undenkbar, dass dieser Mann bis jetzt nicht mitbekommen hat, dass er einen Mindestabstand zu allen hier lebenden Wildtieren einhalten muss. Und keines der Crewmitglieder ist in der Nähe, um ihn daran zu erinnern. Das Skua-Küken in einem der Territorien ist eben seinen Eltern hinterhergelaufen, um ihnen Futter abzubetteln (eine schöne Portion hochgewürgten Fisch), es befindet sich weit innerhalb der Grenzen des Schutzgebietes. Aber die jeweils anderen beiden Küken, die noch zu klein sind, um ihr Nest zu verlassen, sitzen direkt auf dem Weg des Herrn Touristen. Er ist so vertieft darin, ein paar gute Schnappschüsse von dem wütenden und verängstigten Elterntier zu schießen, dass er das Küken, das es verteidigt, gar nicht bemerkt. Es sitzt nur wenige Meter entfernt von seinem rechten Stiefel auf dem Boden, glücklicherweise ein wenig abseits seines Weges. Zunehmend irritiert beobachte ich, wie er sich dem Altvogel immer weiter nähert, noch ein paar Fotos macht und danach zum ersten Nest zurückspaziert. Dort geht alles wieder von vorn los, er rückt der erwachsenen Skua mit erhobener Kamera auf den Leib, bis es mir zu bunt wird, ich wütend hinüberstapfe und ihm sage, dass er die Vögel bei der Aufzucht ihrer Küken stört und auf Abstand gehen muss.

»Ja, ich hab schon gemerkt, dass sie sich gestört fühlen, deswegen habe ich mich ja zurückgezogen«, antwortet er, meinem Blick trotzig ausweichend.

Er schultert seine Kamera und trottet zurück zur Hütte, wo seine Reisegefährten immer noch vor der Hütte herumstehen und die Pinguine ignorieren. Wahrscheinlich haben sie das Thema Adéliepinguine pflichtschuldigst schon bei einem ihrer vorhergehenden Landgänge abgehakt. Ich starre dem Mann wütend hinterher, und werfe der immer noch aufgebrachten Skua einen Seitenblick zu, die sich mit gesträubtem Gefieder wieder neben ihrem Küken niederlässt.

Vor dem Abendessen mache ich einen Spaziergang zu dem alten Cairn, dem Steinhaufen, den irgendwann jemand hier aufgeschichtet hat. Von hier oben sieht die flache See aus wie ein poliertes Silbertablett, im Norden, wo die Wolken tief über dem Horizont dräuen, ist das Wasser wieder mauvefarben und gelbtönig wie eine alte Narbe. Hin und wieder erscheint die Sonne als geisterhafte platinweiße Scheibe am bedeckten Himmel. Die Wolken sind so massiv, dass ich ihren vagen Druck unmittelbar über meinem Kopf zu spüren glaube; die Stimmung ist gedämpft, abwartend, als würde der Sommer über sein eigenes baldiges Ende nachsinnen.

Als ich den Cairn verlasse, beginnt es zu schneien. Auf dem Rückweg stolpere ich über die kaputten Überreste einer Skibrille, die irgendjemand hier zurückgelassen hat und muss an eine von David Harrowfields vielen Geschichten denken; es ging darum, wie stark offenbar die Versuchung ist, praktisch alles, was man hier findet, zum musealen Objekt aufzuwerten. Auf einer Reise zu den Larsemann Hills fand er einmal ein halb verrottetes Stück Holz, das jemand in der Nähe seines Vorratslagers versteckt hatte. »Artefakt Numero 434, Larsemann Hills«, hatte der Finder es sorgfältig beschriftet. Kein Witz.

Zum vierten Mal wiegen wir in dieser Saison Küken, und die Nestlinge, mittlerweile sehr viel größer und wehrhafter als zu Beginn, sind gar nicht so einfach zu halten. Wenn ich ihre daunenweichen kleinen Körper sanft ergreife und in den Händen halte, spüre ich trotzdem eine tiefe Verbundenheit mit diesen Wesen. Vorsichtig bugsiere ich sie mit dem dicken kleinen Hintern voran in den Wiegesack (ein schlichter Beutel für geologische Proben aus gebleichter Baumwolle), der am Haken unserer Federwaage befestigt wird. Und die Küken haben ordentlich zugelegt! Das Durchschnittsgewicht liegt heute bei 2882 Gramm, über 1000 Gramm mehr als vergangene Woche. Einige der zwanzig Exemplare, die wir heute zufällig auswählen, bringen sogar knapp 4500 Gramm auf die Waage und sind damit vielleicht schwerer als so manch ausgelaugtes Elterntier zu diesem Zeitpunkt in der Saison. Angesichts des reichen Nahrungsangebotes ist das allerdings unwahrscheinlich. Selbst diese sehr großen Küken haben immer noch die typische Birnenform. Ihre runden Bäuche sind aber nun schmutzig weiß, nur an einigen wenigen Stellen stehen noch kleine schäbige Reste des alten Daunengefieders. Und die meisten haben auch immer noch die typischen Küken-Flügelchen, die irgendwie zu groß, lappig und knochenlos wirken, und zittern wie Aspik, wenn die Küken sich schütteln. Nach dem Wiegen bin ich überzogen von dem zarten grauen Flaum, der in der Kolonie jetzt omnipräsent ist, und ich stinke nach Krill und Pinguinkacke. Die Küken produzieren jede Menge Guano, kein Wunder bei den Futtermengen, die sie verdrücken.

Nachdem der Tag mit eisigen Temperaturen und bedecktem Himmel begonnen hat, werden wir jetzt mit einem wunderschönen Abend entschädigt. Das Weiß des Packeises und der Tafeleisberge leuchtet vor der indigofarbenen See, über der sich ein lavendelblauer Himmel spannt, Farben, die im Spektrum ätherischer Reinheit angesiedelt zu sein scheinen und von Unberührtheit und Zeitlosigkeit erzählen. Der Erebus ist aus den Wolken aufgetaucht, die ihn zuvor verbargen, und ich bin dankbar, seinen Anblick noch einmal genießen zu dürfen, bevor wir diesen Ort verlassen. Nach dem Abendessen gehe ich hinaus, um ein paar Fotos zu schießen, und das benachbarte Skua-Paar kreischt mich an, als ich in sicherer Entfernung an ihrem Küken vorbeigehe. Ich fotografiere schließlich einen Pinguin, dann lege ich mich bäuchlings auf den Boden, um auf Augenhöhe mit dem Vogel zu sein. Aus unterschiedlichen Richtungen kommen zwei weitere Pinguine auf uns zu, neugierig, was da für ein großes Ding mitten auf ihrem Weg zum Ozean liegt. Einer umrundet mich, aber der andere streckt sich und beäugt mich, ganz ohne Furcht. Er verschwindet kurz und taucht plötzlich wieder in meinem Blickfeld auf, dann legt er einen Stein vor mir ab. Neben meinen Erlebnissen mit dem Kaiserpinguin ist das wohl das Romantischste, was mir in den letzten drei Monaten hier passiert ist, und ich bin tief bewegt. Dieser Augenblick ist wie die Essenz des Fotografierens: Man hält einen Moment im Bild fest, um ihn für immer zu bewahren, er wird sich ins Gedächtnis einbrennen, während man das Bild später immer wieder hervorholt und betrachtet. Ich weiß, ich werde mich auch noch in vielen Jahren an diesen einen Pinguin erinnern: Wie er aussah, als er sich zu mir herabbeugte, und an die Form des Bergrückens zwischen Hügel und Kolonie, wo unsere kurze Begegnung stattfand. Schließlich gehen wir wieder unserer Wege, es ist unausweichlich: Den Pinguin zieht es zurück ins Meer und mich zur Hütte, wo eine Tasse Kakao und mein Schlafsack auf mich warten.

Morgens um ein Uhr verlasse ich mein Zelt, weil ich pinkeln muss. Der Himmel ist ganz klar, die Sonne steht tief über dem Horizont, ihr Licht scheint beinahe greifbar zu sein. Draußen auf dem Meer führt das Eis seinen endlosen Tanz auf, es sieht aus, als würde es in Flammen stehen, aus sich selbst heraus leuchtend.

Kapitel 25

Über Funk kam vor eineinhalb Stunden die Nachricht, dass wir heute zum Kap Crozier fliegen, um dort bei der Markierung der Küken zu helfen statt, wie eigentlich geplant, morgen. Ich bin sauer, weil ich unten in der Kolonie gerade mitten in der Arbeit stecke und alles stehen und liegen lassen muss. Als ich in der Hütte ankomme, stopfe ich eilig Bekleidung, Schlafsack und Ausrüstungsgegenstände in ein paar Taschen, dann schlinge ich mein Mittagessen herunter. Für den Flug herrschen zugegebenermaßen perfekte Wetterbedingungen, der Himmel ist wolkenlos, die Sicht praktisch unbegrenzt, morgen soll das Wetter im Verlauf des Tages wieder umschlagen. Das Geräusch des Helikopters nähert sich, als ich an mein Gepäck gelehnt auf der Veranda sitze und den letzten Schluck Tee trinke.

Wir schaffen unsere Ausrüstung an Bord und steigen bereits Sekunden später vertikal auf in den strahlend blauen Himmel, dann macht die Maschine eine Kehrtwende, und wir fliegen in Richtung des Mount Erebus. Auf etwa 2743 Meter Höhe passieren wir die nördliche Flanke des Vulkans. Richtung Norden, in den offenen Gewässern des Rossmeeres, erstreckt sich der gigantische B-15A bis zum Horizont, wo er der Erdkrümmung folgt. Jenseits des Erebus ragen die Gipfel des Mount Terror und des Terra Nova aus der Gletscherdecke, die die Ross-Insel bedeckt, wie aus einer üppigen Schicht Marzipan oder aus dickflüssigem Zuckerguss.

Unter uns fließen die Gletscher der Ross-Insel in Richtung Süden und Osten, um sich in der Ferne mit dem Ross-Schelfeis zu vereinen. Das Schelf selbst erstreckt sich weiter in Richtung Süden, wo er, für uns hier schon außer Sicht, auf die eisbedeckte kontinentale Landmasse trifft. Dort löst sich alles in weißem Dunst auf, der den Horizont verschleiert, und Antarktika verschwindet hinter den eisigen Nebeln, die den Kontinent geheimnisvoll umhüllen. Wir verfolgen den dahinrasenden Schatten unseres Helikopters, ein winziger Punkt, der über die kargen Landschaften unter uns huscht.

Vor uns liegt Kap Crozier mit seiner riesigen Adélie-Kolonie, es sind Hunderttausende von Vögeln. Auf dem Weg dorthin überfliegen wir den Gipfel, der erst im vergangenen Jahr nach David benannt wurde; es ist also auch für Nicht-Politiker noch möglich, ihren Namen geografisch zu verewigen. Wie bei allen anderen Aspekten der menschlichen Aktivität in der Antarktis gibt der Antarktisvertrag auch feste Regeln bezüglich der Benennung von Orten in dieser Region vor. In diesem Fall hatte die USA den Vorschlag gemacht, als Würdigung von Davids ungeheuer umfangreichem Beitrag zur Forschung auf diesem Kontinent.

»Wie fühlt sich das an?«, frage ich ihn.

Er betrachtet den Berg durch das Seitenfenster, und über mein Headset höre ich ihn bescheiden etwas Unverständliches murmeln. Selbst für einen Menschen wie ihn, der so viele Jahre in der Antarktis verbracht hat, muss das eine überwältigende Ehre sein.

Als wir uns dem Landeplatz nähern, entdecke ich tief unter uns die verlassene Kolonie der Kaiserpinguine am Kap Crozier, geschützt an der Leeseite eines tiefen Risses im Eisschelf. Zurückgeblieben ist nur ein weithin sichtbarer dunkler Fleck aus Guano auf dem Festeis, die meisten Pinguine sind schon Anfang Januar ins Meer zurückgekehrt. Nur wenige Vögel leben so isoliert von den Menschen. Kaiserpinguine gibt es ausschließlich hier in der Antarktis. Diese Vögel erinnern uns daran, dass der Klimawandelt selbst in den entlegensten Winkeln Auswirkungen hat. Am Kap Crozier liegt eine der südlichsten Kolonien der Spezies weltweit, und man neigt dazu zu glauben, sie könnte unberührt bleiben. Doch die Kaiserpinguine sind angewiesen auf das Festeis, um dort ihre Küken aufzuziehen, und das sich stetig erwärmende Klima wird so auch für sie zur existenziellen Bedrohung.

Unter uns erscheint die Hütte unserer Kollegen am Kap Crozier, ein kleiner oranger Kubus, umgeben von schwarzem vulkanischem Geröll, daneben ein Scott-Zelt, das als Schlafquartier dient. Das Scott-Zelt ist tatsächlich nach dem großen Entdecker Robert Scott benannt, und obwohl man das Design im Laufe der einhundert Jahre, seit der Namensgeber auf dem Ross-Schelfeis in einem dieser Zelte verstarb, mehrfach modernisiert hat, hat sich an den charakteristischen Merkmalen nichts geändert: Wände aus einer doppelten Lage Segeltuch, pyramidale Grundform, ein tunnelartiger Zelteingang, verschließbar mit einem Kordelzug, um sich vor Wind und Schneeverwehungen zu schützen. Heute wie damals schätzt man vor allem die außergewöhnliche Robustheit der Konstruktion, die selbst den heftigsten Stürmen standhalten kann. Genau diesen Zelt-Typ nutzten auch Apsley Cherry-Garrard, Birdie Bowers und Bill Wilson während ihres Marsches über Land, der *Worst Journey in the World.*

An diese Männer muss ich denken, während wir landeinwärts fliegen; unsere Anreise über das felsige und von tiefen Spalten durchzogene Terrain dauerte mit dem Helikopter nur 30 Minuten; diese ganze Strecke hatten sie zu Fuß bewältigt, gekleidet in steif gefrorene Anzüge aus Karibu-Häuten. Sie brauchten qualvolle zehn Tage, schleppten beinahe 800 Pfund an Ausrüstung hinter sich her, die Temperaturen lagen bei bis zu –77 °F (»schon –50 °F wurde bald zu einem Luxus, der uns nicht oft vergönnt war«[56], schrieb Cherry-Garrard später). Obwohl diese Zelte als unverwüstlich gelten, wurde ihres während eines starken Sturms weggeweht, und den dreien blieben nur noch ihre Schlafsäcke aus Rentierfell. Sie errichteten in Windeseile ein provisorisches Steiniglu ohne Dach, in dem sie sich verschanzten, während die Schneewehen immer höher wurden. Man sang gemeinsam Kirchenlieder, um den Mut nicht zu verlieren und die Zeit schneller vergehen zu lassen. Nachdem der Sturm sich ein wenig gelegt hatte, gingen sie auf die Suche nach ihrem Zelt, und trotz der Heftigkeit der Böen, die es mit sich fortgerissen hatte, und der beinahe vollkommenen Dunkelheit fanden sie es wieder; eingeklemmt in eine Felsspalte, etwa eine halbe Meile weit entfernt. Gut für sie, denn ohne das Zelt wären sie dem Tod geweiht gewesen.

Wir landen etwas unterhalb des Camps von Crozier. »Solar Joe« und sein Assistent sind heute aus McMurdo eingeflogen, um die Solaranlage und den Windgenerator winterfest zu machen, der gerade auf Hochtouren läuft. Nachdem wir ausgestiegen sind, helfen uns die beiden Männer, unsere Ausrüstung von der Landestelle den Hügel hinaufzuschaffen. Wir haben keine 800 Pfund dabei, wie die Cherry-Garrards-Expedition, aber wie gewöhnlich reisen auch wir nicht mit leichtem Gepäck. Neben allerlei persönlichen Gegenständen haben wir unsere unförmigen Schlafsäcke dabei, dazu die obligatorische Extrem Cold Weather Gear, Kisten mit zusätzlichen Lebensmitteln und Wasser, um die ebenfalls schwindenden Vorräte der Mannschaft am Kap Crozier ein wenig aufzufüllen, unsere Kameras und Laptops und noch dazu sämtliche elektronischen Geräte vom Kap Royds, die dort sonst über Nacht einfrieren würden.

Schon bald nachdem wir unser Gepäck verstaut haben, entdecken wir Grant, Viola und Rachael auf den fernen Schneefeldern unterhalb der Hütte. Sie ziehen einen Schlitten hinter sich her und umrunden eben einen riesigen Aschekegel am Rande der Pinguin-Kolonie, wo sie den ganzen Tag gearbeitet haben. Vor dem Hintergrund der an die 100 Meter hohen, am Ufer aufgeworfenen Eisklippen wirken sie winzig. Es ist das Werk von B-15A, der vor einiger Zeit, angetrieben von Wind und der Kraft der Gezeiten, mit voller Wucht gegen die Ross-Insel krachte. Wahrscheinlich war es dieser Zusammenprall, den wir während eines Skeds über das Funkgerät hörten, und der die Crozier-Hütte hatte erzittern lassen wie ein Erdbeben. Später, als ich wieder in McMurdo bin, sehe ich mir ein Satellitenbild des Eisberges an und stelle fest, dass das andere Ende von B-15A gegen die 160 Kilometer entfernte Franklin-Insel gedrückt wird, in Position gehalten einzig von den erbarmungslosen Winden, die über die offenen Flächen des Rossmeeres wehen. Dass unsere Crozier-Kollegen vor den geborstenen Eisklippen aussehen wie Ameisen oder wie sehr weit entfernte Pinguine führt mir einmal mehr die gigantischen Dimensionen dieser Landschaft vor Augen, die oft genug mein Vorstellungsvermögen zu sprengen droht. Ich muss an etwas denken, das David sagte, als wir eben erst in McMurdo angekommen waren, vor mittlerweile fast drei Monaten. Er hatte Crozier einen der Kraftorte der Welt genannt.

Ich bin mir immer noch nicht sicher, was genau er damit gemeint hat, aber ich ahne es: Die hier waltenden urtümlichen Kräfte – Vulkane, Gletscher, Sturmwinde – bleiben für unseren begrenzten Verstand unfassbar, und es ist nicht von der Hand zu weisen, dass Kap Crozier ein ganz besonderer Ort ist. Unnahbar, unantastbar, leidenschaftslos, sogar feindselig. Um ehrlich zu sein, schüchtert diese Landschaft mich ein. Es wäre nicht schwer, hier ums Leben zu kommen, denke ich bei mir. Sehr viel einfacher als am Kap Royds.

Im Inneren der Crozier-Hütte ist es warm und gemütlich, alles wirkt etwas weniger provisorisch als in unserer Unterkunft am Kap Royds: Die Ansammlung von Lebensmitteln und verwitterten Ausrüstungsgegenständen, denen man ansieht, dass sie schon mehrmals hier überwintert haben; ein richtiges Klohäuschen mit einer der allseits beliebten handgeschnitzten Klobrillen aus Styropor (warm!); eine fest installierte Pritsche; ein kleiner Vorraum, der gleichzeitig als Lager und Waschraum dient, sogar ein Spülbecken, improvisiert aus einem Trichter mit breiter Tülle und einem Gestell aus Sperrholz; ein angeschlossener Schlauch führt zu einem 50-Gallonen-

Grauwasser-Fass vor der Hütte. Die Wände zieren Zeichnungen und Cartoons von Pinguinen, teils sind es mit Klebeband befestigte Zettel, teils wurden die Kunstwerke direkt auf die Wände gekritzelt, schöne Grüße von den Biologen-Teams der vorhergehenden Saisons. An der Rückseite der Tür hängt die getrocknete Haut eines Kaiserpinguins, den David und ein Meeresvogel-Ökologe, Larry Spear, eines Tages tot aufgefunden haben. Die Federn sind kurz, glatt und sehr dicht. Streicht man mit der Hand darüber, denkt man eher an eine dickpelzige Robbe als an einen Vogel.

Rachael und ich machen vor dem späten Abendessen einen ausgedehnten Spaziergang, zuerst zum nahen Pat's Peak. Von dort oben wirkt die Hütte inmitten der Schneefelder winzig. Dahinter liegt der Gipfel des Mount Terror, der die umgebenden niedrigeren Gipfel weit überragt. Auf dem Rückweg queren wir den Rand eines vereisten Schneefelds, wo der heftige Wind Eis und Schotter aufwirbelt und uns ins Gesicht schleudert. Rachael, die vor mir geht, sieht im Licht der untergehenden Sonne aus, als würde sie inmitten einer goldenen Aureole dahinwandeln. »Dramatisch, spektakulär, kraftvoll, wuchtig«, werde ich später in meinem Feldbuch über meine ersten Eindrücke vom Kap Crozier schreiben, aber diese Worte werden der Realität kaum gerecht, wirken angesichts der überwältigenden Dimensionen plötzlich so zwergenhaft und bedeutungslos wie wir selbst.

Nach dem Essen gehe ich noch einmal hinaus, um Zeuge eines weiteren Schauspiels zu werden: Die vertikal herabstürzende Außenseite von B-15A verwandelt sich im abendlichen Sonnenschein in eine Flammenwand, die über die eisigen Gewässer des Rossmeeres tanzt. Da der Sommer seinen Höhepunkt überschritten hat, »versinkt« die Sonne nun seit einigen Tagen am Kap Crozier, das heißt, sie verschwindet für einige Stunden hinter dem mächtig aufragenden Mount Terror, und die Schatten werden länger. Trotzdem finde ich auch in dieser Nacht vor drei Uhr morgens keinen Schlaf. Die

Farben des Lichts halten mich wach, das Buch, das ich jetzt zu Ende lese – Margaret Atwoods *The Blind Assassin,* das mir Rachael auf der *Polar Sea* mitgegeben hat –, und das Geräusch des Windes, der durch ein Lüftungsloch an der Ostseite der Hütte heult. Es klingt fast wie der Ruf einer Schreieule.

Nach nur vier Stunden Schlaf wird es Zeit aufzustehen: Am späten Nachmittag kommt der Helikopter, der uns zurück nach Kap Royds bringen soll, und zuvor gibt es jede Menge Arbeit für uns. Auch die Kollegen in der Hütte und im angrenzenden Scott-Zelt kommen nur mühsam in die Gänge. Wir alle sind daran gewöhnt, spät zu Bett zu gehen und spät aufzustehen, am Ende der Saison sind wir zudem erschöpft. Wir trödeln, trinken etliche Tassen starken Kaffee, während wir langsam in unsere zahlreichen Kleidungsstücke schlüpfen. Das Frühstück besteht aus den zusammengewürfelten Resten unserer Vorräte. Die Sache zieht sich in die Länge, kein Wunder, wir drängen uns zu viert in einer Hütte, die schon mit drei Personen überfüllt wäre. David, der Frühaufsteher der Gruppe, ist bereits lange fort.

Ein hektischer Arbeitstag steht uns bevor, tausend Pinguine sollen mit Bändern versehen werden. Ein großer Teil der alltäglichen Aufgaben, die wir am Kap Royds erfüllen – wenn wir langsam durch die Kolonie wandern, nach markierten Vögeln suchen und uns ihre Nummern notieren –, fußt wiederum auf der Vorarbeit unserer Kollegen in den vorangegangenen Jahren. Am Kap Crozier gehen wir an diesem Morgen also durch die Kolonie und komplimentieren Gruppen von Pinguinküken vorsichtig in kleine tragbare Gehege (gefertigt aus PVC-Röhren und Maschendraht). Dann entnehmen wir vorsichtig alle Exemplare, die noch zu jung für die Prozedur sind, außerdem die Erwachsenen, und setzen sie wieder auf freien Fuß. Es folgt das Anbringen der Metallspangen, eine chaotische Angelegenheit, inmitten umherstiebender Federn, wütender Elterntiere, die ihren Nachwuchs verteidigen, der sich mit schreckgeweiteten Augen zu wehren versucht, uns mit Guano bespritzt und mit den noch weichen kleinen Flügeln nach uns schlägt. Zuerst schließen wir die Metallspangen noch alle mit dem Daumen, aber bald sind unsere Daumenkuppen wundgescheuert, und wir steigen auf die Zangen unserer Multifunktionswerkzeuge um. Die Metallklammern müssen wirklich komplett geschlossen sein, um den Widerstand beim Schwimmen so gering wie möglich zu halten, sobald die Küken ins Meer gehen. Wie ein Armband umschließen die Spangen den Flügel des Pinguins: eng, aber schmerzfrei (sie können nicht über den »Ellbogen« des Vogels rutschen); sobald wir die Küken aus dem Gehege freilassen, eilen sie wieder an den Ort der Subkolonie, von dem sie kommen. Während sie dort auf ihre Eltern und die nächste Mahlzeit warten, scheinen sie das Erlebte schnell wieder zu vergessen.

In einer kurzen Pause mache ich einen Spaziergang. Ich esse gerade einen Energieriegel, als mir ein Krümel davon auf den gefrorenen Boden fällt, der komplett aus Guano besteht. Ohne nachzudenken, klaube ich ihn vom Boden auf und stopfe mir das Zeug in den Mund. Erst kurz darauf wird mir klar, was ich da eben gemacht habe. Und ich zucke mit den Schultern und stelle fest, dass ich mir über solche Kleinigkeiten längst keine Sorgen mehr mache. Draußen über dem gefrorenen Ozean verbirgt sich der Horizont hinter weißem Dunst. Auf dem Eis entdecke ich plötzlich zwei dunkle Gestalten. Ich werde unruhig. Wer ist da draußen noch, und was machen diese Menschen auf dem Eis?

Dann muss ich plötzlich lachen. Ohne Horizont ist es schwierig, Entfernungen richtig abzuschätzen, und ich begreife, dass es sich nicht um Menschen handelt, sondern um zwei Kaiserpinguine – mit über einem Meter immerhin so groß wie ein Kind –, die gerade auf den Strand zutrotten. Ich beobachte sie, sie watscheln unbeirrt weiter, regelmäßig sehen sie sich um. Plötzlich stoppt einer der Vögel und stutzt, etwas scheint ihm nicht ganz geheuer zu sein. Er starrt in meine Richtung, auf den Hügel, auf dem ich stehe, und mir wird klar, dass er gerade derselben optischen Täuschung aufsitzt wie ich – nur umgekehrt: Er sieht in mir einen Kaiserpinguin, der an einer Stelle steht, wo kein Kaiserpinguin etwas verloren hat. Genau wie ich, scheint er den Irrtum aber schnell zu bemerken, und er zockelt weiter, vorbei an den dunklen Gestalten der Weddellrobben, die auf dem Eis fläzen. Die Laute, die diese Robben an Land produzieren, klingen auf unheimliche Art menschlich, auch jetzt höre ich, wie sie einander rufen.

»Hey!«, schallt es zu mir herüber. »Heeeeey!«

Wir werden gerade noch rechtzeitig fertig und sind an der Hütte, bevor unser Helikopter kommt. Mit Hilfe des Corrals wurden die Pinguinküken zusammengetrieben. Das Ding ist nicht mehr im besten Zustand, nachdem es den ganzen Sommer über der gnadenlosen UV-Strahlung ausgesetzt war. Der heutige Einsatz und die Tatsache, dass einer der Kollegen darüber gestolpert ist, haben es nicht eben besser gemacht. Auf dem Rückweg sehe ich auf den von Geröll bedeckten Abhängen etliche Skua-Territorien; wir müssen sogar einmal über ein kleines Skua-Küken hinwegsteigen, das bewegungslos inmitten von Steinen auf dem unwegsamen Pfad kauert, auf die wütenden Rufe seiner Eltern reagierend. Grant läuft neben mir, und wir unterhalten uns, während wir langsam die Anhöhe erklimmen.

»Eines Tages ging ich hier entlang, und ich hörte Lärm, bei den Skuas ging irgendetwas vor sich«, erzählt mir Grant. »Und tatsächlich hatte sich eine der Raubmöwen ein unbewachtes Küken von einem anderen Paar geschnappt, das jetzt um sein Leben kreischte, während die erwachsene Skua mit ihm davonflog.«

»Oh?«, antworte ich. »So etwas habe ich bisher noch nicht beobachtet.« Skuas sind bekannt dafür, dass sie auch vor dem Nachwuchs der eigenen Art nicht haltmachen, ich bin also nicht übermäßig schockiert.

»Aber das war nicht das Verrückte daran«, fährt Grant fort. »Einer der Elternvögel muss das Küken gehört haben, denn plötzlich schoss eine weitere Skua aus der Luft heran, wie aus dem Nichts, und griff den Räuber an.« Er macht eine kurze Pause, während wir uns über einen steilen Abschnitt einer Geröllhalde mühen, und ich mich krampfhaft bemühe, mein Ende der Corral-Falle nicht loszulassen. Er erzählt weiter. »Die Angriffe des Elternvogels waren so aggressiv, dass der Räuber das Küken schließlich tatsächlich fallen ließ und die Flucht ergriff. Der Elternvogel reagierte blitzschnell, schoss herab und fing das Küken im Flug auf. Dann brachte er es zurück zum Nest und barg es unter seinem Gefieder.«

Ich bin so verblüfft von Grants Geschichte, dass ich kurz innehalte. Es beeindruckt mich immer wieder, wie gut die Adéliepinguine sich an diese so feindselige und harte Umwelt angepasst haben, während sie sich mit größter Eleganz und Selbstverständlichkeit zwischen Land und Wasser bewegen. Doch das Verhalten dieser Skua – ihre Fähigkeit, ihren Nachwuchs an der Stimme zu erkennen, ihre artistischen Flugkünste und ihre elterliche Hingabe – erfüllt mich geradezu mit Ehrfurcht. Wir Menschen müssen noch so viel über unsere Mitgeschöpfe auf dieser Welt und ihre besonderen Fähigkeiten lernen. Ich muss an den niederländisch-amerikanischen Primatenforscher und Biologen Frans de Waal denken und an sein bemerkenswertes Buch *Are We Smart Enough to Know How Smart Animals Are?* Seine Kernthese darin lautet, dass die Intelligenz der nicht menschlichen Tiere geformt wird von den Anforderungen, die ihre Umwelt an sie stellt. Um die diverse Phänomenologie von Intelligenz zu begreifen, sollten wir unser Augenmerk also darauf richten, wie eine Spezies mit den Herausforderungen des Alltags in ihrem Lebensraum umgeht, statt ihre geistigen Leistungen nur auf Grundlage von Fähigkeiten wie Sprachkompetenz oder Werkzeuggebrauch zu bemessen (und dabei ist weder die Sprache noch der Werkzeuggebrauch ein Alleinstellungsmerkmal der Menschen). Die Skua hatte aus der Ferne erkannt, dass das Küken, das da schrie, ihr eigenes war, hatte ihre Flugkünste für ein so cleveres wie aufsehenerregendes Rettungsmanöver genutzt und sich anschließend rührend um den traumatisierten Nachwuchs gekümmert: All dies zeugt von erstaunlichen geistigen Fähigkeiten, die uns tiefen Respekt abnötigen sollten. Ich muss wieder an unser verletztes Pinguinweibchen Nummer 1091 denken, das sich ungeachtet der Folgen einer schweren Verletzung wieder souverän in seiner Welt bewegt; ich hoffe, dass sie und ihr Partner sich dort draußen auf hoher See satt fressen können und frage mich, ob es ihnen wohl gelingen wird, in der nächsten Saison erfolgreich zu brüten.

Als wir wieder an der Hütte ankommen, schleppen wir unsere Ausrüstung zum Landeplatz. Unser Hubschrauber verspätet sich um eine Stunde, wir liegen in der Sonne und ruhen uns aus, bis es Zeit wird aufzubrechen. David rechnet damit, dass einer seiner Fingernägel am nächsten Tag blutunterlaufen sein wird; er hat erst ganz am Schluss eine Zange benutzt. Ich hingegen habe fast die ganze Zeit über mit meinem Leatherman-Werkzeug gearbeitet, meine Daumen sind im Moment trotzdem zu nichts zu gebrauchen, was Kraft benötigt. Das merke ich spätestens, als ich eine Packung Kekse aufreißen will, um etwas zu knabbern, während wir warten: die reinste Quälerei.

Auf dem Rückweg fliegen wir an der Südflanke des Mount Erebus entlang, hinter McMurdo und Kap Evans. Die seidige Glätte der eisbedeckten Landschaften wird nur durchbrochen von den scharfen tiefblauen Linien der Gletscherspalten und dem aus dem Schnee ragenden rostroten Vulkangestein. Unter uns zieht sich der Eisbrecherkanal durch die weiße Oberfläche des McMurdo-Sunds wie eine Wunde. In der Ferne erheben sich die Black and White Islands wie minimalistische Gemälde ihrer selbst geisterhaft aus dem Meereis, hinter den einförmigen eisigen Ebenen der Windless-Bucht. Dahinter verschwimmt der Horizont zu einem nebligweißen Nichts, das den Beginn des Kontinents markiert.

Kurz nach 17 Uhr sind wir wieder am Kap Royds, wir landen inmitten einer Wolke umherwirbelnden Schnees. Der Wind ist böig, und der Pilot kennt die Landestelle nicht gut, er braucht vier Anläufe, um den Hubschrauber hinunterzubringen. Hektisch laden wir Gepäck und Ausrüstung aus, bevor er die Maschine wieder startet, er ist merklich nervös wegen des Wetters. Es tobt ein lokales Unwetter, untypischerweise kommt die Sturmfront aber aus dem Norden. In der Folge sind die Gewässer vor Kap Royds verstopft mit Packeis, Bergy Bits und riesigen geborstenen Eisbergen, die vom Wind hierhergetrieben wurden. B15-A verhindert derzeit regelmäßig, dass das Eis weiter hinaus aufs Rossmeer getrieben wird. An solchen Tagen haben die Pinguine es schwer, sie müssen kilometerweit laufen oder rodeln, um eine offene Stelle zu finden, über die sie ins Meer gelangen und Nahrung für ihre Küken beschaffen können. Einmal mehr werden wir daran erinnert, wie extrem hart die Lebensbedingungen hier am äußersten Rand der Welt sind.

Kapitel 26

Die Pinguine verlassen die Kolonie. Wegen des Ausflugs nach Kap Crozier waren wir 48 Stunden lang nicht am Kap Royds, und es ist nicht von der Hand zu weisen: Die Kolonie leert sich zusehends. Heute entdecke ich weniger als vierzig markierte erwachsene Adéliepinguine, vor einer Woche waren es doppelt so viele. Die nicht brütenden Paare der Subkolonie sind mittlerweile fast alle verschwunden, und die Areale, auf denen vor einem Monat noch lärmendes Chaos geherrscht hat, sind jetzt gähnend leer. In einigen Subkolonien übersteigt die Zahl der Küken bereits die der erwachsenen Pinguine. Der Nachwuchs ist inzwischen so groß und kräftig, dass auch die Anti-Skua-Patrouillen der aggressiven nicht brütenden Pinguine überflüssig geworden sind. Während der vergangenen zwei Tage haben die meisten Küken zudem den Großteil ihres Daunengefieders verloren, obwohl die Mauser erst vor acht bis zehn Tagen eingesetzt hatte. Die Küken am Kap Royds sind außerdem verglichen mit denen am Kap Crozier sehr dick. Anhand der Farbe und der Menge des Guanos lässt sich bestimmen, dass es hier immer noch Unmengen Fisch (weiß) und Krill (orange) gibt. Unsere mit Satellitensender ausgestatteten Vögel jagen weiterhin ganz in der Nähe (wir bekommen immer noch Daten-Downloads über den Satellitentelefon-Link). Ihre Artgenossen am Kap Crozier müssen hingegen auf der anderen Seite der Ross-Insel immer weitere Distanzen zurücklegen, um Futter zu finden, während die Fisch- und Krill-Bestände rund um ihre Kolonie zurückgehen.

Ich zähle ein letztes Mal erwachsene Pinguine und Küken in der B-REF-Subkolonie durch und mir wird klar, dass ich diese Tiere jetzt bald eine ganze Brutsaison lang begleitet habe: von der Ankunft über den lärmenden Höhepunkt bis hin zur langsamen Auflösung. Ich beobachte, wie ein Paar sich balzend voreinander verneigt und erkenne in diesem Ritual die Zeitlosigkeit all dessen, was sich in dieser Saison hier ereignet hat, als Teil eines nie endenden Kreislaufs, während der Sommer langsam zur Neige geht. Im kommenden Frühjahr werden die Pinguine sich wieder voreinander verneigen und so den Beginn eines neuen Jahres einläuten. Ich war nur kurz zu Gast in ihrem geschäftigen Leben, und so soll es auch sein. Noch in dieser Woche werde ich diesen Ort verlassen, aber die Pinguine werden hier weiter schwimmen und jagen und balzen und umeinander werben, auch in den kommenden Monaten und Jahren, in denen ich längst nicht mehr hier sein werde.

Das Wetter heute war wieder ziemlich ungemütlich. Unsere Wetterstation zeigt, dass die Temperatur in der Nacht auf unter –10 °C gefallen ist. Der Wind kommt mit über 40 Knoten aus dem Süden, der Windchill liegt bei etwa –20. Als ich heute Morgen die Augen aufmachte, sah ich an der Innenwand meines Zelts eine dicke Schicht Raureif, es sind die Ausdünstungen meines Körpers, die sich am Ripstop-Nylonstoff niedergeschlagen haben und dort festgefroren sind, zum ersten Mal seit Ende November. Es ist auch das erste Mal seit Monaten, dass der Inhalt meiner Wasserflasche morgens gefroren ist.

Als ich an diesem Nachmittag in die Kolonie komme, sehe ich, dass paradoxerweise ein großer Teil des Meereises vor Kap Barne abgetrieben wurde, am Ufer steht nur noch ein schmaler Streifen Festeis. Zwischen der Backdoor Bay und dem Barne-Gletscher liegt jetzt eine große offene Wasserfläche. Die Route nach McMurdo ist damit vorerst Geschichte, das Meereis hat seinen saisonalen Tiefststand erreicht. Doch bald wird es wieder zufrieren, schon während des Sommers ist das Wasser in Bereichen, die relativ geschützt vor Wind und Wellen liegen, vereist. In den kommenden Wochen wird die Sonne langsam verschwinden und die bittere Kälte zurückkehren. Der Verlust des Tageslichts gleicht einer isolierten Tür, die sich vor einem riesigen Kühlschrank schließt.

Kerry und Pete verlassen Kap Bird morgen in Richtung Scott Base. Vielleicht läuft alles nach Plan, obwohl Pete vorhin am Funkgerät erzähle, dass es bei ihnen bedeckt ist und schneit. Auch das Team am Kap Crozier wird morgen abreisen, zuerst für eine Nacht in McMurdo bleiben und danach einen Tag zu uns nach Kap Royds kommen. Am Mittwoch reisen wir alle gemeinsam ab. Es fühlt sich abrupt an, dieses Ende der Saison, obwohl ich denke, dass ich bereit dafür bin. Aber es wird merkwürdig sein, wieder nach Hause zu fahren.

Zwei Tage später lässt der Helikopter morgens auf sich warten, der die Crew vom Kap Crozier hierherbringen sollte. Ich gehe zur Anhöhe, in meiner behandschuhten Hand einen dampfenden Becher mit Kaffee, und sehe sofort, was los ist: Über der Ebene südlich von uns dräut dicht und undurchdringlich eine Eisnebelbank. Aus den flauschigen weißen Wolken ragt die Spitze von Inaccessible Island hervor. Es sieht aus, als hätte das Meereis sich aufgelöst, um mehrere Hundert Meter hoch in die Luft aufzusteigen. Ich verbringe einen Teil des Vormittags damit, Ausrüstung und Abfälle zusammenzutragen, die wir mit dem Helikopter zurückschicken wollen, sollte er es doch noch hier heraus schaffen. Ich falte und bündle unsere leeren Pappkartons und staple sie an der windgeschützten Seite der Hütte. Dann verschließe ich einen der Human Waste Buckets, ich muss dafür einen Hammer zu Hilfe nehmen. Die Deckel dieser Eimer sitzen bombenfest, wofür irgendjemand irgendwo irgendwann sehr dankbar sein wird, da bin ich mir sicher.

Kurz nach Mittag klart es plötzlich wieder auf, und Grant, Viola und Rachael stoßen zu David und mir. Wir laden gemeinsam den Müll in den Helikopter und winken ihm zum Abschied nach. Den Nachmittag verbringen wir mit einer hektischen Reprise unseres Ausflugs zum Kap Crozier und markieren Küken. Die Sache geht hier allerdings sehr viel schneller über die Bühne, da es in der relativ kleinen Kolonie am Kap Royds viel weniger Küken gibt. Außerdem setzen wir ein Dutzend winziger GLS-Tags ein, unsere Probanden werden die an einem eng sitzenden Band befestigten Geräte bis zum kommenden Frühjahr tragen, wenn sie zur Kolonie zurückkehren. In den folgenden Monaten sammeln die Tags Informationen darüber, wo genau die Adélies sich während ihrer winterlichen Rundreise, bei der sie an die 12 000 Kilometer zurücklegen, aufhalten. David und die Person, die an meiner Stelle nachrückt, werden nach diesen Vögeln Ausschau halten, ihnen die Tags wieder abnehmen und die Daten sichern. So beginnt die Forschungssaison wieder von Neuem.

Ich räume mein Expeditionszelt für Grant und Viola, ich werde die Nacht unten in der Hütte der Kiwis verbringen, damit es für die Übrigen auf dem Boden des Rac-Tents nicht allzu eng wird. Als ich später den Abhang hinuntergehe, halte ich kurz an und genieße die Aussicht. Still und glatt breitet sich die See zu meinen Füßen aus, im Süden spiegelt sich der zerfallene Vulkankegel von Kap Barne in den glitzernden Fluten. Jenseits des McMurdo-Sunds erkenne ich im abendlichen Dunst die schemenhaften Umrisse des Mount Discovery, eine neblige Silhouette im mysteriösen Gegenlicht. Unterhalb des Discovery treibt friedlich ein mächtiger Tafeleisberg durch die ruhige See, die das Weiß des bedeckten Himmels so perfekt abbildet, dass es sich um den Himmel selbst handeln könnte, mit dem Eisberg als gigantischer Kumuluswolke.

Es ist herrlich, die friedvolle Stille im Wanigan ganz allein genießen zu dürfen, Gesellschaft leisten mir allein die Stimme des

Windes und die Musik der Pinguine. Ich hatte mich geirrt, als ich dachte, dass Patrick, der neuseeländische Komponist, sich die Musikalität in den rauen Schreien der Vögel nur einbilden würde. Ihre Rufe verschmelzen in meinen Ohren nun tatsächlich zu einer Melodie, die mich durch diese Nacht begleitet. Während ich meine Sachen auspacke, wird mir bewusst, dass wahrscheinlich seit Jahren niemand mehr allein im Wanigan übernachtet hat. Zu meinen schönsten Erinnerungen an Kap Royds werden später die Stunden gehören, die ich mit Besuchern in dieser Hütte verbrachte. Allein hier zu sein, schenkt mir ein Gefühl des tiefen Friedens. Beinahe wünsche ich mir eine Whiteout-Wetterlage herbei, die ein oder zwei Tage anhält, um diese Zeit der selbstgenügsamen Einsamkeit und meditativen Stille noch etwas länger auskosten zu dürfen.

Grant und David fliegen an diesem Morgen nach McMurdo, das 50-Gallonen-Fass nehmen sie im Helikopter mit. Es ist zu mehr als drei Vierteln gefüllt, mit dem Urin unserer oft so ausgedörrten Körper, den wir die ganze Saison über gesammelt haben. Viola, Rachael und ich bleiben noch, um im Camp aufzuräumen. Nachdem der Helikopter weg ist, gehen wir hinunter zur Kolonie, um zum vorletzten Mal in dieser Saison die Küken zu wiegen, eine schöne Gemeinschaftsaufgabe am Ende eines sonnigen Nachmittags im späten Januar. Wir lachen und reden viel, über alles und nichts, und unsere Herzen werden dabei ein wenig leichter, wie befreit wegen unserer kurz bevorstehenden Abreise, auch wenn der Gedanke an den Abschied schmerzt. Viola gelingt es, aus unseren dürftigen restlichen Vorräten Burritos fürs Abendessen zu zaubern, wir trinken dazu eine Flasche Wein (ein Geschenk von Helo Ops) und reden noch mehr, dann räumen wir den Rest des Camps auf. Ich baue mein treues Bergsteigerzelt ab, es ist in erstaunlich guter Verfassung, trotz der aggressiven monatelangen UV-Einstrahlung, der Sturmwinden, die ihm immer wieder zugesetzt haben und des Abriebs durch den umhertreibenden Sand und Schotter. Morgens kommt der Hubschrauber, der uns zum Schiff vor der Beaufort-Insel bringen soll, wo wir auf David treffen. Einen halben Tag haben wir für das Wiegen und Markieren der Küken dort eingeplant, danach geht es zurück zur McMurdo-Station. Dort bleiben wir ein paar Tage, anschließend fliegen wir ein letztes Mal zurück nach Kap Royds, für den allerletzten Küken-Check der Saison. Danach werden die Pinguine – und auch wir – den Kontinent verlassen. Unsere Arbeit hier in der Kolonie ist also beinahe getan.

Morgens um ein Uhr gehe ich nochmals hinunter zu den Pinguinen, für einen letzten späten Spaziergang unter der Mitternachtssonne. Als ich den scharfen Ruf einer Skua vernehme, die unterhalb der Klippe ihr Nest hat, wird mir plötzlich ganz bewusst, dass meine Zeit hier zu Ende ist, und es bricht mir fast das Herz. In Gedanken verabschiede ich mich von der Raubmöwe und ihrer Gefährtin und wünsche ihnen für die kommende Saison alles Gute. Es ist das Paar, das mir hin und wieder gefolgt ist, um auf die toten Küken zu lauern, von deren Mageninhalt ich Proben nahm. Das Skua-Küken ist immer noch erst halb ausgewachsen und sieht zerrupft aus, Stoppelfedern ragen zwischen den Daunen hervor, der viel zu kleine Körper sitzt auf langen, blauen stelzenartigen Beinchen, mit denen es unsicher über den kiesbedeckten Boden schreitet.

Die *Polar Star* liegt am Morgen umgeben von Packeis in der stillen See vor der Beaufort-Insel. Die Crew an Bord dieses Schiffss ist deutlich entspannter als ihre Kollegen vom Schwesterschiff *Polar Sea*; zwei unterschiedliche Schiffe, zwei Besatzungen mit jeweils individueller kollektiver Persönlichkeit. Einige Mannschaftsmitglieder begleiten uns sogar auf die Beaufort-Insel, um uns zu helfen, und wir markieren stolze 400 Küken. Dann messen wir bei dreißig Exemplaren Flügellänge, Tarsus und Schnabel, die Daten dienen der Überprüfung des Entwicklungszustands der Vögel. Und das alles schaffen wir in nur zwei Stunden – Rekordzeit. Die Crewmitglieder haben sichtlich Spaß daran, uns dabei zu helfen, die Küken zu fangen, den Wiegesack festzuhalten und Daten aufzuzeichnen.

»Allein dafür hat sich die ganze Saison schon gelohnt«, ruft Chris, der wissenschaftliche Offizier des Schiffs, mir euphorisch zu, während er sich über ein zerknittertes Notizbuch beugt, das übersät mit Wasserflecken und Guano-Spritzern ist. Während wir die übrige Feldausrüstung zusammenpacken, melden sich plötzlich gleichzeitig alle unsere Funkgeräte mit einem Knistern.

»Shore Party, hier ist die *Polar Star*. Sie müssen sich sofort auf den Rückweg machen!« Es ist die drängende Stimme eines Offiziers von der Brücke. »Das Packeis treibt mit fünf Knoten in Richtung Ufer und wird Ihnen bald den Rückweg abschneiden. Ich wiederhole: Sie müssen sofort zurückkommen.« Wir sehen einander an, dann schnappen wir uns schnell unsere Sachen.

»Beeilen Sie sich!«, ruft uns der Offizier über Funk nochmals zu, sich nicht mehr um das Protokoll scherend. Wir legen einen regelrechten Sprint hin, bis wir die Lücke im Festeis erreicht haben, wo das Beiboot uns abgesetzt hat und hechten keuchend an Bord.

»Zwei Minuten länger, und wir hätten Sie nicht mehr zurückbringen können«, teilt uns der Bootsführer lakonisch mit, während wir auf das Schiff zurasen und das Packeis sich hinter uns schließt.

Wir essen noch an Bord zu Abend, dann bringt uns ein Helikopter nach McMurdo. Der Wind nördlich von Kap Royds ist stark und böig, und die Maschine bockt und schüttelt sich wie ein wildes Pony. Ich befördere unsere Ausrüstung nach der Landung zum Crary Lab und bringe ein paar Seesäcke in mein Quartier. Danach nehme ich erst einmal eine lange Dusche. Während ich die grauen Schlieren aus Seifenschaum und Hautschüppchen betrachte, die im Abfluss verschwinden, denke ich über diesen besonderen Aspekt von Freiheit nach, den einem die Zeit im Feld schenkt: Man kann für eine Weile aufhören, sich über seine Erscheinung Gedanken zu machen. Man versenkt sich ganz und gar in seine Umgebung, seine Studienobjekte, hat unbegrenzt Zeit für die Entwicklung neuer Ideen und Gedanken und ist – wenigstens gilt das für uns Frauen – vorübergehend den urteilenden Blicken der Gesellschaft entzogen, dem fortwährenden sozialen Druck, sich um sein Äußeres zu sorgen. »Ich hab dich gar nicht wiedererkannt; du siehst ja richtig zivilisiert aus«, sagte ein Bekannter, dem ich bei einem der letzten Besuche auf der Station im Gang begegnete. Ich nickte ihm zu, er hatte es sicher nett gemeint, aber der peinliche Kommentar sollte mich wohl in erster Linie an das Konzept der fortwährenden sozialen Kontrolle beziehungsweise deren Fehlen am Kap Royds erinnern.

Nachdem ich mir die Haare getrocknet habe, laufe ich auf dem Gang meiner ehemaligen Zimmergenossin Sarika und ihrer Freundin Jen in die Arme. Sie laden mich spontan auf Jens Zimmer ein, auf einen Martini. Auf dem Weg dorthin begegnen wir einer Gruppe von Russen in der schwarz-grünen Montur ihrer Station am Südpol. Wahrscheinlich sind die Männer auf dem Weg nach Vostok, der russischen Präsenz mitten auf dem Kontinent, wo die bislang niedrigsten Temperaturen der Erde gemessen wurden, knapp −90 °C. Von Jens Unterkunft aus gehen wir morgens um halb eins in die Kantine, für die Midrats. Dort treffen wir Rusty und James (vom Weihnachtswunder am Kap Royds), Rustys Frau Regina, den leitenden Arzt der Station und ein paar andere Leute, die sich zu uns gesellen. Ich unterstelle Rusty, wohl die ganze Station zu kennen, was er abstreitet, um prompt praktisch jeden zu begrüßen, der an unserem Tisch vorbeikommt. Sie waren bei der Casino Night in Gallagher's Pub (benannt nach einem Überwinterer, der in McMurdo verstorben ist), James war auf der Scott Base, bei der Party zum Ende des Sommers. Auf dem Rückweg zu unseren Schlafquartieren, im Gang in der Nähe der Geldautomaten, kommen uns drei Männer der Küstenwache entgegen, sie gehören zur Besatzung der

Polar Sea und sind ziemlich angetrunken: der XO, der Bootsmann, und ein weiterer Typ, den ich nicht kenne. Ich glaube, die Menschen hier mittlerweile ziemlich gut zu kennen. Als ich den dreien erzähle, wie erfolgreich unsere Pinguinmarkierung an diesem Nachmittag dank ihrer Kollegen von der *Polar Star* verlaufen ist, ernte ich nur abfällige Kommentare. Die Rivalität zwischen den beiden Mannschaften ist heftig.

Ich packe in den nächsten Tagen Feld- und Forschungsausrüstung zusammen, die Sachen werden entweder in Richtung Norden verschickt oder lagern den Winter über in McMurdo. Rachael und ich machen einen Halbtagesausflug zum Flugplatz von Willy Field. Wir können in dem Van mitfahren, der die Angestellten zum Flugfeld bringt und statten vor Ort dem Hauptquartier von Kenn Borek Air Ltd. einen Besuch ab. Das sogenannte Hauptquartier entpuppt sich als maroder, orange lackierter Trailer in ATCO-Manier. Die Kiste fügt sich optisch nahtlos ein in eine Reihe ganz ähnlicher Gebäude, die einzigen Farbtupfer auf der eisigen Ebene, die sich bis zum diesigen Horizont erstreckt. Kenn Borek Air Ltd. ist jedem Einwohner von Kanadas hohem Norden ein Begriff, als Anbieter von Flugdienstleistungen für besonders entlegene Ortschaften. Herrscht auf der Nordhalbkugel Winter, bringt Kenn Borek Air seine Flotte von mit Skiern ausgestatteten Twin Otters über Südamerika in die Antarktis, man zieht dem Sommer hinterher wie ein Schwarm Schwalben. Das Unternehmen erlangte in der Antarktis traurige Berühmtheit, als 2013 eine der Maschinen in den Mount Elizabeth krachte, der aus dem kanadischen Inuvik stammende Pilot Bob Heath, sein Co-Pilot und der Ingenieur kamen dabei ums Leben. 2016 gelang Borek hingegen eine waghalsige Rettungsaktion, man konnte mitten im Winter zwei schwer erkrankte Arbeiter von der US-Südpol-Station abtransportieren. Nicht nur das Borek-Hauptquartier steht auf Skiern, sondern alle anderen Gebäude ebenfalls. Bei Bedarf lassen sie sich so jederzeit umplatzieren und neu arrangieren, sollte die launenhafte Topografie des Eisschelfs es erfordern. An der Tür des Büros von Willy Field hängt ein handbeschriftetes Schild: »The Kenn Borek Flying Circus and Animal Act Pub«. Unser Fahrer macht ein Foto von mir und Rachael vor dem Gebäude, wir sind dick eingepackt und gewappnet gegen die bittere Kälte, die vom Polarplateau kommt.

Als ich morgens aufwache, fällt mir ein, dass heute der 1. Februar ist. Nur noch eine Woche, dann bin ich bereits drei Monate hier. In McMurdo werden gerade ununterbrochen Abschiedspartys gefeiert, und man tauscht sich rege darüber aus, welche Pläne man für die Zeit nach der Antarktis hat. Unter die kurz vor der Abreise Stehenden mischen sich Personal des Militärs, das beim Entladen der Schiffe helfen soll, und Zivilisten, die auf der Station überwintern werden. Zwei von ihnen lerne ich während des Abendbrots kennen: Kim und Alisa sind zwei stupsnasige dralle Mädchen aus dem Mittleren Westen, die aufreizend selbstgefällig auftreten – ein ganz anderer Schlag Frauen als der, auf den man in McMurdo während der Sommermonate für gewöhnlich trifft, sportlich und freundlich. Nach drei Monaten relativer Isolation fühle ich mich angesichts all der Neuankömmlinge wie die Zeugin einer Alien-Invasion. Plötzlich ist McMurdo keine abgeschottete, geborgene kleine Welt mehr.

Als wir die Kombüse verlassen, werden wir zu einer weiteren Party eingeladen.

»Das nimmt ja gar kein Ende mehr«, sagt Rachael.

Diesmal gibt es White Russians, Gin Martinis und Crantinis, dazu Pool Billard in der Lounge von Raum 209, mit Blick auf die Schiffe der Küstenwache, die an der eisigen Pier festgemacht haben. Die Strahlen der Mitternachtssonne tanzen auf der schimmernden See und tauchen sie in rosafarbenes und blaues Licht. John, der Koch, ist da und versorgt uns, passend zum jeweils gewählten Drink, mit frischer Milch oder mit Knoblauch-Oliven. Er verspricht uns, dass mit dem morgigen Flugzeug auch frische Feigen geliefert werden sollen. Rusty und Regina lassen morgen Abend ihr Gepäck wiegen. Am Dienstag werden sie nach Neuseeland fliegen. Es ist also ein bisschen auch wie ihre Abschiedsparty (obwohl wir uns morgen Abend natürlich noch einmal treffen wollen). Rusty geht kurz hinaus um zu pinkeln; als er zurückkommt, hat er sich eine halbe Rolle Klopapier um den Kopf gewickelt, und gibt im Singsang mit vorgestreckten Armen irgendwelche Beschwörungen aus dem Kinofilm *Die Mumie* von sich. Das bleibt also vom Genie des wissenschaftlichen Geistes nach drei Monaten der Isolation. Die Tage gehen jetzt fließend ineinander über, bald wird es zu viel zu tun geben, um alles in der noch verbleibenden Zeitspanne erledigen zu können, als würde unser aller Lebensspanne sich plötzlich verkürzen.

»Nimm dir die Zeit, alles voll auszukosten«, riet mir mein Freund Tom in einer knappen E-Mail. Auch er liebt die Antarktis, hat hier schon mehrere Saisons verbracht und weiß, wie es ist, sich von diesem Ort verabschieden zu müssen.

Am 4. Februar fliegen Rachael, Viola, David und ich nach Kap Royds, um die Küken dort ein letztes Mal in dieser Saison zu wiegen. Wir brechen um 8.45 Uhr auf, nachdem wir das Wiegen am Helikopterlandeplatz entspannt und in ausnahmsweise sauberen Klamotten hinter uns gebracht haben. Der letzte Flug wird hier am kommenden Samstag abgewickelt, in drei Tagen also schon. Am Montag darauf werden alle Piloten den Kontinent verlassen.

Helo Ops ist nicht länger der laute und hektische Ort des Sommers.

Auch in der Pinguinkolonie ist es ruhig geworden. Die meisten erwachsenen Tiere sind fort – fortgezogen in Richtung Norden, wo sie den Winter am Rande des Packeises verbringen werden. Die Küken stehen in großen Gruppen zusammen, ihre fluffigen Daunen schweben durch die sonnige Luft. Wir wiegen und messen 21 von ihnen, allesamt wohlgenährte und gesunde Exemplare; viele haben ihr Daunengefieder fast komplett abgeworfen und den überschüssigen Babyspeck verloren. Sie sind jetzt ebenfalls bald bereit, ins Meer zu gehen. Sie rollen nervös mit den Augen, wenn ich sie vorsichtig aus dem Wiegesäckchen hebe.

Viel zu schnell sind wir fertig und gehen alle noch ein letztes Mal hinunter ans Wasser, um uns still von den Pinguinen und von Kap Royds zu verabschieden. Jedes Mal, wenn ich die Antarktis verlasse, weiß ich nicht, ob ich je wieder hierher zurückkommen werde. Es ist kein Ort, den man einfach nach Lust und Laune besuchen kann. Für Wissenschaftler wie mich muss sich vieles günstig fügen, wenn man für eine weitere Saison hier arbeiten will; Forschungsgelder müssen bewilligt werden, es braucht offizielle Genehmigungen, Projekte müssen abgenickt werden, in der Station muss ein Platz im Labor und eine Unterkunft bereitgestellt werden. Und nicht zuletzt hängt es natürlich auch davon ab, ob ich selbst und meine Familie gesund bleibe. Jedes Mal, wenn ich die Antarktis verlasse, verabschiede ich mich deshalb für immer, und ich vermute, meine Kollegen tun dasselbe.

Ich versuche, mir alles ganz genau einzuprägen: die wenigen verbliebenen, im nassen Gefieder glänzenden erwachsenen Vögel, die aussehen, als würden sie Neoprenanzüge tragen; die nervösen Küken im frischen rauchgrauen Gefieder, die zögernd am Ufer herumstehen und Mut sammeln, bevor sie zum ersten Mal in ihrem Leben ins Meer eintauchen, den wunderbar symmetrischen Kegel des Mount Discovery, der heute ausnahmsweise einmal nicht verdeckt von Wolken ist und schiefergrau und weiß unter den Strahlen der Morgensonne leuchtet; den mächtigen Erebus, Rauchschwaden ausstoßend, während seine Gletscher im diamantharten Licht funkeln; und ganz in der Ferne, jenseits des McMurdo-Sunds, die Gipfel des Transantarktischen Gebirges, die so unfassbar hoch aussehen, obwohl sie fast 70 Kilometer entfernt sind. Das Wasser ist heute beinahe eisfrei, nur hier und da entdecke ich einen kleineren Eisberg, die tief ultramarinblaue Oberfläche wird gekräuselt von einer sanften Brise aus Süden.

In *The Heart of the Antarctic* schrieb Shackleton über seinen Abschied vom McMurdo-Sund: »Wir verabschiedeten uns mit einem dreifachen Hoch von unserem Winterquartier am Kap Royds; trotz aller Widrigkeiten und Nöte, mit denen wir an diesem Ort zu kämpfen gehabt hatten, konnten wir doch auch auf viele glückliche Momente zurückschauen. Wir betrachteten die kleine Hütte, in deren Schutz wir ein unvergessliches Jahr lang gelebt hatten, während sie langsam in der Ferne verschwand. Wir alle waren vom Gefühl der Trauer erfüllt und nicht wenige der Männer an Bord hofften, eines Tages in den Schatten des Mount Erebus zurückzukehren, so strapaziös die Zeit hier auch gewesen sein mochte.«[57]

Während ich still dastehe und auf den Ozean hinausblicke, muss ich unwillkürlich an meine Schwester denken. Und nicht nur an sie, auch an meinen Vater und an viele andere, die ich verloren habe. Geliebte Haustiere, Großeltern, meine Onkel. Vielleicht werden wir uns eines Tages wiedersehen, wie der christliche Glaube es uns verspricht, um uns zu trösten. Aber ich denke nicht, dass das wahr ist. Stattdessen finde ich Trost in dem Gedanken, dass wir das Glück hatten, für eine Weile gemeinsam auf dieser wunderschönen Erde zu leben.

Kapitel 27

Das Flugzeug ist voll besetzt, eine Metallröhre mit vier langen Sitzreihen über die gesamte Länge des Rumpfs. Auf den Bänken sitzen aufgereiht die Passagiere, alle in roten Parkas, die meisten haben schon damit begonnen, das frisch eingepackte Mittagessen zu verzehren, das uns die Flugbegleiter beim Einsteigen in das Militärflugzeug in die Hand gedrückt haben. Ich fühle mich benommen und taub, nicht wegen der Kälte, obwohl meine Füße dank des Metallbodens der LC-130 eiskalt sind, sondern, weil es meine letzten Minuten in der Antarktis sind. Durch die noch geöffnete Tür kann ich einen letzten Blick auf etwas Weißes erhaschen, ob Schnee oder Himmel, vermag ich nicht zu sagen. Aber wenn ich die Augen schließe, erscheint wieder das Bild des Mount Discovery vor mir, wie erstarrt in der Zeit in seiner eisigen Erhabenheit. Die Flugzeugtür wird von der Crew jetzt langsam geschlossen. Bevor der letzte Rest von Weiß verschwindet, schließe ich wieder meine Augen. Den größten Teil des Fluges zurück nach Neuseeland verschlafe ich, während die Berge hinter meinen geschlossenen Lidern immer wieder neu erscheinen, in einer endlosen Wiederholungsschleife, wie für den Rest meines Lebens eingebrannt in meine Netzhaut.

Als wir in Christchurch aussteigen, sind wir alle überwältigt vom Anblick von Bäumen und asphaltierten Wegen, von der milden Luft, die nach warmer Vegetation duftet, und von den Tausenden fremder Menschen, die an uns vorbeieilen. Nachdem wir zum ersten Mal seit langem eine Nacht durchgeschlafen haben, in der es auch wirklich dunkel war, gehen ein paar von uns gemeinsam zum Brunch in ein Restaurant in der Nähe unserer Pension. Wir merken erst, dass wir nicht bezahlt haben, als wir alle schon wieder auf der Straße stehen.

Rachael und ich beschließen, uns einen Wagen zu mieten und uns noch ein wenig auf der Südinsel umzusehen, bevor wir wieder in unsere jeweiligen Heimatländer zurückkehren. David geht eine Woche lang angeln, bevor er in die Vereinigten Staaten fliegt, zu seiner Ehefrau und seinem kleinen Hund. Am nächsten Morgen checken wir aus, in der altmodischen Lobby der Pension warten wir auf unsere Taxen. Unser Gepäck steht auf dem Boden neben ein paar abgenutzten Armsesseln, die mit blumengemusterten Stoffen bezogen sind. Nach drei Monaten des gemeinsamen Lebens und Arbeitens trennen sich unsere Wege nun.

Als draußen ein Taxi vorfährt, sehen David und ich uns kurz an, dann treten wir gleichzeitig einen Schritt aufeinander zu und umarmen uns.

»Also, ähm … pass gut auf dich auf«, sagt er mit rauer Stimme, als wir wieder zurücktreten. »Und schieb diese Promotion nicht länger auf.«

»Danke, David, das werde ich nicht. Es war großartig, mit dir zu arbeiten.« Wir drücken uns zum Abschied noch ein letztes Mal am Arm, dann drehe ich mich um, sammle mein Gepäck auf und trage alles nach draußen, wo Rachael schon beim Taxi wartet.

Wenn man so viel Zeit miteinander verbracht hat, tut es beinahe schon physisch weh, sich voneinander zu verabschieden. In *The Worst Journey of the World*, schrieb Apsley Cherry-Garrard, dass »in der Zivilisation Menschen nach ihrer eigenen Einschätzung beurteilt werden, denn es gibt zahllose Wege, Dinge zu verbergen, man verbringt wenig Zeit miteinander und versteht einander oft auch kaum. Hier im Süden ist das anders.«[58] Wie andere, die in der Abgeschiedenheit der Antarktis miteinander lebten, konnten David und ich nur wenig verheimlichen, haben sehr viel Zeit miteinander verbracht und vieles verstanden.

In Oamaru bezahlen Rachael und ich Eintritt, um uns Zwergpinguine in einer von Menschen betreuten Kolonie anzusehen. Anders als die antarktischen Adélies sind diese Vögel nachtaktiv. Mit einer Handvoll weiterer später Touristen sitzen wir in der Dämmerung auf einer Tribüne und warten darauf, dass die Pinguine an Land kommen. Alles wirkt wie ausgestorben, dann erscheint plötzlich eine kleine Gestalt am Strand, die eine sich nun zurückziehende Welle dort hingetragen hat. Und dann noch eine. Bald hat sich ein kleines Grüppchen von Zwergpinguinen versammelt, die Vögel sehen sich misstrauisch blinzelnd um. Langsam erklimmen sie die Anhöhe in Richtung ihrer Nistboxen, handgefertigte hölzerne Unterkünfte, eingebettet im Untergrund. Die Vögel sind scheu, laufen geduckt entlang der Ränder der Vegetation. Immer wieder verlieren wir sie aus den Augen, während sie weiter auf den rettenden Eingang ihrer Boxen zuschleichen.

Darauf haben wir sie also reduziert, denke ich traurig: Diese Tiere stehlen sich im Schutz der Dunkelheit an den Strand, auf der Flucht vor dem Vandalismus der Menschen und eingeschleppten Raubtieren. Früher konnten sie sich hier sorglos im Tageslicht bewegen, sie waren ohne Angst an den Strand gewatschelt wie ihre Verwandten in der Antarktis, immer in Eile, Paarung und Aufzucht der Küken hinter sich zu bringen, bevor die Tage des endlosen Lichts wieder vorüber sind. Diese Zwergpinguine sind wie Adélies, denen man etwas von ihrem Zauber geraubt hat. Opfer der modernen Welt, des Fortschritts und der Fischerei, die ihnen die Nahrungsgrundlagen streitig macht.

Ist das wirklich das, was wir uns für die Zukunft wünschen? Oder sollte die Welt nicht ein Ort sein, an dem alle Arten gleichberechtigt existieren dürfen? Noch ist es nicht zu spät für diese Entscheidung. Ich schließe meine Augen und denke an die Adéliepinguine, die durch das Rossmeer in Richtung Norden schwimmen, der gefrierenden See und der Dunkelheit den Rücken kehrend, bis die Frühlingssonne wieder aufgeht und es Zeit für sie wird, nach Kap Royds zurückzukehren.

Zehn Dinge, die ich vermissen werde

Im warmen Schlafsack in einem Zelt zu liegen,
das erfüllt ist vom Licht der Mitternachtssonne.

Pinguinmusik.

Langlauftouren über das Meereis.

Die bodenlose Stille eines ruhigen Sommertages.

Den wilden Blick der Skuas.

Den Männern an Shackletons Hütte zuzunicken.

Kaffee am Wanigan mit den Neuseeländern zu trinken.

Die bleiche Schönheit einer monochromen Welt.

Das himmelhoch aufragende Transantarktische Gebirge.

Und die Einsamkeit … die reinste von allen.

Epilog

David bezeichnete das Kap Crozier mit gegenüber einmal als einen Kraftort der Erde. In bestimmten spirituellen Traditionen werden solchen Orten heilige und heilende Eigenschaften zugeschrieben. Stonehenge und Uluru (Ayers Rock) sind bekannte Beispiele. Für mich ist das Kap Crozier ein magischer Ort, aber Kap Royds besitzt sehr viel mehr Energie. Wie die meisten Menschen, die das Privileg hatten, Zeit dort verbringen zu dürfen, kehrte ich verändert nach Hause zurück, in eine Welt, die mir seltsam fremd geworden war. Nach der asketischen Schlichtheit des Lebens auf der Ross-Insel erschien mir vieles plötzlich überflüssig und sinnlos: die banalen, nie endenden Pflichten des Alltags, mein wenig aufregender Job bei der Regierung, all das überflüssige Zeug, das man anhäuft, und überall viel zu viele Menschen. Meine Reise hatte mir hingegen eindringlich vor Augen geführt, wie wichtig der Beitrag ist, den die Wissenschaft zum Schutz und zur Bewahrung der Natur liefern kann. Also nahm ich endlich meine Promotion in Angriff (es ging um langfristige Veränderung der marinen Ökosysteme in den pazifischen Gewässern vor Kanada und deren Auswirkungen auf die dort lebenden Möwenarten).

Tatsächlich bot sich mir einige Jahre später eine weitere Chance, auf der Ross-Insel zu arbeiten, diesmal am Kap Crozier. Außerdem arbeitete ich auch wieder an Bord von Kreuzfahrtschiffen vor der Antarktischen Halbinsel, wo ich wissenschaftliche Vorträge hielt und Daten zu den dortigen Pinguinpopulationen erhob. Davids Bemühungen, einen besseren Schutz des Rossmeeres als dem intaktesten marinen Ökosystem der Erde durchzusetzen, mündeten in der »Last Ocean«-Kampagne, die etliche prominente Fürsprecher fand.

Zu ihnen gehörten der neuseeländische Regisseur Peter Young und der amerikanische Naturfotograf John Weller (beide produzierten jeweils preisgekrönte Projekte mit dem Titel *The Last Ocean*), Organisationen wie die Antarctic and Southern Ocean Coalition, der World Wildlife Fund, Avaaz und Greenpeace, und natürlich Dutzende der Wissenschaftler, die am Rossmeer oder anderen Orten des Kontinents oder der umgebenden Gewässer forschten. Nachdem wir uns in Christchurch verabschiedet hatten, arbeiteten David und ich zwar nicht mehr so eng zusammen wie während unseres Einsatzes, dennoch verfassten wir gemeinsam hin und wieder Aufsätze über die Antarktis und, erst vor kurzem, auch einen Artikel über Meeresvogelforschung, der im Fachmagazin *Marine Ornithology* erschien, wo David Chefredakteur ist und ich einige Jahre lang als leitende Redakteurin beschäftigt war. Seine unermüdliche Hingabe und sein Einsatz für den Schutz der Antarktis und der dort lebenden Seevögel sind bis heute eine Quelle der Inspiration für mich.

Im Jahr 2016, die Kampagne zum Schutz des Rossmeeres lief seit mittlerweile zehn Jahren mit breiter öffentlicher Unterstützung, war es endlich so weit: Die stimmberechtigten Mitglieder der Kommission zur Erhaltung der lebenden Meeresschätze der Antarktis (CCAMLR) einigten sich auf die Schaffung eines 1,55 Millionen Quadratkilometer großen Schutzgebietes, der Ross Sea Region Marine Protected Area (MPA). Das Gesetz trat 2017 in Kraft, das Rossmeer ist bis heute das größte Meeresschutzgebiet der Erde. Das Schutzabkommen gilt von diesem Datum ab für 35 Jahre, danach wird neu verhandelt; der Vertrag kann unverändert fortgesetzt, ergänzt oder auch aufgelöst werden. Die zeitliche Begrenzung auf 35 Jahre war einer der Kompromisse, die man schließen musste, um alle Mitglieder zu überzeugen (ein anderer war die Verkleinerung der ursprünglich angestrebten Fläche des Schutzgebietes um rund 40 Prozent). Sicher liegt noch viel Arbeit vor uns, wenn das MPA-Abkommen über die Mitte des Jahrhunderts und darüber hinaus

Bestand haben soll. Nur so kann das einzigartige Ökosystem im Süden erhalten werden, mit seinen Pinguinen und Walen, den Antarktisdorschen und Robben und all den anderen wilden Kreaturen, mit denen wir uns diesen Planeten teilen. Die physischen Grenzen des Schutzgebietes sind aber kein Bollwerk gegen den Klimawandel. Es ist unerlässlich, gegen diese globale Bedrohung in einer gemeinsamen Kraftanstrengung vorzugehen, um die südpolare Wildnis und ihre Bewohner effektiv schützen. Ohne unsere wilden Mitgeschöpfe können auch wir Menschen nicht bestehen, und es ist unsere moralische Pflicht, uns für sie einzusetzen. Obwohl man sich als Einzelner oft machtlos fühlt, gibt es viele Möglichkeiten, aktiv zu werden: indem man Regierungen in die Verantwortung nimmt und sie an ihre Zusagen erinnert, sich für den Schutz der Umwelt einzusetzen, indem man selbst weniger konsumiert und so lebt, als wären die Ressourcen dieses Planeten endlich – was sie tatsächlich sind.

Die große Herausforderung unserer Zeit besteht darin, sich dem grundlegenden Wandel unserer Welt zu stellen. In der Woche, als ich über die massenhaften Brutausfälle der Kaiserpinguine im Jahr 2024 las, begann ich das bemerkenswerte Buch *The Wild Edge of Sorrow* des amerikanischen Psychotherapeuten und Autors Francis Weller zu lesen. Darin führt er aus, wie wir belastenden Erfahrungen auf produktive Weise begegnen und unser Herz für die Realität des Verlustes öffnen können: »Kein Mensch sucht nach dem Verlust; es ist viel eher so, dass der Verlust uns findet und uns damit an das zeitlich begrenzte Geschenk des Lebens erinnert … Die Erde ist eine Offenbarung, die sich uns täglich in einem erstaunlichen Kaleidoskop aus Schönheit und Schmerz darbietet. Wir Lebenden müssen versuchen, mit Offenheit und Verletzlichkeit auf die Freuden und Leiden des Lebens zu antworten … um uns nicht abzuschneiden von der fortwährenden Kommunikation mit allen Dingen …

Wie gut uns das gelingt, davon hängt letzten Endes das Schicksal unserer Spezies und das dieses Planeten ab.«[59]

Ich hoffe, dass Sie, als meine Leserinnen und Leser, dieses Buch zuschlagen und weiter mit offenem Herzen durch die Welt gehen werden, offen für alles, was das Leben für Sie bereithalten mag.

Glossar

AFT: Kurz für Antarctic Field Training. Obligatorisches Sicherheitstraining für alle Antarktisbesucher. Angeleitet von professionellen Trainern und Guides der neuseeländischen Scott Base.

Antarctic Heritage Trust: Neuseeländische Organisation, die sich für die Bewahrung und Instandhaltung historischer Expeditionsbasen am Rossmeer einsetzt.

ASPA: Kurz für Antarctic Specially Protected Area. Alle Gebiete der Antarktis, die gemäß des Antarktisvertrages aufgrund ihrer herausragenden ökologischen oder historischen Bedeutung unter besonderem Schutz stehen und nur unter strengsten Auflagen betreten werden dürfen.

Bergy Bits: Größere Eisbrocken, die von zerborstenen Eisbergen stammen und zwischen ein und fünf Meter hoch aus dem Wasser ragen (was etwa der Größe eines Cottages entspricht, wie Shackleton in seinem Buch *South* feststellte). Kleinere Fragmente (bis zur Größe eines PKW) werden hingegen Growler genannt.

BFC: Das Berg Field Center.

Bodenblizzard: Schneesturm, bei dem bereits gefallener Schnee von starken Winden aufgewirbelt wird. Tritt auch bei klarer Witterung auf und behindert die Sicht am Boden erheblich.

Boondoggle: Erfreuliches Projekt oder angenehme Aktivität von allerdings überschaubarem praktischen oder wissenschaftlichen Nutzen (Briten und Australier sprechen hier von *Jolly*).

Eisschlamm: Frühes Stadium der Entstehung von Meereis, bei dem Eispartikel sich zu einer zähflüssigen trüben Schicht eindicken.

EWC: Kurz für Extreme Cold Weather Gear. Spezielle Bekleidung aus mehreren isolierenden Schichten, die an alle Teilnehmer des US Antarctic Program ausgegeben wird.

Festeis: Gefrorenes Meereis, das mit der Landmasse verbunden ist.

Fingee: Militärslang, kommt von FNG, *fucking new guy*.

FSTP: Das obligatorische Sicherheitstrainingsprogramm der US-amerikanischen McMurdo-Station, als Akronym auch F-STOP ausgesprochen.

Graupel: Stark bereifte Schneekügelchen, die entstehen, wenn sehr kalte Wassertropfen auf herabfallende Flocken treffen und verklumpen.

Growler: Siehe *Bergy bits*.

Helo Ops: *Hier* Hubschrauberbetriebsgelände.

Eisberg: Massive, im Meer treibende Eisformationen. Man unterscheidet zwischen eher organisch geformten Gletschereisbergen und flacheren, sogenannten Tafeleisbergen, die vom Schelfeis stammen. Die größten Eisberge können Grundflächen von bis zu 10 000 Quadratkilometern erreichen. Eisberge ragen fünf Meter oder weiter über den Meeresspiegel hinaus. Im Gegensatz dazu handelt es sich bei Eisschollen um Bruchstücke aus Meerwasser oder Süßwasser mit einem Durchmesser von bis zu 20 Metern. Siehe auch *Bergy bits*.

IGY: Kurz für International Geophysical Year, ein globales, 18 Monate währendes Wissenschaftsprojekt, das zwischen Juli 1957 und Dezember 1958 stattfand. Vorbild waren die International Polar Years von 1882–83 und von 1932–33. Wissenschaftler aus der ganzen Welt sollten zusammenarbeiten, um geophysikalische Phänomene zu beobachten und zu erfassen, es beteiligten sich Forschende aus 67 Ländern. Die Antarktis stand dabei besonders im Fokus, was zu schnellen Fortschritten in verschiedenen Bereichen führte, unter anderem der Ausarbeitung und Ratifizierung eines Antarktisabkommens, der Bau mehrerer dauerhafter

Forschungsstationen, darunter auch die Amundsen-Scott-Südpolstation und der Beginn der modernen, auf das Klima bezogenen Antarktisforschung. Donald Fagens Jazzpop-Song »I.G.Y.« (»What a Beautiful World«) ist eine Hommage an den optimistischen, futuristischen Geist der Nachkriegsjahre, der die Forschenden damals beflügelt haben mag.

Kurzwellenfunk: Für die Kommunikation im hohen Frequenzbereich zwischen drei und 30 Megahertz. Funkwellen dieses Frequenzbereichs besitzen eine außerordentlich hohe Reichweite. Sie reflektieren fortlaufend an der Ionosphäre und werden auf die Erde zurückgestreut. Die Erdkrümmung stellt somit kein Hindernis für die Signalübertragung dar.

Lead: Offene Wasserfläche oder schmale Rinne zwischen Eisschollen.

Meereis: Gefrorenes Meerwasser in diversen Formen, für gewöhnlich zusammengefasst unter den Begriffen Festeis oder Treibeis.

Midrats: Navy-Slang für die Mitternachtsrationen, die zwischen 23 Uhr und ein Uhr morgens an die Mannschaft der Nachtwache ausgegeben werden. Im zivilen Kontext auch schlicht die späte Mahlzeit für Arbeiter in der Nachtschicht.

Nilas: Eine frische, noch elastische, aber schon zusammenhängende Eisschicht, die sich als dünne Kruste auf der Meeresoberfläche ausbildet.

NSF: Kurz für National Science Foundation. Unabhängige US-Behörde, die für die finanzielle Förderung von Forschungs- und Bildungsprojekten zuständig ist.

Nunatak: Fels, der über Schnee oder Gletschern hinausragt.

Packeis: Der Gürtel aus dahintreibenden Eisfragmenten unterschiedlichster Form und Größe, der das Festland von Antarktika umschließt.

Pfannkucheneis: Auf der Wasseroberfläche treibende tellerförmige Gebilde mit aufgeworfenem Rand, die entstehen, wenn das

Meer zufriert und kleinere Eisteppiche zusammengeschoben werden und verkleben.

Polynyas: Ausgedehnte, relativ beständige, ökologisch bedeutsame offene Wasserflächen inmitten des gefrorenen Ozeans. Der Begriff ist russischen Ursprungs.

Sastrugi: Wellenartige Oberflächenstrukturen, die an Land oder auf dem Packeis durch Schneeverwehungen entstehen.

Sked: Kurz für Radio Sked, Radio Schedule. Regelmäßige, für gewöhnlich tägliche Rückmeldung per Funk an die Basisstation, zu der Expeditionsteilnehmer im Feld verpflichtet sind.

Tarsus (Plural: *tarsi*): Der Unterschenkel im Skelett von Vögeln, der aus einer Verschmelzung des zweiten, dritten und vierten Metatarsi (Mittelfußknochen) besteht. Wird auch Tarsometatarsus genannt. Die Messung der Tarsuslänge ist ein wichtiger Standardwert bei der Beobachtung des Wachstums von Küken.

TDR (time-depth-recorder): Gerät zur Aufzeichnung des Tauchverhaltens von Meeresvögeln und Meeressäugern.

Treibeis: Dichter, auf der Wasseroberfläche schwimmender Teppich aus kleineren Eisbrocken, die durch Abbrüche von Eisbergen oder die Kollision von Eisschollen entstehen.

UKW-Funkwellen: Ultrahohe Frequenzen zwischen 30 und 300 Megahertz. Werden grundsätzlich für die Sichtverbindungskommunikation genutzt. Zum Einsatz kommen dabei kleine tragbare Seefunkgeräte, einfache Handsprechfunkgeräte, aber auch größere stationäre Funkanlagen. Siehe auch *Kurzwellen-Funkgerät.*

Whiteout: Wetterphänomen, bei dem durch diffuse Reflexion des Sonnenlichts zwischen Boden und Wolken die Sicht so stark eingeschränkt wird, dass Boden und Himmel zu verschmelzen scheinen.

Anmerkungen

1 John Berger, »Why Look at Animals?«, in: About Looking, New York 1980, 1.

2 Ernest Shackleton, *The Heart of the Antarctic: Being the Story of the British Antarctic Expedition 1907–1909*, popular edition, London, 1911, 1.

3 »William J. L. Sladen, Expert on Penguin Libidos, Is Dead at 96«, New York Times, 1. 6. 2017, https://www.nytimes.com/2017/06/17/science/william-jl-sladen-expert-on-penguin-libidos-is-dead-at-96.html.

4 Augustin de Beaulieu, *Mémoires d'un voyage aux Indes orientales, 1619–1622: un marchand normand à Sumatra*, Paris, 1996.

5 Robert Cushman Murphy, *The Oceanic Birds of South America*, London, 1936, 387.

6 Lincoln Ellsworth, »My Flight Across Antarctica«, in: National Geographic 70, Nr. 1 (July 1936), 7.

7 Jason Anthony, *Hoosh: Roast Penguin, Scurvy Day, and Other Stories of Antarctic Cuisine,* Nebraska, 2012, 122.

8 Ernest Shackleton, *South: The Story of Shackleton's Last Expedition 1914–1917*, London, 1919.

9 Thomas Keneally, »Captain Scott's biscuit«, in: Granta 83: This Overheating World (November 2003), 12.

10 Ellen Rykers, »At the Mercy of the Ice«, New Zealand Geographic 180 (March–April 2023), https://www.nzgeo.com/stories/at-the-mercy-of-the-ice/.

11 Sir Douglas Mawson, *The Home of the Blizzard; Being the Story of the Australasian Antarctic Expedition, 1911–1914*, Pennsylvania, 1915, 239.

12 Ebd., 240.

13 Ebd., 243.

14 Apsley Cherry-Garrard, *The Worst Journey in the World: With Scott in Antarctica 1910–1913*, Mineola, 2010, 183.

15 Ebd., 217.

16 John M. Béchervaise, *Antarctica: The Last Horizon*, Cassell Australia 1979, 19.

17 James Murray, »Some Notes by James Murray, Biologist to the Expedition«, Anhang I in Shackleton, *South*, 346.

18 Ebd., 347.

19 David G. Ainley, »The Ross Sea, Antarctica, where all ecosystem processes still remain for study, but maybe not for long«, in: Marine Ornithology 30 (2002), 55–62.

20 Francis Spufford, *I May Be Some Time: Ice and the English Imagination*, London, 1996, 6.

21 Ebd.

22 Murray, »Some Notes«, 347.

23 Shackleton, *The Heart of the Antarctic*, 81.

24 Euan Young, *Skua and Penguin: Predator and Prey*, Cambridge, 1994.

25 Ranulph Fiennes, *Shackleton: A Biography*, London, 2021, 205.

26 Ebd.

27 Will Dunham, »Polar madness grips many people working at poles«, Reuters, 9. 8. 2007, https://www.reuters.com/article/business/healthcare-pharmaceuticals/polar-madness-grips-many-people-working-at-poles-idUSN24226502/.

28 Lawrence A. Palinkas und Peter Suedfeld, »Psychological effects of polar expeditions«, in: The Lancet 371, Nr. 9607 (2008), 153–163.

29 Dunham, »Polar madness«.

30 Meredith Nash, Hanne E. F. Nielsen, Justine Shaw, Matt King, Mary-Anne Lea und Narissa Bax, »›Antarctica just has this herofactor…‹: Gendered barriers to Australian Antarctic research and remote fieldwork«, in: PLOS One 14, Nr. 1 (2019), e0209983.

31 Mawson, *The Home of the Blizzard*, 258.

32 Daniel Pauly und Jay Maclean, *In a Perfect Ocean: The State of Fisheries and Ecosystems in the North Atlantic Ocean*, Washington D.C., 2003.

33 Daniel Pauly, »Anecdotes and the shifting baseline syndrome of fisheries«, in: Trends in Ecology and Evolution 10, Nr. 10 (1995), 430.
34 Daniel Pauly, Villy Christensen, Johanne Dalsgaard, Rainer Froese und Francisco Torres Jr., »Fishing Down Marine Food Webs«, in: Science 279, Nr. 5352 (1998), 860–863.
35 Pauly, »Anecdotes and the shifting baseline syndrome«, 430.
36 Dave Elliott Sr., *Saltwater People: As Told by Dave Elliott Sr.: A Resource Book for the Saanich Native Studies Program*, überarb. Ausgabe hg. von Janet Poth, British Columbia, 1990, 44.
37 »Fisheries«, Commission for the Conservation of Antarctic Marine Living Resources, zuletzt bearbeitet am 31. 5. 2017, https://www.ccamlr.org/en/fisheries/fisheries.
38 David G. Ainley und Louise K. Blight, »Ecological repercussions of historical fish extraction from the Southern Ocean«, in: Fish and Fisheries 10, Nr. 1 (2009), 13–38.
39 Shackleton, *South*, 112.
40 Ebd.
41 Roger Mear und Robert Swan, *In the Footsteps of Scott*, London 1987, 255.
42 Ebd.
43 Anthony, *Hoosh*, 107.
44 Raymond E. Priestley, *Antarctic Adventure: Scott's Northern Party,* New York, 1915, 279.
45 Murray, »Some Notes«, 349.
46 Scott Polar Research Institute, »Scott's Last Expedition: The Diary of Captain Robert Falcon Scott, RN«, https://www.spri.cam.ac.uk/museum/diaries/scottslastexpedition/page/7/.
47 Charmian Smith, »Grahame Sydney's Antarctic splendors«, Otago Daily Times, 18. 10. 2008, https://www.odt.co.nz/lifestyle/magazine/grahame-sydneys-antarctic-splendours.
48 Grahame Sydney, *White Silence: Grahame Sydney's Antarctica*, Auckland, 2008.
49 Nicholas Johnson, *Big Dead Place: Inside the Strange and Menacing World of Antarctica*, Port Townsend, 130.

50 Scott Polar Research Institute, »Shackleton items from the Archives: Ernest Shackleton's diary of the Quest Expedition, 1921–22«, https://www.spri.cam.ac.uk/archives/shackleton/articles/1537,3,9.html.

51 Helen Macdonald, *H Is for Hawk*, London, 2014, 218.

52 John Muir, *John of the Mountains: The Unpublished Journals of John Muir*, hg. von Linnie Marsh Wolfe, Madison, 1979, 220, 99.

53 Priestley, *Antarctic Adventure*, 279.

54 Ebd., 235.

55 Ebd., 279.

56 Cherry-Garrard, *The Worst Journey in the World.*

57 Ernest Shackleton, *Shackleton in the Antarctic: Being the Story of the British Antarctic Expedition, 1907–1909*, adaptiert von *The Heart of the Antarctic,* London, 1911, 340.

58 Cherry-Garrard, *The Worst Journey in the World*, 192.

59 Francis Weller, *The Wild Edge of Sorrow: Rituals of Renewal and the Sacred Work of Grief*, Berkeley, 2015, 1 f.

Alle Links zuletzt abgerufen am 10. 02. 2026.

Literatur (Auswahl)

Abrams, Peter A., David G. Ainley, Louise K. Blight, Paul K. Dayton, Joseph T. Eastman und Jennifer L. Jacquet, »Necessary elements of precautionary management: implications for the Antarctic toothfish«, in: Fish & Fisheries 17 (2016), 1152–1174.

Ainley, David G., *The Adélie Penguin: Bellwether of Climate Change,* New York, 2002.

Ainley, David G., »Insights from study of the last intact neritic marine ecosystem«, in: Trends in Ecology & Evolution 22 (2007), 444 f.

Ainley, David G., »A history of the exploitation of the Ross Sea, Antarctica«, in: Polar Record 46 (2010), 233–243.

Ainley, David G. und Louise K. Blight, »Ecological repercussions of historical fish extraction from the Southern Ocean«, in: Fish and Fisheries 10 (2009), 13–38.

Ainley, David G., Virginia Morandini, Kerry J. Barton, Phil O'B. Lyver, Megan Elrod, Michelle A. LaRue und Jean Pennycook, »Varying population size of the Cape Royds Adélie penguin colony, 1955–2020: a synthesis«, in: Antarctic Science 36 (2024), 127–140.

Ainley, David G. und Rory P. Wilson, *The Aquatic World of Penguins: Biology of Fish-Birds,* Cham, 2023.

Anthony, Jason C., *Hoosh: Roast Penguin, Scurvy Day, and Other Stories of Antarctic Cuisine,* Lincoln, NB, 2012.

Ballard, Grant, Viola Toniolo, David G. Ainley, Claire L. Parkinson, Kevin R. Arrigo und Philip N. Trathan, »Responding to climate change: Adélie penguins confront astronomical and ocean boundaries«, in: Ecology 91, Nr. 7 (2010), 2056–2069.

Blight, Louise K., David G. Ainley, Stephen F. Ackley, Grant Ballard, Tosca Ballerini, Robert L. Brownell Jr., C.-H. Christina Cheng, Mariachiara Chiantore, Daniel Costa, Malcolm C. Coulter et al., »Fishing for data in the Ross Sea«, in: Science 330 (2010), 1316.

Blight, Louise K., David G. Ainley, »Southern Ocean not so pristine«, in: Science 321 (2008), 1443.

British Antarctic Monument Trust, »Those Who Died: List by Date«, 2025, https://www.antarctic-monument.org/those-who-did-not-return/those-killed-in-british-antarctic-territory

Cherry-Garrard, Apsley, *The Worst Journey in the World: Antarctic 1910–1913. 1922,* New York/London, 2010.

Davis, Lloyd S., *A Polar Affair,* New York, 2019.

De Roy, Tui, Mark Jones und Julie Cornthwaite, *Penguins: The Ultimate Guide*, Princeton, NJ, 2022.

de Waal, Frans, *Are We Smart Enough to Know How Smart Animals Are?,* New York, 2016.

Dodds, Klaus, »In 30 years the Antarctic Treaty becomes modifiable, and the fate of a continent could hang in the balance«, in: The Conversation, 12. 7. 2018, https://theconversation.com/in-30-years-the-antarctic-treaty-becomes-modifiable-and-the-fate-of-a-continent-could-hang-in-the-balance-98654

Ellsworth, Lincoln, »My Flight Across Antarctica«, in: National Geographic 50, Nr. 1 (July 1936), 7.

Emslie, Steven D., »Ancient Adélie penguin colony revealed by snowmelt at Cape Irizar, Ross Sea, Antarctica«, in: Geology 49 (2021), 145–149.

Fiennes, Ranulph, *Shackleton: A Biography*, London, 2021.

Fountain, Andrew G., W. Berry Lyons, Melody B. Burkins, Gayle L. Dana, Peter T. Doran, Karen J. Lewis, Diane M. McKnight, Daryl L. Moorhead, Andrew N. Parsons, John C. Priscu et al., »Physical controls on the Taylor Valley ecosystem, Antarctica«, BioScience 49, Nr. 12 (1999), 961–971.

Fretwell, Peter T. und Philip N. Trathan, »Discovery of new colonies by Sentinel2 reveals good and bad news for emperor penguins«, in: Remote Sensing in Ecology and Conservation 7, Nr. 2 (2021), 139–153.

Jenouvrier, Stéphanie, Marika Holland, David Iles, Sara Labrousse, Laura Landrum, Jimmy Garnier, Hal Caswell, Henri Weimerskirch, Michelle LaRue, Rubao Ji et al., »The Paris Agreement objectives will likely halt future declines of emperor penguins«, in: Global Change Biology 26 (2020), 1170–1184.

Jenouvrier, Stéphanie, Marika Holland, Julienne Stroeve, Mark Serreze, Christophe Barbraud, Henri Weimerskirch und Hal Caswell, »Projected continent-wide declines of the emperor penguin under climate change«, in: Nature Climate Change 4 (2014): 715–718.

Johnson, Nicholas, *Big Dead Place: Inside the Strange and Menacing World of Antarctica*, Los Angeles, CA, 2005.

Kittinger, John N., Loren McClenachan, Keryn B. Gedan und Louise K. Blight (Hg.), *Marine Historical Ecology in Conservation: Using the Past to Manage for the Future,* Oakland, CA, 2015.

Kooyman, Gerald L. und Jim Mastro, *Journeys with Emperors: Tracking the World's Most Extreme Penguin,* Chicago, 2023.

Lanting, Frans, *Penguins,* 2011.

Lauriano, Giancarlo, Enrico Pirotta, Trevor Joyce, Robert L. Pitman, Asunción Borrell und Simone Panigada, »Movements, diving behaviour and diet of type-C killer whales (Orcinus orca) in the Ross Sea, Antarctica«, in: Aquatic Conservation: Marine and Freshwater Ecosystems 30, Nr. 12 (2020), 2428–2440.

Lyver, Phil O'B., Mandy Barron, Kerry J. Barton, David G. Ainley, Annie Pollard, Shulamit Gordon, Stephen McNeill, Grant Ballard und Peter R. Wilson, »Trends in the breeding population of Adélie penguins in the Ross Sea, 1981–2012: A coincidence of climate and resource extraction effects«, in: PLOS One 9, Nr. 3 (2014): e91188.

Macdonald, Helen, *H Is for Hawk,* London, 2014.

Mawson, Douglas, *The Home of the Blizzard: Being the Story of the Australasian Antarctic Expedition, 1911–1914,* London, 1915.

Mear, Roger und Robert Swan, *In the Footsteps of Scott,* London, 1987.

Murphy, Robert Cushman, *Logbook for Grace. Whaling brig Daisy, 1912–1913,* New York, 1947.

Neider, Charles, *Edge of the World: Ross Island, Antarctica. A Personal and Historical Narrative,* Garden City, NY, 1974.

Pauly, Daniel, »Anecdotes and the shifting baseline syndrome of fisheries«, in: Trends in Ecology and Evolution 10, Nr. 10 (1995), 430.

Ritter, Christiane, *A Woman in the Polar Night,* übers. aus dem Deutschen von Jane Degras, London, 2024.

Rush, Elizabeth, *The Quickening: Creation and Community at the Ends of the Earth,* La Vergne, 2023.

Rykers, Ellen, »The Ice Man«, in: New Zealand Geographic 180 (March–April 2023), https://www.nzgeo.com/stories/the-ice-man/

Sancton, Julian, *Madhouse at the End of the Earth: The Belgica's Journey into the Dark Antarctic Night,* New York 2021.

Secretariat of the Antarctic Treaty, *The Antarctic Treaty,* 2025, https://www.ats.aq/e/antarctictreaty.html

Shackleton, Ernest, *The Heart of the Antarctic: Being the Story of the British Antarctic Expedition 1907–1909*, popular edition, London 1911.

Shackleton, Ernest, *South: The Story of Shackleton's Last Expedition 1914–1917*, London, 1919.

Shirihai, Hadoram, *A Complete Guide to Antarctic Wildlife*, London, 2007.

Stroud, Mike, *Shadows on the Wasteland: Crossing Antarctica with Ranulph Fiennes,* New York, 1993.

Weller, Francis, *The Wild Edge of Sorrow: Rituals of Renewal and the Sacred Work of Grief,* Berkeley, CA, 2015.

Weller, John, *The Last Ocean: Antarctica's Ross Sea Project: Saving the Most Pristine Ecosystem on Earth,* New York, 2013.

Wheeler, Sara, *Terra Incognita: Travels in Antarctica*, New York, 1996.

Wilson, David M., *The Lost Photographs of Captain Scott: Unseen Photographs from the Legendary Antarctic Expedition*, London, 2011.

Young, Euan, *Skua and Penguin: Predator and Prey*, Cambridge, 1994.

Danksagungen

Es hat eine Weile gedauert, bis dieses Buch das Licht der Welt erblickte. Ich möchte allen danken, die von Anfang an das Potenzial dieses Projekts geglaubt haben und mich an den entscheidenden Punkten ermutigten weiterzuschreiben. Zu diesen Personen zählen Peter Abrams, Fran Backhouse, Johnnie Christmas, Lisa Eccles, Janos Maté, Kathryn McCannell, Bryan Murray, Linda Nowlan, Andréa Olson, Nick Page, Janet Pelley, Jo Smith und Richard Thompson. Mein besonderer Dank gilt hier John, unsere Gespräche über Literatur und über die Entwicklung von Plot und Story waren von unschätzbarem Wert für mich.

Im Oktober 2019 nahm ich an der Residency »Mountain and Wilderness Writers« des Banff Centre for the Arts and Creativity teil, zusammen mit Maria Coffey, Gloria Dickie, Martina Halik, Brian Hall, Michael Kennedy, Kate Rawles, Rhiannon Russell, und Katherine Leonard. Betreut wurden wir von den Dozenten Anthony Whittome, Marni Jackson und Harley Rustad. Schnell wuchsen wir zu einer eingeschworenen kleinen Gemeinschaft zusammen, in der sich alle gegenseitig bei ihren jeweiligen Projekten unterstützten. Unser gutes Verhältnis überdauerte die Zeit der Residency, und ein großer Teil von uns tat sich 2020 erneut zusammen, diesmal als internationale Gruppe von Autoren. Es war der Beginn der COVID-19-Pandemie, und so organisierten wir unsere ersten Treffen über Zoom. Unsere Meetings finden bis heute statt. Ich bin allen Mitgliedern dieser Gruppe dankbar für das produktive Klima, das wir gemeinsam schufen, und es war und ist mir bis heute ein Vergnügen, die immer neuen Früchte dieser Zusammenarbeit zu genießen, in Gestalt von Büchern und anderen Publikationen.

Die handwerklichen Grundlagen legte ich während zweier vorhergehender Residencys am Banff Centre, und ich danke den Mitarbeitenden für ihre Motivation und ihre Ermutigung, ganz besonders Wayne Grady, Curtis Gillespie, Sarah Musgrave und Zoe Todd. Mein Dank gilt zudem dem Banff Centre's Literary Arts Stipendienprogramm selbst und allen Spendern, die die Künstler so großzügig unterstützen. Hier möchte ich vor allem W. O. Mitchell Endowment nennen. Zutiefst dankbar bin ich meiner wunderbaren Agentin Jackie Kaiser, für ihren warmherzigen Zuspruch und ihre klugen Ratschläge. Mit einem guten Lektor zusammenzuarbeiten, ist ein Privileg, und ich hatte das große Glück, dass Janie Yoon sich meiner Texte annahm, die als eine der Besten ihrer Branche gilt. Danken möchte ich auch Peter Norman, der das Korrekturlesen zur Kunstform erhoben hat. Ich danke Meg Wheeler (Westwood Creative Artists) und Amy Black, Meredith Curnow, Maria Golikova, außerdem dem Rest des Teams von PRH Canada und PRH Australia für ihre Unterstützung und Expertise. Dank auch an Alexandra King für die hervorragende Karte. Das Foto der Autorin stammt von der überaus talentierten Fotografin Pam Gregoriadis von Aiota Photography.

Zu den ersten Lesern des fertigen Manuskripts gehörten David Ainley, Michael Kennedy, Lora Morandin, Rachael Orben, Di Roberts und Jo Anne Walton: Ich danke euch von Herzen für eure klugen Kommentare und umsichtigen Korrekturen. Alle noch vorhandenen Fehler gehen allein auf mein Konto! Harley Rustad bot mir während einer besonders herausfordernden Phase der Arbeit in seinem »Port Renfrew Writers Retreat« einen wunderbar stillen Rückzugsort. Ich stehe tief in der Schuld von David Ainley, Doug Bertram, Alan Burger, Tony D. Williams und Eric Woehle, die mir Freunde und Mentoren waren auf meiner Reise in die Welt der Meeresvogel-Ökologie und darüber hinaus.

Was meine Familie angeht, möchte ich Matt und Alex Champagne dafür danken, dass sie ein Teil von mir sind. Und wie immer danke ich Iain Duncan für seine unerschütterliche Liebe, seine moralische und praktische Unterstützung bei diesem Projekt und auch für alles andere. Zuletzt danke ich Tiger, meiner Katze, dafür, dass sie mir während der Stufen des Entstehungsprozesses so liebevoll Gesellschaft geleistet hat, fast ganz bis zum Ende.

Titel der Originalausgabe: *Where the earth meets the sky*
Zuerst erschienen bei Doubleday Canada
in Zusammenarbeit mit Westwood Creative Artists Ltd.

Deutsche Erstausgabe
1. Auflage 2026

sekretariat@knesebeck-verlag.de
Ein Unternehmen der Média-Participations

Projektleitung: Maren Harperscheidt, Knesebeck Verlag
Übersetzung: Petra Kurek, Berlin
Lektorat: Dr. Julia M. Nauhaus, Lübeck
Korrektorat: Claudia Willeke, Hamm
Umschlaggestaltung: geviert, Augsburg
Umschlagmotiv: Foto Autorin © Rachael A. Orben;
Pinguine: © Shutterstock/Oleksandr Matsibura #2563138777;
Hintergrund: © Shutterstock/Isabel Maier #2652347919
Gestaltung Karte vordere Umschlaginnenseite:
Fabian Arnet, Knesebeck Verlag
Layoutanpassung, Satz und Herstellung: Arnold & Domnick, Leipzig
Druck: Livonia Print, Riga
Printed in Latvia

ISBN 978-3-98962-080-3

Elektronisch ist folgende Ausgabe erhältlich:
eBook (epub): ISBN 978-3-98962-125-1

www.knesebeck-verlag.de

FSC
www.fsc.org
MIX
Papier | Fördert gute Waldnutzung
FSC® C002795